コンピュータとは何か？

What is a computer?

中村克彦 著

ことば
情報
論理
知能

東京電機大学出版局

まえがき

われわれの先祖が森から草原に出て二足歩行を始めたことは，文字通りヒトとしての第一歩であった．ヒトは自由になった手を使ってさまざまな道具や衣類をつくり，住家を建てた．道具とその利用技術の発達とともに，ある時期にヒトはことばを獲得して知識を共有できるようになった．その後，ヒトはこのふたつの活動 — ハードウエアとソフトウエア — を両輪にして独自の発展をなしとげた．

コンピュータの出現は，ヒトがことばと文字をもったことに始まり，印刷技術や電信・電話，放送などによる通信手段の発展を受け継いでいるが，科学技術の発展がこれまで社会・文化に与えた影響の枠をはるかに超えている．この変革は産業や交通などの社会の仕組みだけでなく，医療，福祉など人々の生活のさまざまな側面で起こり，人々の思考や意識から創造活動までをも変えつつある．さらにはコンピュータが人間を超える日も遠くはないと主張する人々も現れている．

この大変革はどのような科学技術上の発見・発明にもとづいているのであろうか．コンピュータとはどういうものか．どのように生まれたのか．コンピュータは何ができて何ができないのか．これらの問題は，機械がどれだけ人間にとって代われるか，これから社会がどのように変わるか，さらには，人間や動物の知能とは何か，そもそも知性とは文明とは何か，生物とは何か，などの問題にまで関係している．

本書は，なるべく多くの人達がこの重要な問題に関心をもち，理解を深めるために役立つことを目的としている．毎日のように，最新のコンピュータ技術や人工知能 (AI) の応用などのニュースがはなばなしく紹介されている．一方，コンピュータ技術には基盤となるいくつもの理論や科学技術があり，さらに日々発展を続けその領域を広げているので，何が基本で本質的かを選別することが難しい．このような考えから，本書は以下のことがらを基本として構成されている．

- コンピュータの起源はヒトがことばをもったことにある．まずことばと言語，情報の伝達＝通信について考える．言語によってさらに抽象的な思考の枠組み＝論理が生まれた．ディジタル回路は論理回路と呼ばれるように，論理はコンピュータの基本である．数学的に論理を扱う述語論理は意味の記述言語であり，人工知能の基本である．
- コンピュータはどのような原理で動作するか，またどのように発展したかについて，そのエッセンスをできるだけ簡潔に分りやすく説明する．
- 「コンピュータに何ができるか，何ができないか」について，計算可能性，形式言語などの数理的アプローチと AI 研究のふたつの側面から考察する．
- 述語論理にもとづくプログラム言語 Prolog によって，基本的なアルゴリズムの簡潔で分かりやすいプログラムが示される．これによって，ハミルトン符号の導出，オートマトンの動作，形式言語の生成などを理論だけでなく実験・実証できる．Prolog を学ぶことは人工知能の基本である述語論理を理解するよいアプローチとなる．
- コンピュータとは何かを知りたい人，情報科学を学ぶ学生，すでにコンピュータに詳しい人達のいずれにも役立つという少々欲ばりなことを目標とする．情報系の大学・大学院で教えられている主要な科目，コンピュータの基礎 (論理回路，ディジタルとアナログ，数の表現，コンピュータの動作原理)，情報理論の基礎，アルゴリズムと計算量，形式言語とオートマトン，述語論理と論理プログラミング，人工知能と機械学習など全体を相互の関連を明らかにしながら解説する．
- 基本的な概念については，その歴史や提唱者 (発明または発見者)，定義を明確にする．特に，情報，コンピュータ，ソフトウエア，知識，学習などの基本的な概念について新しく定義する．原語 (英語) の用語に対して複数の訳語や誤った訳語が使われているケースが多いので，訳語についてはなるべく本文中および索引に原語を示した．

ことば，情報，論理，思考，知識：これらが本書のキーワードである．情報科学が広範囲に発展したことを反映して解説すべきことがらもさまざまな分野にわたっている．理論と実際，ハードウエアとソフトウエア，アナログとディジタルなどを軸にしても統一的な観点を整理することは難しい．一方で，さまざまな項目はハードウエアとソフトウエアの領域を超えて，ほかの一見離れているようにみえる分野の項目と密接に関連している．コンピュータの原理から人工知能と学習までに関連するこれらの5概念は本書全体を統一しているキーワードである．

■ **本書の構成**　いろいろな読み方ができるように，メインの記述のほかに次のコーナーを設けている．

Coffee Room　筆者の経験談や興味あるエピソードを語る談話室．索引に一覧表を付した．

練習問題　多くのテーマは練習問題を解いてみることによってより深く理解し，おもしろさを感じることができる．

研究課題　読者がインタネットなどで調べ，また自分で考えるための研究課題．簡単には解答できない難問も含んでいる．

本書のウェブサイト (https://www.tdupress.jp/whatiscomputer/) に，正誤表，ダウンロード可能な例題などのプログラムと共に，練習問題と研究課題の解答が掲載される．

■ **難易度マーク**　各節と練習問題，研究課題には次のような難易度を表すマークを付けた．教養としてコンピュータとは何かを知りたい人は，難しい節を適当に飛ばして読むことができる．

♣　予備知識不要．ここだけ読めばコンピュータとは何かが分かる．
*　少し難しい，またはわき道の話題．
**　かなり難しい，専門的な話題．

■ **外来語のカタカナ表記**　なるべく原語の発音に近い表記を採用した．新聞や大手出版社では，英語の computer, transistor など語尾が er, or, ar の単語のカタカナの訳語には「コンピューター」,「トランジスター」などと語尾に長音記号「ー」を付けるのが一般的である．この表記は外国語が珍しかった時代の誤った英語発音にもとづくものが多い．実際の英語では語尾を伸ばして発音していないだけでなく,「ー」の付いた語尾を強く発音する結果，英語の発音で重要な強弱のアクセントが英語とは異なってしまう．これは語尾ではないが，pattern はほとんど「パターン」と表記されている (学会誌などではパタンもかなり使われている).「パタン」と発音すれば英語に近いが「パターン」と発言するとアクセントが後ろに移動して英米人には通用しない．これは誤った習慣も改めるのは難しい例のひとつである.「ー」記法のために日本人の英語発音は相当な不利益を受けている．このような理由で，user や計算量の order もそれぞれユーザ，オーダとした (同じ考えの著者も少なからずいる).

人名については, モールス (Morse), エジソン (Edison), チューリング (Turing) など英語発音とはほど遠いものが慣用になっているので，最初に原語と発音のカタカナ表記 (これには英語だけでなくドイツ語，フランス語，イタリア語も含まれる) を併記した．その後はカタカナ表記としたが，A. Turing だけは慣用のカタカナ表記が滑稽なほど原語発音と異なり，また「テューリング」の表記が一般的でないので，あえて原語表記を用いることにした.

■ **謝辞**　本書の出版を強くすすめて下さった小林春美先生 (東京電機大学理工学部)，ていねいに原稿を読み，多くの有益なコメントをいただいた築地立家先生 (東京電機大学理工学部)，今田圭太君 (研究室 OB)，木戸間周平君 (研究室 OB)，竹田悠大河君 (東京大学大学院) の各氏に感謝する．また，本書の内容をよく表しているカバーと本扉のイラストを作成していただいた草地 元氏 (三重大学名誉教授)，ならびに出版に関してご尽力いただいた東京電機大学出版局 吉田拓歩，早乙女郁絵，小田俊子の各氏に深謝したい.

2018 年 3 月　　　　中村克彦

目次

まえがき i

第 1 章 ことばと情報 1
1.1 情報とは何か ♣ 1
1.2 ことばと言語 ♣ 3
1.3 言語と論理 7

第 2 章 通信の歴史 9
2.1 電信 ♣ 9
2.2 アナログ情報と蓄音機，電話 ♣ 11
2.3 電波と無線通信 ♣ 13
2.4 真空管 16
2.5 トランジスタ 18
2.5.1 P 型と N 型半導体 19
2.5.2 トランジスタの原理 20
2.6 光通信 ♣ 21

第 3 章 ディジタル情報 23
3.1 数の表現 23
3.1.1 位取り記法 ♣ 23
3.1.2 整数 — 負数の表現 ♣ 26
3.1.3 浮動小数点 28
3.2 アナログ–ディジタル (AD) 変換 ♣ 29
3.3 誤りの検出と訂正 33
3.3.1 多重化 ♣ 34
3.3.2 パリティ検査とハミングの誤り訂正符号* 34
3.4 文字情報 ♣ 36

3.5 情報量と情報理論* 37
3.5.1 ハフマン符号 41
3.5.2 シャノンの通信理論 43

第 4 章 ディジタル回路と論理数学 45
4.1 論理数学と論理関数 46
4.2 論理関数から論理回路 49
4.2.1 MOS FET による論理素子 49
4.2.2 組合せ回路と論理式 51
4.2.3 加法標準形 51
4.2.4 カルノー (Karnaugh) 図による簡単化 53
4.2.5 加算回路 57
4.3 フリップ・フロップと順序回路 59

第 5 章 コンピュータの出現と発展 63
5.1 計算機の歴史 ♣ 64
5.2 電子計算機の出現 ♣ 66
5.3 Alan Turing と Turing 機械 ♣ 70
5.4 フォン・ノイマン・アーキテクチャ ♣ 73
5.5 コンピュータの動作 75
5.5.1 主記憶，制御装置，演算装置 ♣ 75
5.5.2 アセンブラ言語 CASL II 81
5.5.3 割込み 83
5.5.4 プロセッサの高速化 84
5.6 ハードウエアとソフトウエア ♣ 85
5.6.1 ハードウエアの進歩 85
5.7 プログラム言語 90
5.7.1 高水準言語 91
5.7.2 言語処理系 94
5.8 組込みシステム ♣ 95
5.9 データ通信とインタネット ♣ 96

第 6 章 アルゴリズムとプログラム 99
6.1 アルゴリズムと計算可能性 99
6.1.1 停止問題 100
6.1.2 アルゴリズムがあっても解の得られない問題 102
6.2 基本的アルゴリズムと計算量 103

6.2.1　基本的アルゴリズム 1：索表 105
6.2.2　基本的アルゴリズム 2：整列化 107
6.3　非決定性の計算* 108

第 7 章　Prolog と述語論理　113
7.1　Prolog を使ってみる ♣ 114
7.1.1　プログラム例と実行 117
7.2　Prolog の構文と計算 119
7.2.1　ホーン節の構文 119
7.2.2　基本演算：単一化 120
7.2.3　計算と論理的帰結 123
7.2.4　リスト 125
7.2.5　Prolog の拡張機能 128
7.3　プログラム例 130
7.3.1　最短経路の探索 134
7.3.2　ハフマン符号の生成 138
7.4　1 階述語論理* 139

第 8 章　オートマトンと形式言語　147
8.1　順序機械と有限オートマトン 148
8.1.1　順序機械 149
8.1.2　有限オートマトンと正則言語 152
8.1.3　正則式 156
8.1.4　正則言語を認識する Prolog プログラム 157
8.2　形式言語 159
8.2.1　句構造文法 (PSG) 160
8.2.2　文脈自由文法 (CFG) 161
8.2.3　導出木とあいまいな文法 163
8.2.4　算術式の文法 165
8.2.5　プッシュダウン・オートマトン 167
8.2.6　確定節文法 (DCG)：文脈自由言語の認識 168
8.2.7　文脈依存文法 (CSG) 172
8.2.8　チョムスキーの階層 172
8.3　セル・オートマトン 175
8.3.1　ライフ・ゲーム ♣ 177
8.3.2　自己複製 ♣ 179
8.3.3　一斉射撃問題 182

8.3.4 並列言語認識能力* . . . 186

第 9 章 人工知能 191
9.1 人工知能とは何か ♣ . . . 192
9.1.1 人工知能に対する否定的意見 . . . 193
9.1.2 Turing テスト . . . 195
9.2 盤ゲーム ♣ . . . 196
9.2.1 MIN-MAX 探索 . . . 199
9.3 知識と推論 ♣ . . . 201
9.3.1 知識表現の方式 . . . 203
9.3.2 Watson：クイズ王への挑戦 . . . 205

第 10 章 機械学習 207
10.1 学習モデル . . . 208
10.2 帰納論理プログラミング* . . . 210
10.3 決定木 (decision tree) . . . 212
10.4 遺伝的アルゴリズム . . . 215
10.5 文法推論* . . . 218
10.6 神経回路と深層学習 . . . 220
10.7 神経細胞のモデル . . . 221
10.7.1 パーセプトロン . . . 223
10.7.2 多層神経回路と深層学習 . . . 225
10.7.3 ホップフィールド・ネットワークとボルツマン機械** . . . 226

あとがき 231

付録 A 集合と関係，関数，グラフ 233
A.1 集合 . . . 233
A.2 関係と関数 . . . 235
A.3 無限集合と濃度 . . . 236
A.4 グラフ (graph) . . . 237

文献 239

索引 241

1 ことばと情報

はじめにことばがあった．ことばは神と共にあった．　— ヨハネ福音書

われわれは言語機能を挿入された猿人らしい．
— Noam Chomsky (ノーム・チョムスキー，アメリカの言語学者)

4 万年ほど前にヒトに何か特別なことが起こり，飛躍的進歩が始まった．··· この大飛躍はたぶん新しいソフトウエア技術とでも呼ぶべき何らかの突然の発見と関連していた．それは，条件節のような文法上の新しい技巧であったのかもしれない．これは「もし ··· ならば，どうか」という想像力のさまざまな展開を一挙に可能にしただろう．もしかすると，大飛躍以前の言語は目の前のものを語ることにしか使えなかったのかもしれない．「祖先の物語 [20]」　— Richard Dawkins (リチャード・ドウキンス，英国の進化生物学者)

コンピュータの本質は，すべてを少数の記号 (通常，0 と 1) の組合せで符号化したディジタル情報として表し，扱うことにある．そして，ディジタル情報は人間がことば (言語) を使うことが起源となっている．「コンピュータは情報を処理する」という関係によってコンピュータは「情報」と強く結びついている．情報はコンピュータがなくとも存在するはずの概念とも考えられるので，まず情報とは何かを考えることから始めよう．

1.1 情報とは何か♣

現在では「情報」はありふれた用語であるが，「情報とは何か」を説明するのはそれほど簡単ではない．情報は英語の inform (知らせる) という動詞に由来する information の訳語である．この用語が一般的になったのはコンピュータが実用化された比較的最近のことである．それ以前は「軍事情報」のように特別な意味をもつ知識や資料を指して使われていた．情報機関 (英語では information ではなく intelligence agency) は諜報機関と同義語であり，国家の安全保障のための 007 のようなスパイ活動なども含む情報収集を行っていた．

コンピュータの普及につれて，日本では「情報」が氾濫することになった．大学では情報工学科などの理工学分野以外にもデザイン情報学科や情報文化学科，

情報環境学部のように「情報」の付いた学科や学部名がたくさん生まれた．一方，英語圏では情報科学および情報工学などと呼ばれる分野は information を使わず computer science と呼ばれている．「情報学」に相当する単語 informatics もあるが，この用語は日本の情報学ほど一般的ではない．

情報について多くの辞書ではいくつかの異なる概念が並べられていて全体を統一したものになっていない．たとえば，大辞林 (第 3 版) には次のように記載されている．

> 【情報】 ① 事物・出来事などの内容・様子．また，その知らせ．「横綱が引退するという — が入った」「戦争は既に所々に起って，飛脚が日ごとに — をもたらした／渋江抽斎 鷗外[†1]」② ある特定の目的について，適切な判断を下したり，行動の意思決定をするために役立つ資料や知識．③ 機械系や生体系に与えられる指令や信号．例えば，遺伝情報など．④ 物質・エネルギーとともに，現代社会を構成する要素の一．(原文のまま)

われわれはまず，情報を「**一定の形式で何かを表したもの**」と定義しよう．これはかなり一般的なので，これに含まれない情報はあまりないだろう．これだけでも良いのだが，「**通信によって伝達され，記憶によって保持される**」を追加しよう．逆に，通信と記憶は情報という概念を使わないときちんと定義できない．

ついでに情報と近い用語である データ (data, 単数形は datum) についても定義しておこう．大辞林には次のように記載されている．

> 【データ】 (data) ① 判断や立論のもとになる資料・情報・事実．「— を集める」② コンピューターの処理の対象となる事実．状態・条件などを表す数値・文字・記号．

本書ではこれらをまとめて「計算や推論の基礎となる情報」と定義しよう．情報に近いもうひとつの用語は「知識」であるが，これは§9.3 で扱う．

情報が定義されると次の問題は，情報が「どれだけのことをどのように表しているか」である．さまざまな形の情報があり，それらは相互に変換できる．この意味で情報はエネルギーとよく似ている．エネルギーも誰もがよく口にする用語であるが，きちんと説明できる人は少ない．

[†1] この名作は 1916 年に書かれたので，100 年以上昔にこの用語が使われていたことになる．

多様な情報があるなかで標準となる形式は記号 (または符号) の系列である．一般に決まった種類の記号の組合せによって符号化して表した情報を**ディジタル** (digital) 情報と呼ぶ．コンピュータ内の記号は一般に 0 と 1 のふたつである．われわれが日常使っている言語 (書きことば) は文字 (記号) の系列であり，次の §1.2 で述べるように，最初の言語である話しことばはディジタル情報の起源である．

ディジタルと対比される情報の形式として，アナログ (analogue, analog) 情報がある．アナログ情報 (信号) は回転角度や電圧などによって表される量的な値およびその連続的変化を表している．自動車の針式速度計の指示やマイクロフォンで捉えた音声信号などはアナログ情報である．§3.2 で詳しく説明するように，現在では音声や映像などのアナログ情報はディジタル情報に変換されて伝達され，記録されることが多い．このようにアナログ情報もディジタル情報として扱えるが，たとえば文字の情報をアナログ情報として扱うことはできない．コンピュータがさまざまな仕事をできる万能性をもつことは，コンピュータが情報の基本であるディジタル情報を操作することにもとづいている．

情報理論 (§3.5) によれば，いろいろなできごとの通報に必要な情報の量 (平均情報量) をその出現確率にもとづいて定義できるので，情報という一見漠然とした概念を数理的に扱うことが可能になる．情報量は情報を表すのに必要な符号 0 と 1 の個数によって表され，単位は bit (ビット) である．平均情報量はエントロピーとも呼ばれるように，熱力学のエントロピーおよびエネルギーと密接な関係をもっている．

1.2 ことばと言語♣

話しことばは，音素 (phoneme) と呼ばれる要素を並べて構成されるディジタル情報である．音素は [*a*], [i], [u], [e], [ɔ] などの発音記号で表される母音と [k], [s], [t], [g] などの子音からなり，その種類は言語によって異なるが，世界の言語全体でも数 10 ほどである[†2]．ディジタル情報である話しことばから文字が生まれたのは必然であった．

われわれの祖先がいつ言語 (話しことば) をもったかについては諸説あるが，どうやら 10 数万年前にわれわれ現代人の直接の祖先，クロマニヨン人 (ホモサピエンス：Homo sapience) が現れて初めて完全な言語を話したらしい．クロマニヨン人以前から南ヨーロッパや中東などに住んでいたネアンデルタール人は精巧な矢尻をつくり，死者を埋葬して花を飾るような精神的文化をもっていたが，喉や顎の形状からそのことばはかなり不完全だったと考えられている．彼らの言語がどのようなものであったか，われわれの祖先がどのような段階を経て言語を獲得したかは，手掛かりがほとんどなく大きな謎とされている [20]．本来は呼吸器官であると同時に食物を取り入れる消化器官である鼻と口が，複雑な音声を発生する器官に進化したのはよく考えれば不思議議である．

人間は言語をもつことによって個人の知識をほかの人々に伝えて，集団で知識を共有することが可能になった．さらに文字を使うことによって世代を越えて知識が蓄積され，体系化されて，文化や学術を発展させることになった．コンピュータの起源は，人間がことばというディジタル情報を使い，ディジタル情報の操作法を探求したことに求められる．

■ チンパンジーの言語能力　われわれの祖先はどのような経緯でことばを獲得し，またどの程度の知性をもっていたのだろうか．ヒトと近縁の類人猿の進化の関係を表す図 1.1 は，ヒトとチンパンジーの関係がチンパンジーとほかの類人猿であるゴリラやオランウータンの関係よりずっと近縁であることを示している．ヒトの祖先とチンパンジーとボノボの共通の祖先が分かれたのは約 500 万年前であり，両者の遺伝情報の違いはごく少ないことが知られている．前述のようにわれわれの祖先が言語をもったのはそれほど古いことではない．ヒトの祖先 (猿人) は初めからことばに頼ったのではなく，最初の変化は森林から草地に移って二足歩行を始めたことである．自由に使える手によって道具や衣類，住家をつくることが可能となり，これが大脳の増大，さらには言語の獲得などの独自の進化

[†2] 日本語の音素は少ない方で 20 ほどしかない．日本語の母音は 5 種類とされているが，英語やドイツ語では母音は 10 以上ある．

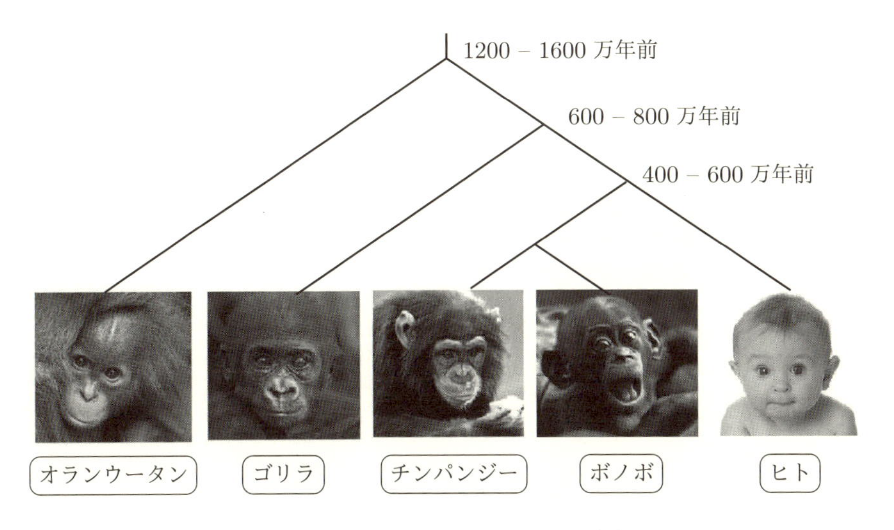

図 1.1 ヒトと近縁の類人猿の系統樹

を引き起こすことになった.

子供のチンパンジーの知能の発達を調べた研究によると，道具の使用や仲間と共同作業をする能力においては，人間の子供と比べてそれほど本質的な差はない．また，チンパンジーの図形や記号の認識能力は極めて高いことが示されている．しかし，言語の習得においては明確な差があることが判明した．チンパンジーが発声できる音素の数はわずかであり，ふたつ以上の母音を区別して発声することができない．このため，手話や単語カードを用いてことばを学習させる試みが数多くなされた．ふたつの単語を組合せることは習得できたが，それ以上の長さの文はほとんど理解できなかったという.

■ 言語生得説 幼児は 2, 3 歳までに容易に母国語を聞きとり，話すことができるようになる．この能力にはあまり個人差がない．この驚異的な幼児の言語の獲得能力について古くから議論されていたが，現在では，アメリカの言語学者 Noam Chomsky (ノーム・チョムスキー) が提唱した言語生得説が広く知られている．この説によれば，人は生まれてから文法の規則を学習して得るのではなく，生まれながらすべての言語に共通の基本的な文法 (普遍文法 : universal grammar) をもっている．この仮説を支持する例証として次のようなものがある．

- 世界にはさまざまな言語があるが，基本的な構造，たとえば「文は幾重にも文 (入れ子になった文) を含んでよい」という性質は共通である．
- 幼児が両親などから聞くことばはたいてい不完全な文であるのに，正しい文はどうあるべきかという規則 (文法) をみごとに習得する．
- 幼児は成長するにつれて初めは 1 語だけの発話であるが，次に 2 語，3 語を組合せて話せるようになる．この段階に移ると，後は語数に制限なく長い文を話せるようになる．このような幼児の能力はチンパンジーが 3 語以上の文を理解できないことと対照的である．

多くの研究がなされたが，明確な形の普遍文法がいまだに示されていない．また，世界中に数多くある言語のなかに共通の基本的構造とは異なるものが発見されたことなどから，最近になって普遍文法の存在を否定する研究者も現れている．この否定説では，生得的な文法がなくとも他人の意志の推測と類推，一般化などの能力によって幼児は言語を学習できるとされている．一方で，この否定説によっても，ヒトが進化のある時点で言語を獲得するための生得的な認知機能をもつようになったことは明らかである．チョムスキーは言語や文法を数学的に扱う形式言語学を確立した．形式言語とディジタル・システムのモデル (オートマトン) の理論を組合せた「形式言語とオートマトン」はコンピュータ科学の基礎科目となっている．後 (§8.2) に述べるように，この科目ではディジタル・システムの論理的な能力と言語の複雑さを関連づけて論じられる．

■ **遺伝情報**　ところで，地球上に出現したディジタル情報は人間のことばが初めてだろうか？ 実は，30 数億年前の生命の誕生以来，生物の細胞がもつ DNA(核酸) に含まれる遺伝情報はディジタルであった．核酸は A, T, C, G で表される 4 種類の塩基の系列 (1 次元配列) であり，これが生物を構成するたんぱく質のアミノ酸の構成を表している．遺伝情報がディジタルであるために，これがコピーされて親の形態や習性が正確に子に伝わり，またコピーの際の誤りに起因する突然変異が引き金となって進化が起こる．生物学と情報科学には深い関係がある．John von Neumann (フォン・ノイマン) による自己複製 (自己増殖) オート

マトン (§8.3.2) はこの代表的な例であり，生物の細胞分裂という複雑なプロセスのひとつの数学的モデルを示している．

1.3　言語と論理

言語をもたないイヌやチンパンジーなどの動物も思考能力をもつが，ことばの獲得によって人間は思考能力を飛躍的に高めた．さらに文字の発明は，より広い知識を集積・共有することと，これらを基礎とした抽象化した思考を可能にした．言語にもとづいて発展した思考の枠組みは一般に「論理 (logic)」と呼ばれる．論理は本書で扱うコンピュータの構成や人工知能と深くかかわっている．

論理の基本は，明確に書かれた文 (命題) は真 (true) と偽 (false) の属性をもつことである．たとえば，$1+2=3$ や「1 年は 12 か月である」は真なる命題であり，$10/3 < 3.14159$ や「日本国憲法は国民が憲法を守る義務を定めている」は偽なる命題である．これらの命題を「または (or)」,「かつ (and)」,「ならば (if – then, imply)」などの用語で結合した命題の真偽はどうなるかが論理学の出発点である．これらから次のような論理学上の問題が生まれる．

- 論理的な関係にどのような規則が成立するか.
- 真なる命題から別の真なる命題をどのように導けるか.
- ある命題が真であることをどのように論証できるか.

これらの問題を扱う論理学 (logic) は，古代ギリシャ以来，哲学の一分野として発展した．19 世紀になって英国の数学者 Gorge Boole (ブール) は命題の関係を扱う命題論理を数学として扱うブール代数 (Boolean algebra) を示した．これを起源として生まれた記号論理学 (symbolic logic) は数学の基礎分野となっている．命題論理は記号論理学の主要な体系である述語論理 (predicate logic, §7.4) に含まれている．

コンピュータを構成するディジタル回路はもっぱら 0 と 1 の 2 値の信号を扱う．このため，ディジタル回路の解析と設計のために 2 値を扱う特別な数学が必要になるが，これに真と偽のふたつを扱う命題論理が応用できることが判明した．これによって，第 4 章で詳しく述べるようにディジタル回路は論理回路，回路を構成する素子は論理ゲートなどと呼ばれることになった．

ある言語を規定する文法は一般に，その言語の文を構成する規則に関する構文 (syntax)[†3]と，文の意味の規定 (意味論，semantics) のふたつに分けられる．ここで対象とする言語には，日本語や英語などの自然言語のほかにプログラム言語などの人工言語が含まれる．構文に対しては，前節で述べた N. チョムスキーによって導入された形式文法がプログラム言語と自然言語の両方の基礎となっている．一方，言語の意味の規定は簡単ではない．プログラム言語の意味は「プログラムがどのように計算されるか」であるため，意味がどのようなものかは明確である．これに対して，そもそも自然言語の意味とは何か，意味をいかに記述するかは複雑で難しい問題であり，人工知能 (AI) における知識表現の研究課題である．意味は論理と密接に関連しており，述語論理は意味の記述言語である．このため，第 7 章と第 9 章で述べられるように述語論理は知識表現と思考プロセスを構成する推論のひとつの基礎となっている．なお，ここで紹介した言語と論理に関する諸概念の関係は第 9 章において意味ネットワークの例として図 9.2 (§9.3.1，p.204) に示されている．

研究課題

1. 人間がことばをもち，もっぱらことばに依存した生活をすることになって何を失ったか．
2. * 人間が文字をもち，文字を使う生活をすることによって何を失ったか．また，新しく生じた問題は何か．
3. * 人間がコンピュータ・ネットワークに依存する生活をすることになって何を失ったか．また，新しく生じた問題は何か．
4. * 人間の思考能力は言語にもとづいているのに対して，ヒト以外の動物の思考能力および学習能力は言語によらないものと考えられる．ヒト以外の動物の思考はどのようなものか．言語に依存する思考とどう異なるか．

---

†3 情報科学では syntax の訳語は「構文」であるが，言語学や心理学では「統語」と呼ばれている．

2 通信の歴史

無線通信と飛行機によって世界はきわめて小さくなり，国家は互いに依存しあうようになったので，戦争にとってかわるのは世界合州国しかない．

— J. B. Orr (オール，スコットランドの政治家)

最初の量子力学革命の主たる成果である波動と粒子の二重性の発見がトランジスタとレーザの発明をみちびき，これが情報社会の起源となった．

— A. Aspect (アスペ，フランスの物理学者)

人間は昔から遠方へ情報を伝達する通信の方法を求めてきた．文字をもって以来，手紙はもっとも重要な通信手段であり，郵便のシステムは時代と共に発達してきた．手紙は，空間的な情報の伝達であると同時に時間的な通信 (記憶) でもある．郵便以前から，世界中でのろしや太鼓の音などをリレーしてできるだけ遠くに早く通信する方法が使われたことが知られている．日本でも戦国時代に武田信玄の甲斐の国ではのろしによる通信網があったという記録が残っている．

江戸時代中期から明治期にかけての日本では旗振り通信が行われていた．見晴らしの良い山の頂上などに大旗 (夜は松明(たいまつ)) と望遠鏡 (遠眼鏡) を備えた旗振り台がほぼ 10〜20 km ごとに設けられ，大阪から広島，和歌山などへ数 10 分で米相場などを伝達できた．旗振り通信のネットワークは江戸まで伸びていたが，見通しが悪い箱根では飛脚で中継したため，時間を要したそうである．

2.1 電信♣

19 世紀になって電気を使う通信方法が生まれた．ひとつは電流の断続によって文字を符号化して送る電信であり，もうひとつは音声の波形を電流の連続的な変化で表す電話である．電信と電話はそれぞれディジタル信号とアナログ信号の代表的な例となっている．電気通信の発展がやがて真空管を基礎とした電子工学を生み，これがコンピュータの出現をもたらすことになった．

米国の Samuel F. Morse (モース，モールス[†1]) は 1837 年に彼の発明した電信機の公開実験を行った．電信 (telegraphy) は離れた地点まで電線を張り渡し，これに流す電流を断続することによって符号化した情報を伝送する通信である．図 2.1 は電信局の片側を示している．電流を断続するために電鍵 (key) と呼ばれるスイッチが使われる．他方の局とは回線で接続されており，回線の電流が流れているか否かは電磁石が鉄片を吸い付けることで判定する．この電信機では，この鉄片に付いているペンが一定速度で動いている紙テープ上に送られてきた符号を記録する．なお，回線とペンの表示機はリレー (後述) で結合されている．

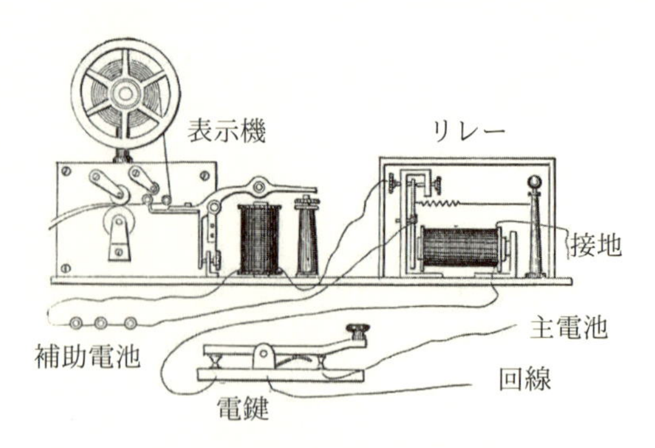

U.S. History Images

図 2.1　モース電信機 (主電池の一方は接地．電鍵を押さないときは受信)

モースが電信機のために決めた英文用の符号 (モールス符号，表 2.1) では，電流を短時間流す短点“·”と少し長い (短天の 3 倍) 長点“−”を組合せて文字と数字などが表される．文字の間は長点と同じ長さ，単語間は長点の 2 倍以上開

表 2.1　モールス符号 (Morse code)

A	·−	J	·−−−	S	···	1	·−−−−
B	−···	K	−·−	T	−	2	··−−−
C	−·−·	L	·−··	U	··−	3	···−−
D	−··	M	−−	V	···−	4	····−
E	·	N	−·	W	·−−	5	·····
F	··−·	O	−−−	X	−··−	6	−····
G	−−·	P	·−−·	Y	−·−−	7	−−···
H	····	Q	−−·−	Z	−−··	8	−−−··
I	··	R	·−·	0	−−−−−	9	−−−−·

[†1] 本書では，昔から使われてきた用語である「モールス符号」を使うが，名前は「モース」と呼ぶ．

けることになっている．符号を覚えるために，A は「トツー」，B は「ツートトト」などと発音する．文字符号をどのように決めてもよさそうであるが，モールスは印刷屋で文字の使用頻度を調べて，頻度が高い文字に短い符号を割り当てている．英語でもっとも多く現れる文字は E なので，その符号は短点“・”ひとつ，頻度の低い Q, Z などの文字にはそれぞれ ーー・ー，ーー・・ など長い符号が割り当てられている．これは効率の高い符号化の基本となる考え方である．

電信はどれくらい遠距離まで通信できるのであろうか．距離が長くなると電流が弱くなるので，どの電信機も単独で伝達できる最大距離には限界がある．この問題は，電磁石の力でスイッチを断続して信号の伝達を中継することによって解決できる．中継を繰り返せばどんな長距離でも通信が可能である．このように中継が容易にできることがディジタル通信の特長のひとつである．電磁石によって断続するスイッチはリレー (relay，継電器) と呼ばれ，各種の制御機器，特に鉄道の信号システムなどで現在でも使われている．世界最初の自動計算機 Mark I は基本素子としてリレーを用いている (§5.1)．

電信線は陸上だけでなく，海底ケーブル (submarine cable) によって海洋を越えて引かれた．1866 年には膨大な費用をかけて大西洋横断のケーブルが施設され，新大陸アメリカとヨーロッパの間の通信が可能になった．これは最初故障が多く，ケーブルのもつ大きな静電容量のために通信速度は低かったという．

日本では 1853 年に黒船に乗ってペリーが浦賀へ来航した際，将軍への献上品に蒸気機関車の模型と共に電信機が含まれていた．電信も鉄道技術も欧米で実用化されてからそれほど遅れずにわが国に伝えられたのは幸運であった．明治政府は鉄道と共に電信の普及を進め，1880 年頃までに全国の大都市間を結ぶ電信網が完成していた．これは電報 (telegram) として広く使われてきた．また，日本国内の電信網は海底ケーブルを経て大陸の電信網とも接続されていた．

2.2 アナログ情報と蓄音機，電話♣

ディジタル情報と異なるもうひとつの種類の情報がアナログ (analogue, analog) である．アナログという用語は analogy (類似，相似) にもとづいている．符号によって表されるディジタル情報と違って，アナログ情報はある物理量またはその量の連続的な変化によって表される．分かりやすい例は，自動車の速度計や体重計である．ディジタル方式では数字で表示するのに対して，昔からあるアナログの計器では針の回転角度によって量を表す．計算尺 (§5.1) で使われる物理量は長さであり，電話では物理量は電圧と電流である．

音声 (voice, sound) は空気の圧力の時間的変化 (波形) によって表されるアナログ信号であり，音波として伝播する[†2]．音声の波形 (図 2.2) はオシロスコープと呼ばれる計測器で観測できる．

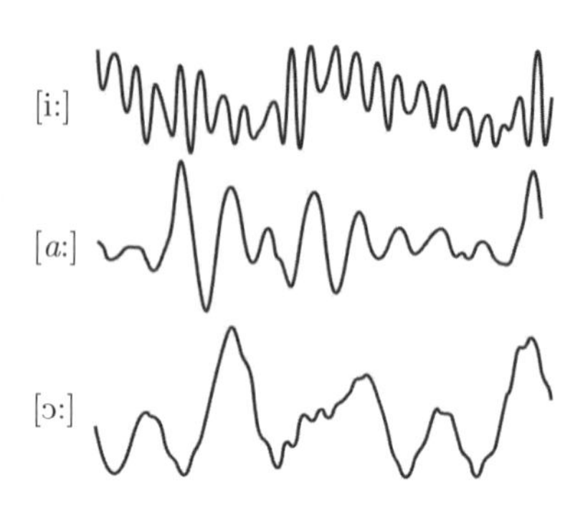

Pétur Knútsson, Univ. of Iceland

図 2.2　音声 (母音) の波形

■ **蓄音機**　1877 年に Tomas Edison (エディソン) が発明した蓄音機 (gramophone，図 2.3) は，回転する蝋の円筒の上にマイクロフォンの振動板に付けた記録用の針で音声の波形を刻みつけて記録するアナログ方式の録音装置であった．記録された波形は再生用の針でなぞってふたたび振動を取り出してスピーカを鳴らす．やがて円筒はコピーが容易な円盤 (ディスク) に置きかわり，1980 年頃までの長いディスク・レコード録音の時代を迎える．初期の時代に使われた天然の樹脂 (シェラック) を用いた 78 回転の SP 盤は録音時間も数分であり雑音も大きかったが，これによって 100 年近い昔の音声が記録されて残っている．1955 年頃からは塩化ビニール製 33/3 回転の LP レコードが主流になり，両面で 1 時間以上の雑

Wikipedia, File: EdisonPhonograph.jpg.

図 2.3　エディソンの蓄音機

[†2] 話しことばはアナログ信号である音声によって伝達されるが，それが表していることばはディジタル信号である．

音の少ない記録が可能になった．

■ **電話**　電話 (telephone) は 1876 年，米国 (スコットランド出身) の Alexander Graham Bell (ベル) によって発明された．電話はマイクロフォンによって音声の波形を電流の変化に変えて送信し，受信した電流の変化をスピーカやイヤフォンによってふたたび音声に戻す．電話信号は高い周波数成分を含むので減衰が大きく，電信のように簡単に中継ができないため遠距離の通信は難しかった．長距離電話が可能になったのは真空管を使って微弱な信号を増幅できるようになってからである．さらに電話では通話者間の回線を交換局で接続するという手間も必要である．このため，電信 (電報) と比べて電話の普及は時間がかかり，日本で，だれでも長距離電話をかけることができ，一般家庭が電話をもつようになったのは，テレビが普及し始めた頃と同じ 1960 年代であった．

音声情報やテレビの画像信号をアナログ信号のまま録音し，電話回線や放送のために送る時代が長く続いたが，1980 年頃になるとアナログ信号もディジタル信号に変換して扱う方式が広く使われるようになった．これはコンピュータとネットワークの技術の進歩によるものである．

2.3　電波と無線通信♣

J. C. マクスウェル

(1831–1879)

無線通信だけではなく，現代の文化を支える電気工学さらには近代物理学の基礎となる電磁気学は英国 (スコットランド) の James Clerk Maxwell (マクスウェル) によって確立された．電磁気学のエッセンスは電気と磁気の相互作用を表す短い偏微分方程式にまとめられている．これは電磁方程式と呼ばれ，電磁波 (electromagnetic wave) を表す解をもつ．マクスウェルは光が電磁波ではないかと考え，解に含まれる定数である真空の誘電率および透磁率を測定して，これから電磁波の速度を計算した．この計算結果である 3×10^{10}cm/s $=$ 30 万 km/秒はその当時すでに測定されていた光速と一致した．

人の眼に感じる光 (可視光線) はごく短い波長，380〜760 nm (ナノメートル，10^{-9}m) の電磁波であるが，より波長の長い 0.1mm 以上の電磁波が電波 (radio wave) である[†3]．ドイツの H. R. Hertz (ヘルツ) は 1883 年に電波を発生し検出することに成功した．周波数の単位 Hz (ヘルツ) はこの電波のパイオニアに由来する．この後すぐに電波は無線 (wireless) 通信に応用されることになった．

■ 無線電信　海底ケーブルに代わって遠距離通信の主役になったのが電波を用いる無線電信 (wireless telegraphy) である．モールス符号の無線電信はアンテナに送る電波を断続することによって送信される．アンテナによって受信した信号は音に変えて通信士が聞き取る．イタリアの M. Marconi (マルコーニ) は火花式送信機とコヒーラと呼ばれる検波器をもつ受信機を使い，長大なアンテナを張ることによって 1897 年にドーバー海峡，1902 年には大西洋横断の無線通信に成功した．やがて，高周波信号を発生し微弱な信号を増幅する作用をもつ真空管の時代になって無線通信が広く実用化される．モールス符号による無線電信は，雑音に強く小出力の送信機で通信ができるため 100 年近く遠距離通信，特に船舶との通信手段として使い続けられた．

当初，電波は光と同様に直進するので，地表の曲率を考えるとそれほど遠方まで到達するとは思われていなかった．マルコーニによる大西洋横断の通信の成功はこの予想をくつがえした．電波は上空で反射し，ふたたび海面と上空で反射することを繰り返して遠方まで伝達する．電波を跳ね返すのは，大気圏の上層部，高度 80〜600 km に形成されるイオン化された気体の分子からなる電離層 (ionosphere) である．気体のイオン化は太陽からの紫外線と太陽風によって飛来する粒子によるため，電離層の働きは昼と夜で異なり，また太陽活動に大きな影響を受ける．電離層を反射する電波の波長は限られており，波長 100〜10 m の短波 (3〜30 MHz) がもっともよく電離層によって反射される．

[†3] 可視光線と電波の間の波長をもつ電磁波が赤外線である．可視光線より短い波長の電磁波には紫外線，さらに短い波長の X 線，γ (ガンマ) 線がある．

■ **変調** 電波を通信に用いるには「どのように電波に信号を乗せるか」が重要である．運び屋の電波は搬送波 (career)，信号を乗せることは変調 (modulation) と呼ばれる．信号がディジタルの場合は電波を断続すればよいので簡単である．無線電信はこの方式であるが，電話などのアナログ信号も§3.2 で述べる AD 変換によってディジタル信号に変換できるので，この電波断続方式 (パルス符号化変調，PCM: pulse code modulation) で送れるが，これが実現するのはずっと後のことである．それまでは，信号によって搬送波の振幅を変化させる振幅変調 (AM: amplitude modulation) および搬送波の周波数を変化させる周波数変

Coffee Room 1 アマチュア無線

電波を勝手に発生させるとほかの通信を妨害するため，ある程度以上の強さの電波を発射するには無線技術者の資格をとり無線局の免許を得る必要がある．無線通信の初期の時代から個人が趣味や研修の目的で無線局を開設できるアマチュア無線の制度が国際的に確立しており，短波だけでなく VHF, UHF 帯にも専用の周波数帯域が割り当てられている．

筆者は高校生のときに電信級 (現在の第 3 級) アマチュア無線技士，その後で大学に入ってから第 2 級アマチュア無線技士の資格を取得した．この試験ではモールス符号の送信と受信 (聞き取り) の試験があり，第 2 級では 1 分間 40 文字の速度で英文を送受信した．古ラジオの部品と米軍放出品の部品を集めて真空管式の無線機を組立て，無線局 (コールサイン JA1GFV) を開局した．竹竿に張ったアンテナでシベリアやカルフォルニアの無線局との交信ができたときには感激して，地球に対する感覚が変わった．送信機用の真空管や部品はラジオの部品では代用できず，秋葉原にあるジャンク屋で米軍放出品を買いに出かけた．筆者が東京電機大学に入学したのも，神田にあった工学部が秋葉原に近かったことが関係している．

調 (FM: frequency modulation) などのアナログ通信が使われていた.

■ **放送** 世界初の公式なラジオ放送 (radio broadcasting) は 1920 年にアメリカのピッツバーグで，日本では 1925 年に東京で開始された．これらの放送は中波帯の振幅変調 (AM) 方式であったが，これは現在でもそのままの形式で続いている．1953 年に日本のテレビ放送が開始されたが，これには画像のアナログ振幅変調が使われた．そのすぐ後に開始された FM 放送にはその名前の通り周波数変調 (FM) が使われている．FM 放送は音質が良いという特長をもち，現在も続いている．テレビは 2012 年全面的にディジタル放送に切りかえられた．なお，テレビ放送には地上の放送局からの放送のほかに衛星放送 (BS, CS) がある．

■ **電波の種類** 一般のラジオ放送は短波より波長の長い中波 (300 kHz〜3 MHz) が使われている．短波より波長の短い電波は次のように分類される．

超短波 (VHF: very high frequency) 波長 10〜1 m，30〜300 MHz.
極超短波 (UHF: ultra high frequency) 1〜0.1 m，300 MHz〜3 GHz.
センチ波 (SHF: super high frequency) 10〜1 cm，3〜30 GHz.

これらの電波は電離層によって反射しないので遠距離通信には中継が必要であるが，大量の情報を送れるため，地上波テレビ放送やスマートフォン，衛星中継による通信などに広く使われている．地上波のテレビのアンテナ (発明者の名前から八木アンテナと呼ばれる) に並んでいる横棒は波長の約半分の長さになっている．以前のアナログ・テレビは VHF 帯を使っていたので，アンテナは大きかったが，UHF 帯を使うディジタル・テレビに代わってアンテナも小さくなった．より短い波長の衛星放送にはおわん形のパラボラ・アンテナが用いられている．UHF 帯以上の周波数の電波はマイクロ波 (microwave) と呼ばれ，通信以外にもレーダや電子レンジなどに使われている．

2.4 真空管

真空管 (vacuum tube) は，密閉されたガラス管の内部の真空中を電子が流れる現象を利用した素子である．高温に熱せられた金属の表面から電子 (熱電子)

が放出する現象を発見したのは発明王エディソンであった．彼は 1880 年頃，彼自身が発明した電球を改良するための実験中に高温のフィラメント (filament) から周囲の真空中に何かの粒子が放出されている可能性に気づき，電球内に正の電圧をかけた電極 (プレート：plate) を挿入して，プレートとフィラメントの間に電流が流れる現象 (エディソン効果) を発見した (図 2.4).

エディソン効果の応用として生まれた 2 極真空管 (diode) はプレートからフィラメントの方向にだけ電流が流れる整流作用をもつ．3 極真空管はプレートとフィラメントの間に格子状の第 3 の電極 (グリッド：grid) を加えたものである (実際には，フィラメントを円筒状のプレートが囲んでおり，同じく円筒状のグリッドがその間に置かれる)．グリッドに電圧を加えないとき，電子は格子を自由に通り抜けられるが，グリッドに負の電圧を加えると格子を通り抜ける電子の数が減少する．これはプレートとフィラメントの間に流れる電流をグリッドの電圧によって制御できることを意味する．3 極真空管は高周波の発信や信号の増幅という大きな応用分野を切り開くことになった．図 2.5 は筆者がアマチュア無線 (Coffee Room 1，p.15) で使用した真空管である．

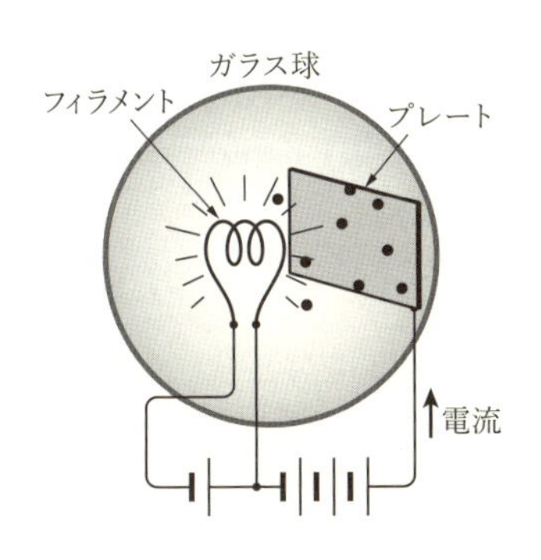

図 2.4 2 極真空管 (● は電子)

図 2.5 真空管

長距離電話や放送，実用的な無線電信は 20 世紀の初めに真空管が登場して初めて可能になった．映画のフィルムの端に濃淡の形で記録した音声を光に感じる真空管 (光電管) を使って読み出す技術によって映像と音声が同期したトーキー (talkie) が実現した．それ以来，真空管を基礎とする電子工学の技術が発展してラジオ放送，さらにはテレビ放送などの時代を迎えることになった．ずっと後になって，最初のコンピュータは基本素子として真空管を使ってつくられた (§5.2)．これはそれまでの信号の増幅のようなアナログ的な動作ではなく，電流を断続するスイッチとして真空管を使っている．

真空管の時代は半導体を用いたトランジスタの発展で幕を閉じることになった．トランジスタ時代になってもパソコンやテレビに使われていた CRT (ブラウン管) も平面ディスプレイに代わった．身近なところでいまだに使われている真空管は電子レンジのなかのマグネトロンだけになった．

2.5 トランジスタ

真空管のコンピュータが出現したのとほぼ同じ時期に，真空管に代わる新しい電子素子であるトランジスタ (transistor) が登場してきた．真空管は寸法も大きく，フィラメントを加熱するため消費電力が大きい上に寿命が短いので，膨大な数の演算要素を必要とするコンピュータには適していない．トランジスタが使われて初めてコンピュータが実用化された．

トランジスタは 1947 年にアメリカのベル電話研究所で発明された．発明者の William Shockley (ショックレイ)，John Bardeen (バーディーン)，Walter Brattain (ブラッテン) には 1956 年のノーベル物理学賞が授与されている．最初，トランジスタは個別の部品として使われたが，すぐにトランジスタを含む回路全体をシリコンの基板上につくり上げてしまう集積回路 (IC: integrated circuit) および大規模集積回路 (LSI: large-scale IC) が発展した．年ごとに集積度は上昇して，最近は 1 個の小さな IC チップ (chip) 上にコンピュータの CPU がいくつも組込まれるまでになっている．

真空管が真空中の電子の流れを利用しているのに対して，トランジスタは半導体 (semiconductor) と呼ばれる固体 (solid state) 中の量子力学によって扱われる電子の性質を利用している．半導体は金属などのように電気抵抗の小さい導体と，ガラスや焼き物などのように電気をほとんど通さない絶縁体の間にあり，わずかな不純物によってその伝導度が大きく変わる特性をもつ．電子素子に多く使われている半導体はシリコン (silicon：珪素) とゲルマニューム (germanium) であるが，そのほかにさまざまな化合物や有機物の半導体がある．

2.5.1　P 型と N 型半導体

純粋な (99.99999999 %など 9 が 10 以上並ぶ純度の) 半導体はほとんど電流を流さない．これに不純物を加えると，その種類によって P 型と N 型の 2 種類の半導体がつくられる．半導体素子は P 型と N 型の 2 種類の半導体を組合せて構成される．N 型半導体では通常の金属のように自由電子によって電荷が運ばれて電流が流れる．電荷を運ぶものが負 (negative) の電荷をもつ電子であるために N 型と呼ばれる．これに対して，P 型半導体の内部で電荷を運ぶもの (キャリヤ，carrier) は正孔 (ホール，hole) と呼ばれる正 (positive) の電荷をもつ仮想粒子である．

シリコン (ゲルマニュームも同じ) は化学的には 4 価の (4 個の外殻電子をもつ) 元素であり，純粋なシリコンの結晶中では各原子が外殻電子によって 4 個の原子と結合して格子状に配列している．ここにリン，ヒ素などのような 5 価の不純物が添加されると，外殻電子のひとつが自由電子となって N 型半導体となる．シリコンにホウ素などの 3 価の不純物を添加すると，電子が欠損した孔＝正孔 (hole) が生成される．正孔は正の電荷をもつこと以外は自由電子のようにふるまい，正の電荷を運ぶ働きをもつ．これが P 型半導体である．

半導体の結晶中に P 型と N 型が隣接するように 2 種類の不純物を添加することによって，PN 接合 (PN junction) がつくられる．PN 接合に図 2.6 のように

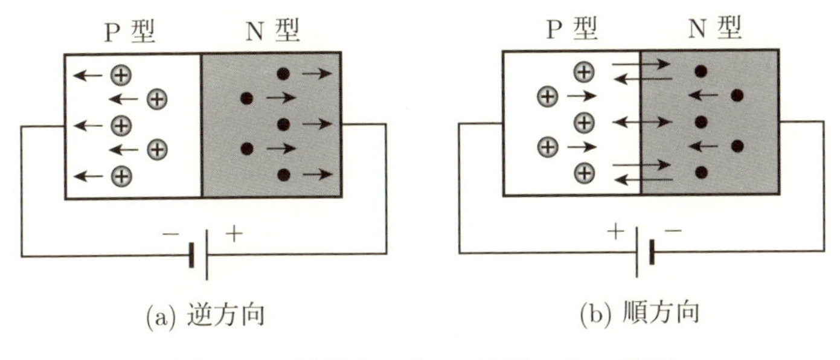

図 2.6　PN 接合　(⊕： 正孔，●： 電子)

電圧を加えると，電界の方向によって異なる特性を示す．図 2.6 (a) のように電圧を加えると，正孔と電子は電界によって互いに反対方向に引きつけられて接合面付近はこのふたつのキャリアがなくなって電流は流れない．一方，この反対方向に電圧を印加すると図 2.6 (b) のように正孔は N 型の領域へ，電子が P 型の領域へ移動する．このふたつのキャリアは接合面付近で再結合して消滅し，P 型の領域から N 型の領域に電流が流れる．このような一方向にだけ電流を流す整流作用は前述の 2 極真空管と同じであり，ダイオードとして使われる．

2.5.2 トランジスタの原理

トランジスタは P 型と N 型のふたつの半導体を組合せて構成され，前述の 3 極真空管と同様に信号の増幅・発振やコンピュータの演算素子として使用される．トランジスタには次のふたつの種類がある．いずれもふたつの電極の間に流れる電流を第 3 の電極によって制御する構造になっている．どちらにも P 型と N 型および正と負の電圧を交換した相補形があるので，一方のみで説明する．

バイポーラ・トランジスタ (bi-polar transistor)　PNP 型 (相補型は NPN 型) トランジスタは，P 型半導体の中に薄い N 型の部分を挟んでおり，ふたつの PN 接合をもつ．一方の P 型の電極 (コレクタ：collector) からもう一方の P 型の電極 (エミッタ：emitter) の間を流れる電流がエミッタから N 型の電極 (ベース：base) へ流れるわずかな電流によって大きく変化することによって増幅やスイッチの作用が得られる．

電界効果 (型) トランジスタ (FET: field-effect transistor)　P 型 (相補型は N 型) FET では，ふたつの N 型半導体の電極であるソース (source) とドレイン (drain) の間の正 (負) のキャリヤによって流れる電流が，第 3 の電極ゲート (gate) から印加される電界によって制御される．

■ **MOS FET**　現在のコンピュータにもっとも多く使われているトランジスタは MOS (モス) FET である．MOS は金属 (metal)，酸化物 (oxide)，半導体 (semiconductor) の 3 層構造で構成されることを意味している．酸化物はシリコ

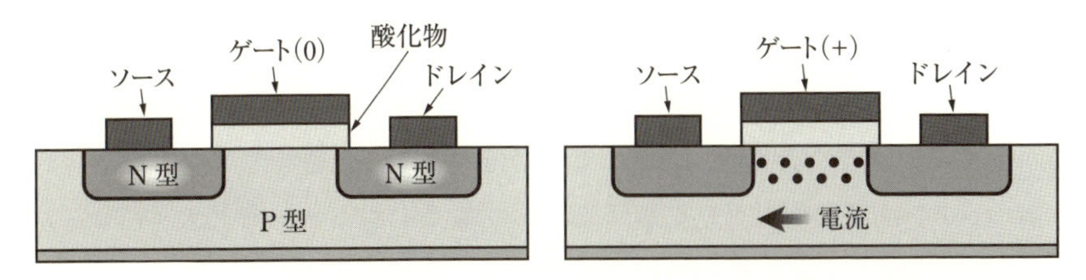

図 2.7　N 型 MOS FET (●は 電子，電子の並びはチャネル)

ンの表面を酸化して，また金属部分はアルミなどの蒸着によって形成できるので MOS FET は高密度の IC に適している．図 2.7 は N 型 (N-channel) の MOS FET (N MOS) の動作を示している．ソース，ゲート，ドレインの電極は金属の蒸着によって形成されている．ゲートと半導体はシリコンの酸化物 (SiO_2) によって分離され，ゲートに印加される電圧がソースに対して 0 または負の場合，ソースとドレインの間にキャリアがないので電流は流れない．ゲートに正の電圧が加わると，ゲートの面した半導体に N 型のキャリヤである電子が引き寄せられて電流が流れるチャネル (channel) が発生する．P (型) MOS FET は電圧の＋－ が逆であり，ゲートに負の電圧が加わるとゲートに面した半導体に正孔が集まりチャネルが発生して電流が流れる．

P 型と N 型の FET があるため，これらの相補的な特性を利用すると消費電力が少ないなど特別な働きをもつ回路を構成できる．FET を用いた論理回路について§4.2.1 で説明する．

2.6　光通信♣

現在，膨大な量の情報を伝送しているのは電気信号や電波ではなく，光ファイバ (optical fiber) によって伝達される光通信 (optical communication) である．30 年ほど前，テレビや国際電話には人工衛星によって中継するマイクロ波が使われたが，現在はこれも大部分が海底光ケーブルに代わっている．また，多くの家庭でもそれまでの銅線の電話回線に代わって光ファイバの回線が接続されて，インタネットへの高速接続が可能になった．光通信は現代の IT 技術を支える基盤となっている．

通信に光を用いる最大の利点は伝送できる情報量が大きいことである．同じ電磁波による電波の通信でも周波数が高いほど伝送できる情報量は大きくなる．§2.3 で述べたように，中波や短波 (30 MHz 以下) で伝送できる情報はラジオ放送などに限られており，テレビ放送のためにはそれより高い超短波 (VHF) 以上の周波数が必要である．光通信に用いられる波長が約 1 000 nm の光の周波数は約 10^{14} Hz であり，電波よりはるかに高い．これによって光ファイバは最大毎秒 1T (テラ，10^{12}) bit/秒というきわめて高い情報伝送速度を可能にしている．

光ファイバは透明度が高く減衰率のきわめて低い石英ガラスまたはプラスティックからつくられており，直径は 1mm 以下である．中心 (コア) 部分の屈折率が周辺より少しだけ高くなるように同心円状に構成されているので，光信号は屈折して常に中心付近を透過するようになっている．屈折率は約 1.5 であるため，伝送速度は光速の 2/3，秒速約 20 万 km である．光信号を送信するのは半導体レーザである．レーザ (laser) は，その名前が light amplification by stimulated emission of radiation (誘導放出による光の増幅) に由来するように，原子内で高いエネルギー準位の電子が低い準位に変わる際にこの差で決まる波長の光を増幅する作用を利用した発光素子である．レーザ光は収束性に優れ，単一の波長からなり，波の山と谷がそろっている可干渉性 (coherency) をもつ．固体，液体，気体などさまざまな種類のレーザがある．レーザの原理は光通信中の光信号の増幅にも使われている．

研究課題

1. LP レコードが現れてすぐにステレオ録音が可能になった．LP レコードは 1 本の溝でどのように左と右のふたつの音を記録するのだろうか．
2. 音声を電気信号に変えるマイクロフォンおよび電気信号を音声に変えるイヤフォンとスピーカーの原理を調べてみよう．G. ベルの電話はどのような装置を用いたのだろうか．

3 ディジタル情報

クロード・シャノンは，「情報」を定義せずに，「通報」の意味に触れることもなしに通報に含まれる情報の量をはかる方法を発明した．「情報：科学の新言語」
— H. C. von Baeyer (フォン・バイヤー，米国（ドイツ出身）の物理学者)

ディジタル情報は符号化された情報である．人間のことばは数 10 ある音素またはこれにもとづく文字によって符号化されているが，コンピュータを含めた電子機器で扱うにはふたつの状態 (0 と 1 で表される) による符号化が都合がよい．これは電子回路では，電流が流れている — 流れていない，磁化されている — 磁化されていない，などのような 2 値状態の信号が扱いやすいためである．

この章では bit を単位とする情報量が定義されるが，情報量だけでなく記憶容量などの単位として 8 bit=1 byte とする単位 byte (バイト) も使われる．1byte は $2^8 = 256$ 通りの符号を表すことができる．

3.1 数の表現

コンピュータは以前，電子計算機と呼ばれていたように，主要な用途は数値計算であった．現在でも数はもっとも重要な情報であり，音声や画像などのデータもアナログ–ディジタル (AD) 変換によって得られた数値の系列である．数のデータにはいくつかの種類があるが，いずれも数を 0 と 1 だけの数字で表す 2 進法 (binary) が基礎となっている．

3.1.1 位取り記法♣

われわれは日常生活で数を表すためにもっぱら 10 進法 (decimal) を使っているが，これは指の数が (なぜか)10 本であることによる．10 進法の 10 を基数 (radix, base) と呼ぶが，基数は 2 以上であればどんな数も表せることに変わりがない．12 を基数とすると，2 等分のほか，3 等分，4 等分，6 等分もできるので便利である．1 年が 12 か月であるおかげで四季に 4 等分できる．現在でも英語圏ではダースという単位が残り，1 フィートは 12 インチであり，数の呼び方が 12 まで (one, two, . . . , ten, eleven, twelve) と 13 以降 (thirteen, fourteen, . . .) で変わることなど 12 進法の影響が残っている．

r 進法では r 個の数字を用いる．各数字は 0 から $r-1$ までの値を表している．**位取り記法** (positional notation) では次のように数字を並べて数を表す．

$$a_n a_{n-1} \cdots a_1 a_0 \,.\, a_{-1} a_{-2} \cdots\ a_{-m} \quad m \geq 0, n \geq 1.$$

ここで，$a_i (n \geq i \geq m)$ は数字であり，中央に小数点があることに注意．通常，左端の数字 (a_n) は 0 以外であり，小数点以下の数字がないとき ($m = 0$ のとき) には小数点は省略される．r 進法のこの数は次の値を表している．

$$a_n \cdot r^n + \cdots + a_1 \cdot r^1 + a_0 \cdot r^0 + a_{-1} \cdot r^{-1} + a_{-2} \cdot r^{-2} + \cdots + a_{-m} \cdot r^{-m}$$
$$= \sum_{-m \leq i \leq n} a_i \cdot r^i.$$

たとえば，10 進数 2017 は次のように展開される．

$$2 \times 10^3 + 0 \times 10^2 + 1 \times 10^1 + 7 \times 10^0 = 2 \times 1\,000 + 1 \times 10 + 7 \times 1.$$

数字を並べるだけで任意の大きさの数と小さな数を表せるこの便利な記法がヨーロッパ社会に普及したのは比較的遅く中世以降である．これは位取り記法にはゼロを表す数字が必要であるが，実体のないものを数と認めることに抵抗があったためといわれている．

位取り記法の定義を使えば 10 以外の基数の数を 10 進数に変換できる．たとえば，2 進数の 110.011 (この数が 2 進数であると示すときには $(110.011)_2$ と書く) は次のように計算できる．

$$1 \times 2^2 + 1 \times 2^1 + 0 \times 2^0 + 0 \times 2^{-1} + 1 \times 2^{-2} + 1 \times 2^{-3}$$
$$= 4 + 2 + \frac{1}{4} + \frac{1}{8} = 6.375.$$

■ **基数変換**　小数点付きの数は整数部と小数部に分けてそれぞれを次の方法で r 進法に変換される．

- 整数 N の r 進数の右端の数字は N を r で割った余りである．この余りを切

り捨てた N/r を新しく N と置いて，$N = 0$ となるまでこの操作を繰り返せば，N の r 進数が求まる．

例： 10 進数 100 は次の 7 ステップで 2 進数に変換される．

N:	100	50	25	12	6	3	1	0
余り:	0	0	1	0	0	1	1	

余りの系列を逆にした 1100100 が求める 2 進数である．

- 小数 $M < 0$ の r 進数の小数点以下 1 桁目の数は M を r 倍した値の整数部の数字である．$M \cdot r$ の小数部を新しく M と置いてこの操作を繰り返す．

例： 10 進数 0.4 は次のように 2 進数に変換される．

M:	0.4	0.8	0.6	0.2	0.4	0.8	0.6	0.2	$\cdots$
整数部:	0	1	1	0	0	1	1	0	$\cdots$

求める 2 進数は $0.01100110\cdots = 0.\dot{0}11\dot{0}$ である．

小数部の計算では上記のように繰り返しの操作が停止しないことがあるので，一定長の小数が求まった時点で繰り返しを打ち切る必要がある．この例の 2 進数は循環小数であり，0 以外の数字の列が無限に続く．コンピュータでは一般に数値の表現に最大のビット数の制限があるため，循環小数を一定の長さで打ち切ることになり，誤差が発生する．

■ 8 進法と 16 進法　コンピュータの世界では 2 進法だけでなく，8 進法 (octal) と 16 進法 (hexa-decimal) も使われる．2 進数を 3 桁ごとに区切れば，0〜7 までの 8 進数に対応するので，2 進と 8 進の基数を変換するのは容易である．2 進数を 4 桁ごとに区切れば，0〜15 までの数に対応する．10 進の数字は 9 までしかないので，10〜15 までの値を表す数字として A, B, C, D, E, F を用いる．8 進法と 16 進法はビット列を短く表示するために広く使われている．

例：

$$(B6)_{16} = (10110110)_2 = (266)_8 = (182)_{10}$$
$$(FFFF)_{16} = (177777)_8 = 2^{16} - 1 = (65\,635)_{10}$$
$$(10.4)_{10} = (1010.\dot{0}11\dot{0})_2 = (12.\dot{3}14\dot{6})_8 = (A.\dot{6})_{16}$$

■ 1 進法*　位取り記法では使えないが，ひとつだけの数字を並べてその個数で自然数を表す方式は 1 進法 (unary) と呼ばれている．この方式はたぶん大昔，数も 3 や 5 くらいまででそれ以上は無限大と考えたような時代に人々が使っていたであろう．漢字の一，二，三やローマ数字の I，II，III はこのなごりである．ところで，コンピュータの計算理論の分野では，自然数を表す簡便な方式としてこの 1 進法がよく用いられる．

■ **2 進化 10 進法**　コンピュータによる数値の計算では主に 2 進法が使われるが，数はかならず 2 進法で扱わなければならないわけではない．2 進化 10 進法 (BCD: binary-coded decimal) は英名「2 進に符号化された 10 進」が表しているように，数値を 0 と 1 で表すが実質は 10 進法で扱う方式である．10 進の 0 を 0000，1 を 0001，$\cdots$，9 を 1001 などと各数字を 4 bit で表すが，1010 から 1111 までは数字として使わない．10 進数 1 桁の計算は 2 進数と同様に計算できるが，結果が $(10)_{10} = (1010)_2$ を超えたときは，$(10)_{10}$ を引き，上の桁に 1 を加える．BCD の利点は，まず 10 進から 2 進へ，またその逆の変換が不要であることである．さらに前述のように 10 進 – 2 進変換によって循環小数になってしまうために誤差が入るという問題を避けられる．一方，BCD の欠点は，4 bit では 15 まで表せるところを 9 までしか使わないので，記憶や演算の効率が低くなることである．BCD の 10 進数字の系列は一般に任意長であり，系列の最後には正数を意味する 1100(16 進の C)，または負数を意味する 1101 (16 進の D) が置かれる．

3.1.2　整数 — 負数の表現 ♣

自然数にゼロ (0) と負数を加えた整数 (integer) はコンピュータが扱う重要なデータである．以下，広く使われている一定のビット数で整数を表す方式を説明する．準備として，n〔bit〕で表される 2 進数は最小 0，最大 $2^n - 1 = \overbrace{111\cdots1}^{n}$ であることを確認しておこう．正負の数を表すため，整数の最大値はこのほぼ半分の値となる．

■ **符号＋絶対値**　まず，考えられる方式は n〔bit〕の最初の 1bit で符号 $(+, -)$ を表し残りの $n-1$〔bit〕で絶対値を表すことである．この方式では，最大値は $2^{n-1}-1$，最小値は $-(2^{n-1}-1)$ である．この方式の (小さな) 欠点は $+0$ と -0

のふたつの 0 があることである．なお，符号＋絶対値表現は後述の浮動小数点でも使われる．

■ 2 の補数 n〔bit〕の自然数 N ($N \leq 2^{n-1}$) に対して，N の 2 の補数 (2's complement) は $2^n - N$，N の 1 の補数は $2^n - 1 - N$ と定義される．「1 の補数」という名称は $2^n - 1 = \overbrace{111\cdots1}^{n}$ からの引き算であることを直観的に表している．1 の補数に 1 を加えれば 2 の補数になる．$2^n - 1$ から N を引くには N の各ビットの 0 と 1 を反転すればよい．すなわち，N の 2 の補数は，N の各ビットの 0 と 1 を反転して，これに 1 を加えれば求められる．

負の数 $-N$ ($1 \leq N \leq 2^{n-1}$) を 2 の補数で表すと，負の数は左端のビットが 1 となる．正の最大値を $2^{n-1} - 1$ とすれば，符号＋絶対値表現と同様に左端のビットで正負が識別できる．ただし，最小値の絶対値 2^{n-1} は最大値より 1 だけ大きい．これは 0 がひと通りしかないためである．

表 3.1 は 8 bit で表した 2 の補数形式の整数である．これは左端の 0，1 を反転すると 11111111 から 0 まで順に並べたものと等しい．一般的に使われる 32 bit の整数の最大値は $2^{31} - 1 = 2 \times (2^{10})^3 - 1 = 2 \times 1\,024^3 - 1$ なので，9 桁の 10 進数まで表せる．

表 3.1　8 bit の整数

10 進	2 進
127 (最大値)	01111111
1	00000001
0	00000000
−1	11111111
−128 (最小値)	10000000

負数を 2 の補数によって表す利点は，負数との加算 (実際は減算) も通常の加算と同様に行えることである．2 の補数の負数 $2^n - M$ と整数 N を加算すると，和 $2^n - M + N$ が得られる．$N \geq M$ であれば，計算のあふれ (overflow) である 2^n を無視することによって，正数の解 $N - M$ が得られる． $N < M$ ならば，そのまま負数を表す解になる．

補数は 2 以外の基数にも同様に定義できる．たとえば，10 進法における N の 10 の補数は $10^n - N$ であり，9 の補数 $10^n - 1 - N = \overbrace{99\cdots9}^{n} - N$ に 1 を加えれば求められる．減算を加算でできることは 2 の補数と同じであるが，補数を求めるために 9 から各桁の数を引く必要があり，0 と 1 の反転ですむ 2 進法 (8 進，16 進も同じ) のような簡便さはもたない．

3.1.3 浮動小数点

小数部をもつ数を表すひとつの方法は，小数点を数の右端ではなく途中の決まった位置に置く固定小数点表示である．しかし，この方式は株価や為替レートを表すには適しているが，大きさにかかわらずに一定の有効数字を保つことが必要な科学技術計算の数値表現には向かない．物理学では非常に大きな数値や小さな数値を扱うので，光速 2.99792458×10^8 m/s や電子の質量 $9.1093897 \times 10^{-31}$ kg のように有効数字と指数に分けて表す形式が普通に使われる．浮動小数点 (floating point) は数値を，符号 (sign)，指数部 (exponent part)，仮数部 (mantissa part) の 3 部分によって表す方式である．

以下，長さ (語長) 32 bit の IEEE 方式の浮動小数点表示について説明する．この方式では，次のように符号に 1bit，指数部に 8 bit，仮数部に 23 bit を割り当てている．

S	E (指数部)	M (仮数部)
b_1	$b_2\, b_3\, b_4\, b_5\, b_6\, b_7\, b_8\, b_9$	$b_{10}\, b_{11}\, \cdots \cdots\, b_{32}$

ここで，S は符号 (0 は正，1 は負)，E は指数部を表す 2 進数 (0〜255)， M は仮数部である．この浮動小数点表示によって数値

$$(-1)^S \times (1.b_{10}b_{11}\cdots b_{32})_2 \times 2^{E-127}$$

が表される．ここで，$(-1)^0 = 1$，$(-1)^1 = -1$ であることに注意．指数部 $E - 127$ の表す最大値は 128，最小値は -127 であるが，128 と -127 はそれぞれ絶対値が最大と最小の表現範囲を超えることを表すので，浮動小数点表示の絶対値の最大値は $(1.111\cdots)_2 \times\ 2^{127} \approx 2^{128}$，最小値は $1 \times\ 2^{-126}$ である．

例： 浮動小数点表示

$S = 0,\quad E = (01111111)_2 = (127)_{10},\quad M = b_{10}b_{11}b_{12}\cdots b_{32} = 1100\cdots 0$

は次の数を表す．

$$(-1)^0 \times (1.1100\cdots 0)_2 \times 2^{127-127} = 1 \times (1.11)_2 = (1.75)_{10}.$$

仮数部の左端は有効数字を確保するためにかならず 0 以外の数 (2 進の場合は

1) とするような正規化がなされている．このため，左端の 1 は省略されるので 23 bit の仮数部は実質的に 24 bit とみなすことができる．これで表される数は $2^{24} = (2^{10})^2 \times 2^4 = 1\,024^2 \times 16$，10 進数では約 7 桁である．より高精度の浮動小数点の形式として，長さ 64 bit の倍精度 (double precision) がある．

■ **補遺**　多くのコンピュータのハードウエア (プロセッサ) には，これまで述べた整数，2 進化 10 進法，浮動小数点形式の演算機能が組込まれている．多くのプログラム言語では，2 の補数を用いる整数の形式を扱う整数型 (integer type，C 言語では int 型) と呼ばれるデータ型をもっている．浮動小数点のデータは real (実数) 型 (Algol, Pascal など) または float 型および double (倍精度) 型 (C など) と呼ばれている．

これらのデータ型では，整数や浮動小数点数を一定のビット数で表すために，表せる値の範囲が制限されている．絶対値の最大値を超えると「桁あふれ (overflow)」を起こす．また，浮動小数点数では表現できる最小値以下になると「アンダーフロー (underflow)」を起こしゼロになってしまう．これらの障害を発見できないと大きな誤りの原因になるので，割込み (§5.5.3) による検出機能がプロセッサに組込まれている．

3.2 アナログ–ディジタル (AD) 変換♣

コンピュータ・ネットワークの技術が進歩した 1980 年頃から，音声情報およびテレビなどの画像情報の伝送や記録にアナログ信号 (§2.2) をディジタル信号に変換して扱う方式が広く使われるようになった．図 3.1 に示されるように音声信号などのアナログ信号はまずアナログ–ディジタル変換 (AD conversion) に

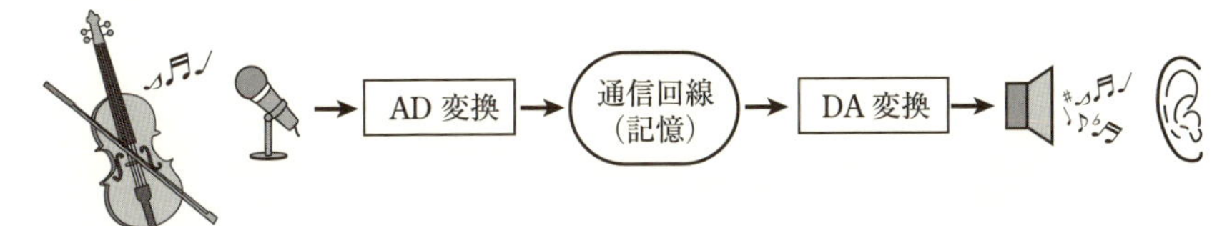

図 3.1　アナログ-ディジタル (AD) 変換とディジタル-アナログ (DA) 変換

よってディジタル信号に変えられて通信回線を送られたり，記憶されたりした後にディジタル–アナログ (DA) 変換によって元のアナログ信号に戻される．

CD (compact disc) は音楽の記録用に製品化された最初のディジタル記憶媒体である．それまで音楽記録の媒体は LP レコード (§2.2) が中心であった (そのほかアナログ式の磁気テープ録音も使われた)．LP レコードには音声の波形がそのままレコードの溝に刻まれるのに対して，CD には AD 変換されたディジタル信号が溝のあるなしによって記録されている[†1](図 3.2)．LP レコードは硬いダイアモンドの針で溝をなぞるが，CD ではレーザ光線をあてて溝の変化を読み取る．LP と CD ではこのような基本的な違いがあるが，この両者は円盤の表面に刻まれた渦巻き状の溝によって情報が記録されていること[†2]，またディスクは熱可塑性のプラスティック製であり，型をプレスすることによって複製を安価に大量生産できることのふたつが共通している．

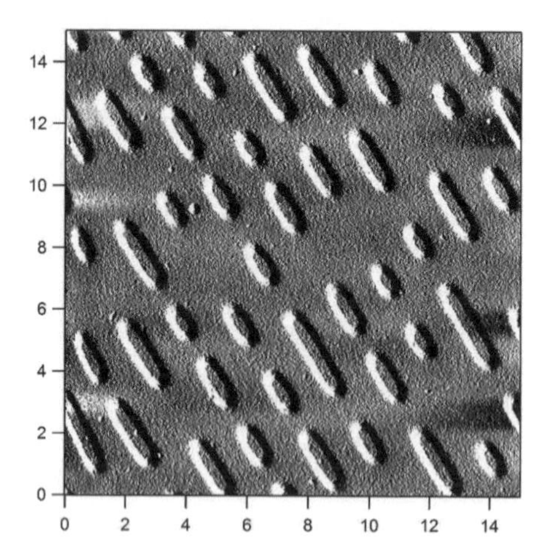

Wikipedia, File:Afm cd-rom.jpg.

図 3.2 CD の表面 (単位はミクロン)

CD の溝の間隔はミクロン (1/1 000 mm) 単位の微小さであり，通常光学顕微鏡では明瞭に見えないため，図 3.2 の写真は原子間力顕微鏡を用いて撮影されている．CD 表面の溝を読み取るピックアップはレーザ光を正確に溝にあて，並んだ溝をトレースするために精密な制御機構を含んでいる．

LP レコードは音声の録音専用であるのに対して，CD は音楽用だけでなく，

[†1] 正確には溝の始まりおよび終わりが 1，溝のあるなしが変わらないことが 0 を表している．

[†2] LP レコードでは外側から内側への渦巻きであるのに対して，CD ではその反対方向である．LP レコードは回転数一定 ($33\frac{1}{3}$ 回転 / 分) であるのに対して，CD は読み取り位置の速度が一定になっている．

辞書やコンピュータ・ソフトの記録用にも広く使われており，これは CD-ROM (read-only memory，読み取り専用記憶) と呼ばれる．CD は動画の記録には容量が足りないため，CD を改良して高い記録密度をもつ DVD (digital versatile disc) がつくられ，それまでの VTR (video tape recorder)[†3]に代わって広く使われるようになった．これにはディジタル・テレビを実現させた動画信号の AD 変換と DA 変換が使われている．最近は CD や DVD に代わって半導体フラッシュ・メモリ (flash memory) が広く使われている．

アナログ–ディジタル (AD) 変換は次のふたつのプロセスからなる．

標本化 (サンプリング：sampling) アナログ信号の振幅を一定の周期ごとに切り取り，保持する．

量子化 (quantization) 標本化で保持されたアナログ値を 2 進数に変換する．

図 3.3 は入力アナログ信号の波形と出力ディジタル信号の波形を示している．AD 変換と DA 変換によってもとのアナログ信号の特性を失わないためにはサンプリングの周期と量子化のビット数に条件が必要である．まず，サンプリングの周期が長いと信号の細かい (周波数の高い) 成分が失われてしまう．これについては，「サンプリング周波数を原波形が含む最高周波数の 2 倍以上にすれば，波形は損なわれない」という基本定理がある．人が聞くことのできる周波数は 20

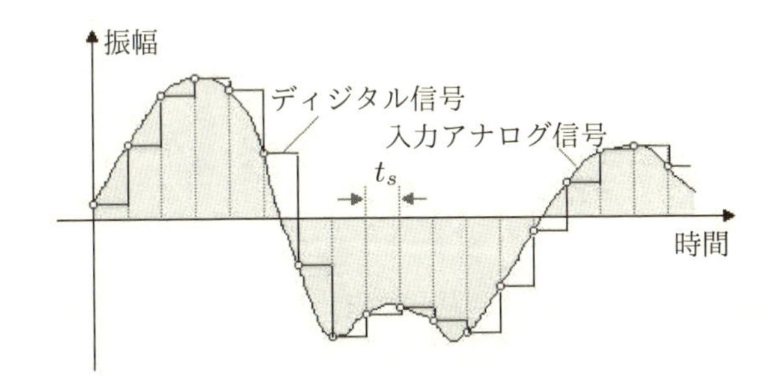

図 3.3　AD 変換の入力・出力波形 (t_s はサンプリング周期)

[†3] 奇妙なことに VTR はまったく使われなくなったにもかかわらず，放送などでは VTR は録画映像を意味する用語になっている．

Hz〜20 kHz であるため，CD ではサンプリング周波数を 20 kHz の 2 倍より大きな 44.1 kHz としている[†4]．

量子化では各アナログ値をどれだけのビット数で表すかが重要である．CD ではこのビット数を 16 としているので，2^{16} すなわち約 65 000 段階に量子化される．この数を下げると実際の値と量子化された値との差に起因する雑音 (量子化雑音) が大きくなる．16bit の量子化では量子化雑音と最大振幅との比 2^{16} は充分大きく，雑音は LP レコードなどよりはるかに小さい．

さて，通信や記録のためになぜアナログ信号をディジタル信号に変換するのだろうか．第 1 の理由はディジタル信号の方が雑音 (noise) に強いことである．雑音は雷などの自然現象や電気機器などから発生する不規則な波形をもつ信号であり，正常な通信を妨害する．もし雑音がなければ，いくら微弱な信号でも増幅するだけで元の信号に復元できるが，外部からのものに加えて雑音は増幅器内部からも発生する．アナログ信号では雑音が加わると取り除くのが難しいので，信号を雑音に比べて大きくしておかなくてはならない．ディジタル信号はそもそも 0 か 1 かだけを区別できればよいので雑音に強いだけでなく，§3.3 で述べるように雑音によって起こる誤りの検出・訂正が可能である．このため，通信の電力を下げることができる．

AD 変換を行う理由には，ディジタル信号は雑音に強いことに加えて次のような特長をもつことがあげられる．

1. 情報の劣化 (録音の場合は音のひずみ) が防げる．完全なコピーが可能．しかし，この特長は演奏者・作曲者，著作者の権利の保護には大きな問題となった．
2. 情報の圧縮 (compression) が可能．ディジタル・データは情報の冗長性を利用してビット量を下げることができる．圧縮には元のビット列に復元可能な可逆圧縮と圧縮度は大きいが復元はできない非可逆圧縮がある．広く使われている音声，画像，動画などのデータの非可逆圧縮についてはこの

[†4] この CD の規格について以前から批判があった．人間は 20 kHz 以上の音を単独では聞くことができないが感じてはいるらしい．新しいハイレゾリューション (high-resolution) オーディオの規格ではずっと高いサンプリング周波数に決められている．

後で説明する．

3. ひとつの通信経路で多くの回線の信号を送る多重通信に適している．これは複数の回線のパルス信号を時間的に並べて送信する時分割多重通信が容易にできるためである．
4. 音声や画像，動画などの情報をすべてコンピュータ・ネットワークで扱える．これによって従来は別々に扱われていた各種の情報媒体 (電話，テレビ放送，新聞，動画など) を統合したマルチメディア (multimedia) として扱うことができる．

■ 音声，画像情報の圧縮　通常の音声波形は連続しており，隣り合う時点の値が大きく変化することは少ない．また，画像データでも隣接する画素 (ピクセル：pixel) は連続した値をもつことが多い．標準的な動画では 1 秒間に 30 枚の画像が送られるので一般に大きなビット量となるが，隣接する画像は類似しており，変化している部分は限られている．情報の圧縮はまずこのような情報の連続性を利用している．さらに耳や視覚の特性を利用して音質や画質をあまり損なわずにビット量を下げることができる．一般の CD では圧縮は行われていないが，MP3 と呼ばれる規格によれば音声情報の大幅な圧縮ができる．また，ディジタル・カメラに使われる画像圧縮のための JPEG，ディジタル・テレビ用の MPEG などの規格が広く使われている．

3.3 誤りの検出と訂正

ディジタル信号の特長のひとつは誤り (error) の検出 (detection) と訂正 (correction) が可能なことである．誤りは通信において雑音によって発生するだけではなく，コンピュータの記憶中のデータが変化してしまうことによっても発生する．誤りを検出・訂正するためには送る情報に何らかの余分な情報である「冗長性 (redundancy)」が必要である．誤り訂正符号では送信される情報ビットに冗長性のためのビットを追加している．

3.3.1 多重化♣

冗長性を加えて誤りの検出と訂正を行う簡単な方法が多重化 (multiplexing) である．2 重化では，送信する信号を 2 回ずつ繰り返し，受信側で同じものがふたつずつ繰り返されていることをチェックする．もし，ふたつが違っていれば，誤りが起こったことを発見できる．2 重化による誤りの検出は，たとえば紙幣を数えるとき，かならず 2 回繰り返して確認するなど，さまざまな所で使われている．この方式では誤りの頻度が充分少なく誤りは独立して起こることを仮定している．もし 2 回繰り返した信号が同じように誤れば，この方式では検出できない．誤りの確率が 1/1 000 ならば，ふたつ同じ誤りを起こす確率は $(1/1\,000)^2 = 1/10^6$，100 万分の 1 と通常は無視できるくらいの値になる．

この方式を 3 重化に拡張すれば誤りを訂正できる．同じ信号を 3 回繰り返して，もし受信された信号のひとつがほかのふたつと違っていれば多数決によって違ったひとつが誤りと判定できる．

多重化は素朴な方法であり，通信ではより効率の高い誤り訂正符号が使われているが，誤りの許されない実時間コンピュータ・システムではいまだに多重化が使われている．

3.3.2 パリティ検査とハミングの誤り訂正符号*

2 値信号の誤りとは，0 と 1 の反転である．2 値信号に対しては多重化よりはるかに効率のよい誤り検出・訂正が可能である．ある長さ n〔bit〕の信号に対して 1 bit のパリティ (parity) ビットを追加する．このビットの値 (0 または 1) はパリティを含めた $n+1$〔bit〕に含まれる 1 の個数が偶数 (または奇数) になるように決める．たとえば，5 bit の信号 11001 には 1 が 3 個含まれているので，パリティとして 1 を追加して，全体を偶数にする．この信号を受信したとき，1 の個数が偶数 (または奇数) でなければ，$n+1$〔bit〕のどれかが誤っていることになる．2 重化と同様に，ふたつのビットが誤ったときは誤りを検出できない．

1 の個数を調べるパリティ検査 (parity check) には，排他的論理和 (EOR:

exclusive OR) と呼ばれる論理演算 $X \oplus Y$ が有用である．この演算は X と Y のどちらか一方が 1 のときだけ 1，それ以外は 0 となる．論理演算は変数も結果も 0 と 1 だけであるような演算であり，論理回路 (第 4 章) では中心的役割をはたしている．上記の 5 bit の信号 11001 の例の場合，$1 \oplus 1 \oplus 0 \oplus 0 \oplus 1 = 1$ であるため，パリティ 1 が追加される．

パリティ検査の方式を拡張すれば誤り訂正が可能である．以下，ハミング (Hamming) の (7,4)-1 誤り訂正符号を説明する．符号語は 4 bit の信号 A_1, A_2, A_3, A_4 に対して，次式で与えられる 3 bit のパリティ B_1, B_2, B_3 を付けて構成される．

$$
\begin{aligned}
B_1 &= A_1 \oplus A_2 \qquad \oplus A_4 \\
B_2 &= A_1 \qquad \oplus A_3 \oplus A_4 \\
B_3 &= \qquad A_2 \oplus A_3 \oplus A_4
\end{aligned}
$$

B_1 は A_1, A_2, A_4 のなかの 1 の個数が奇数のとき 1 なので，$\{A_1, A_2, A_4, B_1\}$ のグループに含まれる 1 の個数は偶数になる．このグループを G_1 とする．同様にグループ $G_2 = \{A_1, A_3, A_4, B_2\}$ と $G_3 = \{A_2, A_3, A_4, B_3\}$ が定義できる．次の表は各ビットとグループの関係を示している．

	A_1	A_2	A_3	A_4	B_1	B_2	B_3
G_1	⊗	⊗	−	⊗	⊗	−	−
G_2	⊗	−	⊗	⊗	−	⊗	−
G_3	−	⊗	⊗	⊗	−	−	⊗

受信された 7 bit の符号語の 1 bit が誤っていたとする．A_1 が誤ると G_1 と G_2 のパリティが合わなくなり，A_2 が誤ると G_1 と G_3 のパリティが，また A_3 が誤ると G_2 と G_3 のパリティが合わなくなる．A_4 が誤ると 3 グループすべてのパリティが合わなくなる．B_1, B_2, B_3 の誤りはそれぞれに対応する 1 グループのパリティの不一致から判定できる．誤りのビットが判定できれば，その値 0 または 1 を反転させれば，誤りを訂正できる．

ここではハミング (7,4) 符号を説明したが，任意の整数 $m \geq 2$ に対して符号長 $n = 2^m - 1$，情報ビット数 $k = n - m$ のハミング (n, k) 符号が構成できる．

■ **CD の誤り訂正*** CD では汚れや傷によって誤りが発生する．CD を光に透かして見るとアルミが蒸着された記録面に小さなピンホールがあることが分かる．CD の記録密度から考えると，この傷は記録された情報にかなり影響を与えるはずである．音楽用の CD の記録では誤り訂正用にリード・ソロモン (Reed-Solomon) 符号が用いられ，24 byte の情報に対して 8 byte の追加 (冗長) 情報が付け加えられて，全体の 32 byte 中の 2 byte の誤りを修正できる．CD では全体の誤り率は低くても傷などによる誤りは集中しているため (バースト・エラーと呼ばれる)，信号の系列を組直して誤りを分散する方式 (インタリーヴ：interleave) が併用されている．さらに誤りの訂正が完全にできないときには前後のアナログ値からの補間を行う．

一般の情報を記録するための CD-ROM では，音楽用 CD のような補間も使えず，より高度な誤り訂正能力が求められる．このため，セクタと呼ばれる記録領域 2 352 byte に 304 byte の誤り訂正用情報が追加されている．このため，記憶容量は音楽用 CD の容量約 750 MB より約 100 MB ほど少なくなっている．

3.4 文字情報♣

文字 (character) はコンピュータとネットワークで扱われる基本データである．通常の文字情報では各文字が一定の長さのビット列で表される．表 3.2 は ASCII (アスキー) 符号と呼ばれるアメリカの規格の 7 bit 文字符号を表してい

表 3.2 ASCII 文字符号 (縦軸は符号の左 3bit，横軸は符号の右 4bit を表す 16 進数．符号 $(20)_{16}$ は空白文字，$(7F)_{16}$ は DEL(削除) 記号)

	0	1	2	3	4	5	6	7	8	9	*A*	*B*	*C*	*D*	*E*	*F*
2		!	”	#	$	%	&	’	(	)	*	+	,	-	.	/
3	0	1	2	3	4	5	6	7	8	9	:	;	+	=	>	?
4	@	A	B	C	D	E	F	G	H	I	J	K	L	M	N	O
5	P	Q	R	S	T	U	V	W	X	Y	Z	[	\	]	^	\
6	‘	a	b	c	d	e	f	g	h	i	j	k	l	m	n	o
7	p	q	r	s	t	u	v	w	x	y	z	{	|	}	~	

る．この符号をもとにして国際規格である ISO 符号 (ISO/IEC 646) が制定された．ASCII 符号の文字と記号は日本で使われているキーボードのものとほぼ同じであるが，バックスラシュ (\) が円記号 (¥) に変わっている．これは，ISO 符号ではバックスラシュを各国の通貨記号に変えてよいことになっているためである．7 bit の 128 種類の符号のうち，$(00 \sim 20)_{16}$ は LF (改行)，FF (改頁)，CR (復帰)，ESC (エスケープ) などの文字以外の機能を，符号 $(20)_{16}$ は空白文字 (space)，符号 $(7F)_{16}$ は DEL (削除) を表している．

8 bit= 1 byte の符号によれば最大 256 文字が表せる．7 bit 符号を拡張して，ドイツ語やフランス語のアクセント記号付きの文字 (á, ö など)，ギリシャ語やロシア語のアルファベットを含めた 8 bit 符号が使われている．日本語用にカタカナ文字と句読点などが加えられた 8 bit 符号 (JIS X 0201) がつくられた．この 8 bit 符号で表されたカタカナなどの文字は半角文字と呼ばれる．これは日本語文字符号に含まれる文字の幅の大きな全角文字 (これにはアルファベットも含まれる) に対してその半分の幅で表示されるためである．しかし，表示された文字 (特に空白) の半角・全角は区別できないことがある．また，外国語の文書中に半角文字が混入すると誤りの原因となる．このため，半角のカタカナは使わないことが推奨されている．

漢字を含む日本語の文字コードとして JIS コード，シフト JIS コード，EUC などがあるが，いずれもかな文字を含む日本語文字を 2 byte = 16 bit を使って表している．最近，普及しているユニコード (Unicode) は日本語だけではなく世界中の主要な言語の文字を 16 bit 符号に含めることを目標としている．このため，文字数が多い上に中国，台湾，韓国，日本で用いられる 4 種類がある漢字の符号数を減らすため，元は同じ漢字には同じ符号を割り当てる CJK 統合漢字と呼ばれる方式を用いている．

3.5 情報量と情報理論*

Claude E. Shannon (シャノン) によって確立された情報理論 (information theory) では，情報の量，すなわち情報量をその情報を表すために必要な 0 と 1 の個数 (ビット数) によって定義する．情報量は，情報という一見とらえどころのない概念を数理的に扱う手段となった．

情報源からあるできごとの通報 (message) を受け取ったとき，それがもつ情報量はそのできごとの確率によって決まる．ここで，情報源 (information source) とは情報の発生源を意味しているが，これには英語や日本語の文章が含まれる．情報源が文章のとき，通報は文字である．あるできごと E の確率を p_E とするとき，その通報のもつ情報量は

C. E. シャノン (1916–2001)

$$I(E) = \log_2 \frac{1}{p_E} = -\log_2 p_E \quad \text{〔bit〕}$$

と定義される．たとえば，確率 $p_E = 1/2 = 0.5$ ならば情報量は $I(E) = 1$ bit であるが，$p_E = 1/4 = 0.25$ のとき $I(E) = 2$ bit，$p_E = 3/4 = 0.75$ のとき $I(E) \approx 4.191$ bit となり，確率が大きい通報の情報量は小さい．

n $(n \geq 2)$ 種類のできごとが等確率で起きるとすれば，そのどれかが起きたという確率は $1/n$ であり，その通報の情報量は $I(E) = \log_2 1/n = \log_2 n$〔bit〕となる．$n$ が $2, 4, 8, \cdots, 2^j (j \geq 1)$ のような平方数であれば，情報量は $\log_2 2^j = j$〔bit〕である．文字の符号化を考えると，これは $n = 2^j$ 以下の種類の文字は j〔bit〕の符号で表せることを意味する．

次に，情報源における n 種類のできごとの出現確率が $p_1, p_2, \cdots, p_n$ によって与えられたとき，ひとつの通報の平均情報量 (エントロピー：entropy) は次式で定義される．

$$H_n = -\sum_{1 \leq k \leq n} p_k \log_2 p_k \quad \text{〔bit〕}.$$

$n = 2$ のとき，あるできごとの確率を p とすると，そうでない確率は $1 - p$ なので，その通報の平均情報量は次式で与えられる．

$$H_2 = -p \log_2 p - (1-p) \log_2 (1-p) \quad \text{〔bit〕}$$

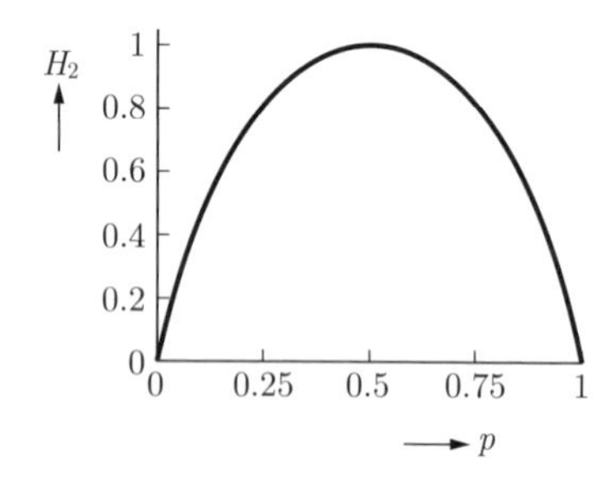

図 3.4　確率 p に対する H_2 の変化

この値は $p = 0.5$ のとき最大値 1 をとり，$p = 0$ と $p = 1.0$ で 0 になる (図 3.4)．

たとえば，情報源を野球の試合とすると，試合の結果の通報がもつ平均情報量は，試合の結果の勝ち負けが5分5分のとき ($p = 0.5$ のとき)，最大値 1 bit をとり，一方が勝つ確率が 0.5 より大きいときまたは小さいとき，1 より小さくなり，$p = 0$ および $p = 1$ のとき，0 bit になる．

ふたたび，n 種類の文字の符号化を考える．すべての文字が等確率で出現すると仮定したときの平均情報量はひとつの文字の情報量 $\log_2 n$ に等しい．実際には出現頻度は文字によってかなり異なる．これを考慮すると平均情報量は小さくなる．このことはすべての文字を同じ長さの符号で表すのではなく，モールス符号 (§2.1) のように出現頻度の高い文字に短い符号を割り当てることによってビット数を短縮できることと関係している．次の定理は，平均情報量で与えられるビット数の符号化が可能なことを保証している．

シャノンの第 1 定理 (情報源符号化定理)　任意の情報源からの通報はその平均情報量のビット数で符号化できる．

実際の符号化法には，シャノン–ファノ (Shannon-Fano) 符号および §3.5.1 で述べるハフマン符号がある．

■ 英語の情報量　英語のアルファベット 26 文字がもし等確率に出現すると仮定すると，平均情報量は $\log_2 26 \approx 4.70$ bit であるが，各文字の出現確率 (出現頻度) から平均情報量を計算すると 4.17 bit となる．1 文字より長い単位，2 文字，3 文字などの単位の出現確率から計算した 1 文字あたりの平均情報量はこの値より小さくなる．文字の出現確率がその前の文字によって大きく変わることを考慮して求めた平均情報量も同じく小さい．また，単語の出現頻度をもとに求めた 1 文字あたりの平均情報量は 2.14 bit であり，等確率としたときの半分以下である．

C. E. シャノンは英文が含む情報量を推定するため，英文中で次に現れる文字をその前の文字列からどのくらいの正確さで (何回候補の文字をあげれば) 当てられるかというテスト実験を行った．この結果から，英文中の 1 文字がもつ平均情報量を約 1.1 bit と推定した．このテストの結果は英語の知識に依存し，英語を母国語としない人を対象とすると情報量の推定値はもっと大きくなる．

文字データのビット数とこのように推定された最小の情報量との差が冗長性 (redundancy) である．通常の日本語や英語の文は多くの冗長性を含んでいる．文中の文字をかなりの割合で消去しても，それらの文字をその前後から推定して文全体を復元することができるのはこのためである．ことばによる会話においても冗長性がだいじな働きをしている．話しことばの場合，音節ごとの聞き取りテ

Coffee Room 2 熱力学のエントロピーとマクスウェル

エントロピーは本来，熱力学および統計力学で乱雑さの度合いを表す量として導入された．熱力学における「エントロピー増大の原理」によって，たとえば室内の温度分布が一部だけが高温で別の一部が低温になっているとき，かならず一様な温度分布に変わっていく．このエントロピーと情報理論のエントロピーは密接な関係がある．気体分子の運動から気体の熱やエネルギーなどを扱う統計力学のエントロピーは平均情報量の式と同じ形の式 $S = -k\sum_{\omega} p(\omega)\log_e p(\omega)$ によって定義される．ここで，k はボルツマン定数，$p(\omega)$ は全体的な状態中での微視的な状態 ω の存在確率である．情報のエントロピーと同様に，存在確率が一様なほどエントロピーの値は大きくなる．熱力学と情報理論のエントロピーがより直接的な関係をもつことが J. C. Maxwell (マクスウェル，§2.3) が提唱した次のパラドックスを解決する過程で明らかになった

マクスウェルの悪魔：気体を入れた箱がしきりで左右に分けられている．このしきりに「悪魔」がいて，左側から高速の気体分子がくると右側に通し，代わりに右側から低速の気体分子がくると左側に通す．この結果，箱の左部分は低温に，右部分は高温になってしまう．すなわち，マクスウェルの悪魔がいればエネルギーなしで冷房と暖房ができてしまうことになる．このパラドックスは，悪魔が気体分子を観測してその情報を保持し，さらにそれを消去するために必要なエネルギーがこの情報のエントロピーに相当することが示されて解決された．なお，マクスウェルは統計力学のモデルを応用しているボルツマン (Boltzmann) 機械 (§10.7.3) のボルツマン分布とも関連している．

ストをすると，かなりの聞き誤りがあることが知られている．それにもかかわらず，文単位の聞き取りでは，音節の不明瞭さはほとんど消去されて正しく文が伝達される．

3.5.1 ハフマン符号

ハフマン符号は D. Huffman (ハフマン) によってつくられたシャノンの第1定理を満足する符号化である．この符号化では，文字とその出現頻度から文字を終端とする2分順序木 (付録§A.4) であるハフマン木を構成し，この木から各文字に対する符号を決定する．図3.5はローマ字に対するハフマン木である．すぐ後でこの木の作成法を述べる．ハフマン木は，各頂点に対して，そのふたつの部分木に含まれる文字の出現頻度の総和がほぼ等しいという性質をもっている．

ハフマン木の終端以外の各頂点に対する部分木を対 $[A|B]$ で表す．ここで，A と B はそれぞれ文字または再帰的にこの形式の部分木である．なお，この木と対は§7.3.2で示される Prolog プログラムで用いるリストの形式で表されている．

S を文字 C とその出現頻度 p の対 $[p|C]$ の集合とする．ハフマン木はこの集合から次の手順で構成される．

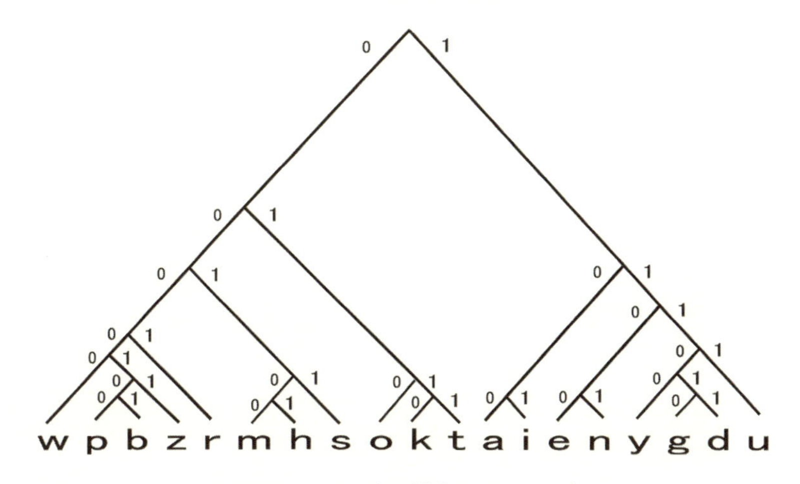

図3.5 ローマ字に対するハフマン木

1. S 中で最小の出現頻度をもつ対 $[p|A]$ と第 2 に低い出現頻度をもつ対 $[q|B]$ を除き，代わりに S に対 $[p+q|[A|B]]$ を加える．
2. この操作を S に含まれる対がひとつになるまで繰り返す．S の要素がひとつだけ $[p|T], p \approx 1$ (100 %) になったとき，リスト T がハフマン木を表している．
3. ハフマン木の各頂点の左下の枝には 0，右下の枝には 1 のラベルを付加する．根から終端までの経路に付けられたラベルの系列が終端の文字の符号である．

ハフマン符号では，どの文字の符号も他の符号の左部分 (接頭語) と一致することはないので，先頭から一意的に解読できる．ハフマン符号はファイルの可逆的な圧縮にも使われている．ファイルのバイトごとの出現頻度からハフマン符号を決めて符号化を行うことによってファイルのビット数を下げることができる．

■ ローマ字のコード生成 コード生成プログラムに，ローマ字に用いる 19 個の英文字の出現頻度 (% 単位)[†5]を次の対の系列によって与える．ローマ字を選んだのは，文字数が少なく，日本語の音素の性質が反映されているためである．母音と子音の頻度を反映するように訓令式のローマ字のデータを用いている．

```
[[0.1954|p],[0.8536|b],[1.416|z],[1.905|g],[1.979|d],[2.194|w],
[2.526|m],[2.715|h],[3.821|y],[4.795|r],[5.454|s],[6.078|k],[6.846|t],
[6.93|e],[7.65|n],[9.105|u],[10.88|o],[12.03|i],[12.63|a]]
```

この系列は出現頻度の順に並べられているので，最初の操作で p と b の初めのふたつの対が結合されて対 `[1.049|[[0.1954|p]|[0.8536|b]]]` に置換えられる．図 3.5 はこのデータから構成されるハフマン木を示している．

根からすべて左側の枝をたどり文字 w までの枝の系路に対応する符号は 00000，すべて右側の枝をたどる文字 u の符号は 1111 である．出現頻度が最大の文字 a の符号は 100，出現頻度最小の文字 p の符号は 0000100 (7 bit) である．

[†5] http://www7.plala.or.jp/dvorakjp/hinshutu.htm のローマ字頻度表にもとづく．

3.5.2 シャノンの通信理論

C. E. シャノンは情報量を基礎に通信の基本定理を確立した．通信では，送信者 (情報源) から通信路を通して受信者へ情報が送られる．ディジタル通信で重要なことは，雑音によって受信された信号が送信された信号と異なる誤りが起こることである．誤りのある通信路で誤りのない通信を可能にするには，§3.3 で述べたように送信する情報に冗長性を加えた誤り訂正符号を用いる．

通信路容量 (channel capacity) C は通信路の誤り率 p から次式で与えられる．

$$C = 1 + p\log_2 p + (1-p)\log_2(1-p).$$

これは前述の平均情報量 H_2 と $C = 1 - H_2$ なる関係をもち，まったく誤りのない $p = 0$ とすべての 0 と 1 が反転する $p = 1.0$ のとき 1 になり，送信信号と受信信号の間に相関のない $p = 0.5$ のとき最小値 0 をとる．誤り率が $p = 0.1$, 0.01, 0.001 のとき，それぞれ $C = 0.531$, 0.919, 0.989 である．

情報 (伝送) 速度 (information rate) は，誤り訂正のためにどれくらいの冗長性を付加するかを表す指標であり，1 記号を表すのに必要な最小のビット数 k と誤り訂正のための冗長ビットを加えたビット数 n との比 k/n で表される．次の定理は誤りのない通信のための基本的な条件を示している．

シャノンの第 2 定理 (通信路符号化定理)　ある通信路に対して，適当な符号化によって通信路容量より小さな情報速度であれば，限りなく小さな誤り率の通信が可能である．

通信路の誤り率が $p = 0.1$, 0.01, 0.001 のとき，この定理から，符号はそれぞれ 46.9%, 8.1%, 1.1% の冗長ビットをもてばよいことになる．これまでに述べたハミング符号やリード・ソロモン符号などは高い情報速度の誤り訂正符号であるが，この定理の限界を実現してはいない．この限界に近い小さな伝送速度を実現するには符号化の単位を大きくしなければならないが，そうすると符号化による時間遅れが大きくなる．各種の誤り訂正符号とその効率について「符号理論」と呼ばれる分野で扱われている．

練習問題

1. 負の数は2の補数表示を用い整数を 8 bit で表す方式について，次の空欄に当てはまる数を記入せよ．

   $(71)_{10}$ と $(-38)_{10}$ をふたつの整数とする．これらの 8 bit の 2 進表示はそれぞれ [　　　　] と [　　　　](2 の補数) になる．このふたつを加えると [　　　　] となるが，この計算結果の 9 桁目の 1 を無視すると整数の和が得られる．ふたつの整数の符号を変えて $(-71)_{10}$ と $(38)_{10}$ としたとき，8 bit の 2 進表示はそれぞれ [　　　　] と [　　　　] である．これらの加算の結果は負数の 2 の補数表現 [　　　　] になる．

2. 語長が 64 bit の倍精度浮動小数点の形式では最大値，有効数字の大きさなどはどうなっているか．
3. 2 を基数とするほかに 16 を基数とする浮動小数点の方式も使われている．2 を基数とする方式と比較してみよう．

研究課題

1. 整数や浮動小数点数のデータがコンピュータ内部でどのように表されているか，内部表現を表示するプログラムを作成して調べてみよう．
2. DVD はどのように CD を改良して高い容量を実現したのだろうか．
3. 日本語文字コードの JIS コード，シフト JIS コード，Unicode では日本語文字はどう扱われているか．これらの符号の主な違いは何か．これらは，いずれも ASCII 符号を含むが 2 byte 符号との切りかえをどのように行っているか．

4 ディジタル回路と論理数学

真偽はものごとの属性ではなくことばの属性である。ものごと自体には真も偽もない.
— Thomas Hobbes (ホブス, 17 世紀の英国の哲学者)

論理と数学は特別な言語構造以外の何ものでもない.
— Jean Piaget (ピアジェ，スイスの心理学者)

コンピュータのハードウエアを構成するディジタル回路 (digital circuit) はもっぱら 0 と 1 のふたつの値の信号を扱う．回路のどの部分を流れる信号も，また回路への入力・出力信号もすべて 0 と 1 を表すディジタル信号である．実際の回路ではふたつの値は電流の on と off または電圧の高低などで表される．高い電圧から低い電圧へ，またはその逆に，急激に変化するディジタル信号の波形はパルス (pulse) と呼ばれる．これは信号の電圧または電流が連続して変化するアナログ回路と対照的に異なる点である．2 値以外に，たとえば負の電位，0，正の電位の 3 値を使うディジタル回路もあるが，3 値以上の回路はあまり使われていない．これは 2 値の電子回路が実現しやすく，多値の回路も 2 値の組合せによって実現できるためである．

ディジタル回路は，構成素子が電流を断続することを基本とするためスイッチ回路 (switching circuit) とも呼ばれる．最初の自動計算機 Mark I には電磁石で動くスイッチであるリレー (§2.1) が用いられていた．リレーによって基本的な演算だけでなく記憶素子も構成できる．真空管やトランジスタなどの電子的な素子によるディジタル回路でもこれらの素子が電流を断続するスイッチとして使われている．

ディジタル回路はまた論理回路 (logic circuit) とも呼ばれる．これは§1.3 で述べたように，1 を真，0 を偽とみなすことによって命題論理を用いて回路の働きを表し，回路の解析や合成に応用できるためである．論理演算はまた集合演算とも関連しており，同じ形の公式をもつ．この公式は，英国の数学者 G. ブールに由来するブール代数 (§1.3) のものと同じである．情報理論の開祖である C.

E. シャノンは論理回路のパイオニアでもあった．彼が 1937 年にマサチューセッツ工科大学 (MIT) に提出した修士論文 [2] はリレー回路の設計に命題論理が応用できることを最初に示した．

論理回路は記憶素子を含む順序回路 (sequential circuit) と，これを含まない組合せ回路 (combinational circuit) に大別される．この章では主に組合せ回路について述べ，順序回路についてはその基本素子であるフリップ・フロップと直列加算回路の例を説明するだけにとどめている．順序回路を一般化した順序機械と呼ばれるシステムについては後にオートマトン理論 (§8.1.1) で論じる．

4.1 論理数学と論理関数

論理数学は 0 と 1 のみを対象とする数学である[†1]．この数学の基本的な要素は 0 と 1 だけの値をとる論理変数と論理関数である．論理関数はディジタル回路の素子 (ゲートとも呼ばれる) の行う演算から出力が入力だけで決まるような回路 (組合せ回路) の働きまでを表す．

もっとも簡単な論理関数である 1 変数関数には次の 4 種類がある (4 種類だけである)．最後の行は各関数の演算記号 (式中の表現) を示している．

X	$f_0(X)$	$f_1(X)$	$f_2(X)$	$f_3(X)$
0	0	0	1	1
1	0	1	0	1
演算記号	0	X	$\overline{X}$	1

$f_0(X)$ と $f_3(X)$ は X の値に無関係に 0 と 1 なので，これは実質的に定数である．また，$f_1(X)$ は X と同じである．したがって，関数として意味のあるのは X の値を逆転する $f_2(X)$ だけである．この関数は，$\overline{0} = 1$，$\overline{1} = 0$ によって定義される演算 $\overline{X}$ によって表される．命題論理では，真偽を逆にするこの演算は $\neg X$ と書かれ，肯定文を否定文に変えるので否定 (negation) と呼ばれる．また，この演算を行う基本素子を NOT 素子または NOT ゲートと呼ぶ．

---

†1 ここで論理数学とは，命題論理とブール代数を統合して，ディジタル回路用にアレンジしたものである．

表 4.1　2 変数の論理関数

(X,Y)	$(0,0)$	$(0,1)$	$(1,0)$	$(1,1)$	演算記号	
$f_0(X,Y)$	0	0	0	0	0	定数
$f_1(X,Y)$	0	0	0	1	$X \cdot Y$	論理積，AND
$f_2(X,Y)$	0	0	1	0	$\overline{X \Rightarrow Y}$	含意の否定
$f_3(X,Y)$	0	0	1	1	X	
$f_4(X,Y)$	0	1	0	0	$\overline{X \Leftarrow Y}$	含意の否定
$f_5(X,Y)$	0	1	0	1	Y	
$f_6(X,Y)$	0	1	1	0	$X \oplus Y$	排他的論理和，EOR
$f_7(X,Y)$	0	1	1	1	$X + Y$	論理和，OR
$f_8(X,Y)$	1	0	0	0	$\overline{X + Y}$	NOR
$f_9(X,Y)$	1	0	0	1	$X \equiv Y$	等値
$f_{10}(X,Y)$	1	0	1	0	$\overline{Y}$	
$f_{11}(X,Y)$	1	0	1	1	$X \Leftarrow Y$	含意
$f_{12}(X,Y)$	1	1	0	0	$\overline{X}$	
$f_{13}(X,Y)$	1	1	0	1	$X \Rightarrow Y$	含意
$f_{14}(X,Y)$	1	1	1	0	$\overline{X \cdot Y}$	NAND
$f_{15}(X,Y)$	1	1	1	1	1	定数

2 変数関数 $f(X,Y)$ には表 4.1 に示すように $2^4 = 16$ 種類があるが，1 変数の場合と同様に関数としての意味があるのは，定数，X と Y およびその否定などを除く 10 種である．このうち含意の否定および対称的な演算 ($\Leftarrow$) を除くと以下の演算が残る．これらについて，論理演算と演算記号のほかに命題論理の演算記号 (カッコ内) と意味を示す．

論理積 (AND)　XY，$X \cdot Y, (X \wedge Y)$，「X かつ (and) Y」．

論理和 (OR)　$X + Y, (X \vee Y)$，「X または (or) Y」．

英語の表現 “X or Y” は “either X or Y” (EOR) に近く，“and” と同じ条件を含まないという解釈が普通であるが，なぜかこの演算は OR と呼ばれている[†2]．日本語の「または」は「かつ」を含むと解釈される．

排他的論理和 (exclusive OR，EOR，EXOR，XOR)　$X \oplus Y$，「X と Y のどち

[†2] 厳密さを必要とする英語論文などではこの条件を and/or と表している．

らか一方が成立 (either X or Y)」.

等値 (equivalence) $X \equiv Y$, $X \Leftrightarrow Y$,「X のとき，およびそのときに限り Y」,「X ならば Y かつ Y ならば X」.

含意 (implication) $X \Rightarrow Y$,「X ならば Y, X implies Y」.

NAND (Not AND) $\overline{X \cdot Y}$,「一方または両方が成立しない」.

NOR (Not OR) $\overline{X + Y}$,「共に成立しない」.

NAND (Not AND) と NOR はそれぞれ AND と OR の否定である．これらふたつは，それだけですべての論理関数を表せる (万能性をもつ) 有用な演算である．また，等値と排他的論理和は互いに否定の演算であるため，$X \oplus Y = \overline{X \equiv Y}$ かつ $\overline{X \oplus Y} = X \equiv Y$.

n 変数の論理関数は 2^n 種類の変数の値の組に対する値を示した真理値表 (truth table) によって表される[†3]．このことから n 変数関数は 2^{2^n} 種類あることが示される．上記のように $n = 1$ と $n = 2$ の場合は，それぞれ 4 種類と 16 種類であるが，n と共にこの値は急速に大きくなり，$n = 3$ では $2^8 = 256$, $n = 4$ では $2^{16} = 65\,536$ となる．

■ **論理数学の公式** 論理演算のなかの否定，論理積，論理和だけによって論理式を表し，論理回路を実現する方法が一般的である．これら 3 種の演算について表 4.2 に示す公式が成立する．変数 A, B, C に 0 と 1 のすべての組合せを代入して調べることによってこれらの等式が成立することを確かめることができる．なお，これらの式では通常の代数のように論理積が論理和に優先することを仮定してかっこを省略している．交換則や結合則は一般の代数の公式と同様であるが，吸収則および分配則 (右) は一般の代数では成立しないので注意が必要である．

これらの公式を見ると，二重否定を除いて，左と右の公式が対になっている．これは論理数学の公式には，**双対性** (そうついせい：duality) と呼ばれる次の原則が成立するためである：「公式中の 0 と 1，論理積 $(\cdot)$ と論理和 $(+)$ を同時に交換した公式も成立する」.

ド・モルガン (de Morgan) の法則の両辺の否定をとって得られる互いに双対

†3 本書では 3 変数以上の論理関数の真理値表はカルノー図の形式で表されている．

表 4.2 論理数学の公式

排中則	$\overline{A} \cdot A = 0$	$\overline{A} + A = 1$
交換則	$A \cdot B = B \cdot A$	$A + B = B + A$
吸収則	$A \cdot (B + C) = A$	$A + (B \cdot C) = A$
結合則	$A \cdot (B \cdot C) = (A \cdot B) \cdot C$	$A + (B + C) = (A + B) + C$
二重否定	$\overline{\overline{A}} = A$	
分配則	$A \cdot (B + C) = A \cdot B + A \cdot C$	$A + B \cdot C = (A + B) \cdot (A + C)$
ド・モルガンの法則	$\overline{A} \cdot \overline{B} = \overline{A + B}$	$\overline{A} + \overline{B} = \overline{A \cdot B}$

な次のふたつの公式も有用である.

$$A \cdot B = \overline{\overline{A} + \overline{B}}, \qquad A + B = \overline{\overline{A} \cdot \overline{B}}.$$

このふたつの等式は，論理積と論理和がそれぞれ論理積と論理和に否定を組合せた式に変換できることを示している.

4.2 論理関数から論理回路

論理回路は論理演算を行う論理素子 (logic element) または論理ゲート (logic gate) を結合して構成される．論理素子は入力の値 (論理値) に対する論理演算の結果を出力する．素子の入力数はファンイン (fan-in) と呼ばれる．ファンイン 2 の基本的な論理素子を表す MIL 記号を図 4.1 に示す．MIL は最初アメリカ軍の規格であったが，この記号は広く世界中で使われている.

4.2.1 MOS FET による論理素子

論理素子は一般にトランジスタおよびダイオードを用いてつくられる．MOS FET は高い集積度の IC をつくりやすいため，ディジタル回路でもっとも多く使われている．§2.5.1 で述べたように，電荷を運ぶキャリアが正孔の P 型 FET と，キャリアが電子の N 型 FET (field-effect transistor) がある．P 型と N 型の MOS はそれぞれ P MOS，N MOS と呼ばれ，図 4.2(a), (b) のような回路記

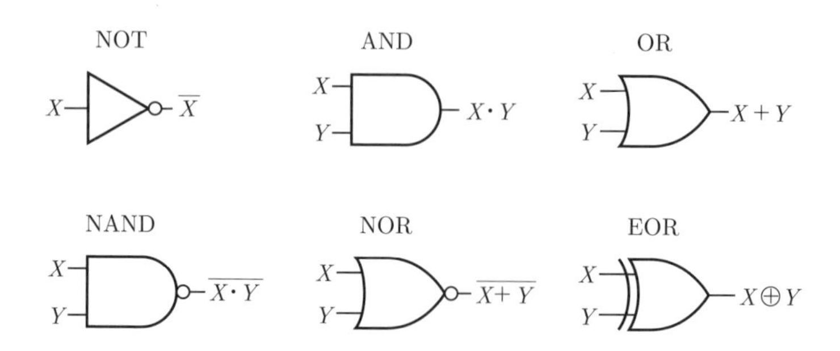

図 4.1　論理素子の MIL 記号

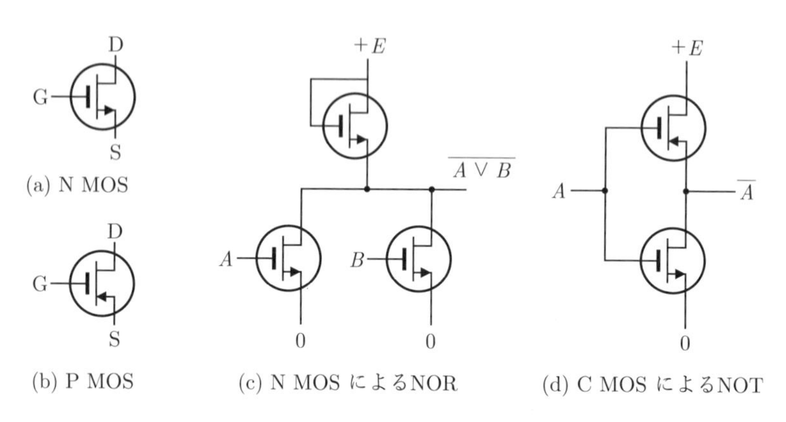

図 4.2　FET の回路記号と論理回路

号で表される．なお，端子 D はドレイン (drain)，G はゲート (gate)，S はソース (source) を表す．

図 (c) は N MOS による NOR 回路 (ゲート) である．IC では抵抗より FET を構成する方が容易なので，抵抗の代わりにゲートの電圧を適当に調整した MOS FET が使われている．端子 A または B のいずれかまたは両方が高電位 (論理 1) になると N MOS が on(導通) 状態になるので出力は低電位 (論理 0) になる．A および B が低電位 (論理 0) のときだけ，両方の N MOS が off(遮断) 状態になって高電位 (論理 1) が出力される．

相補的に働く P 型と N 型の FET の組合せを C MOS (complementary MOS) と呼ぶ．図 4.2(d) は C MOS による NOT ゲートである．入力 A が低電位 (論理 0) のとき，上側の P MOS は on となるが下側の N MOS は off となって高電位 (論理 1) が出力される．また，A が高電位のときは，on と off が逆に働いて高電位 (論理 1) が出力される．この回路では，直列接続された P MOS と N MOS のどちらかが off となるので，どちらの場合も電流は流れない．電流は on と off の切りかえ時にわずかに流れるだけであるため，C MOS による回路は消費電力がきわめて少ない特長をもっている．さらに高速性にも優れているため，カメラのイメージ・センサや多くの CPU 用に使われている．

4.2.2 組合せ回路と論理式

組合せ回路は一般に論理素子をループやフィードバック (feedback) を含まないように結合した回路であり，その働きは論理式で表される．ループやフィードバックを含まない回路を「前進形 (feed-forward)」と呼ぶことにしよう．任意の論理関数は否定素子，AND 素子，OR 素子などからなる論理回路によって実現できる．この章で示す多くの論理回路では素子の出力はすべて特定のほかの素子の入力となるかまたは回路の出力となっている．この形式の回路は木構造をもち，前進形である．一方，ある論理素子の出力が 2 個以上の素子に入力される回路は，特に複数の出力をもつ回路では素子の数を減らすことができる利点がある．しかし，ループやフィードバックを含み前進形でないことがあるので注意が必要である．前進形の回路であれば，入力に近い素子から順に出力の値が決定されるので，その部分の論理式を与えれば回路全体の論理式を構成できる．

図 4.3 の論理回路では左側の OR 素子の出力 A はふたつの素子の入力になっていて木構造ではないが，前進形の組合せ回路である．A 点に対する論理式は $A = \overline{X} + \overline{Y}$，全体の論理式は $Z = X \cdot (\overline{X} + \overline{Y}) + (\overline{X} + \overline{Y}) \cdot Y$ である．これは公式を用いて簡単化すると排他的論理和 $X \cdot \overline{Y} + \overline{X} \cdot Y$ に等しい．

4.2.3 加法標準形

加法標準形の論理式とは，否定は変数だけに付き，全体が論理積の論理和となっている形の式である．ただし，これには特別な場合として変数が 1 個だけの

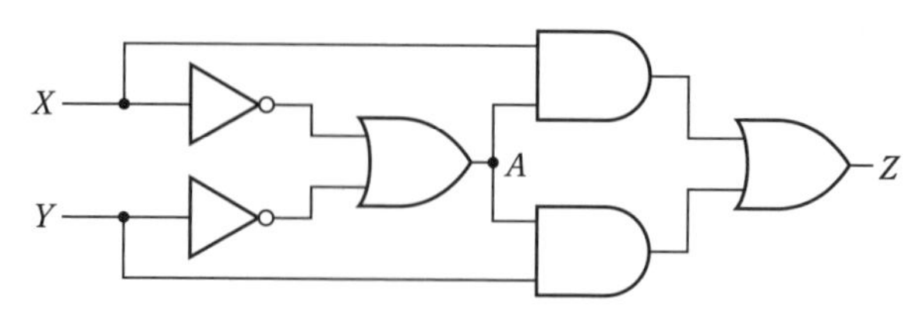

図 4.3 前進形の組合せ回路の例

論理積や，論理積が 1 個だけの論理和を含んでいる．また，乗法標準形の論理式は加法標準形と双対であり，同様に否定は変数だけに付き，全体が論理和の論理積となっている．

任意の n 変数論理関数 f に対して次の等式が成立する．これは変数のすべての値 (0, 1) の組合せに対して両辺が等しくなることから証明される．

$$\begin{aligned} f(X_1, X_2, \cdots, X_n) &= f(0,0,0,\cdots,0) \cdot \overline{X_1} \cdot \overline{X_2} \cdot \overline{X_3} \cdots \overline{X_n} \\ &+ f(1,0,0,\cdots,0) \cdot X_1 \cdot \overline{X_2} \cdot \overline{X_3} \cdots \overline{X_n} \\ &+ f(0,1,0,\cdots,0) \cdot \overline{X_1} \cdot X_2 \cdot \overline{X_3} \cdots \overline{X_n} \\ &\vdots \\ &+ f(1,1,1,\cdots,1) \cdot X_1 \cdot X_2 \cdots X_n. \end{aligned}$$

各積の項の最初の $f(\cdots)$ が 0 ならば，その積の項を消去し，1 ならば $f(\cdots)$ を消去すれば，加法標準形の式となる．双対性によって，すべての論理関数を乗法標準形の式でも表せることを同様に示すことができる．

■ 例：排他的論理和 (EOR) 排他的論理和 $X \oplus Y$ は (X, Y) が $(0,1)$ と $(1,0)$ のときだけ 1 であり，ほかは 0 である．このことから，次のように加法標準形の式を求めることができる．変数の論理積の演算記号 · は省略されている．

$$\begin{aligned} f(X,Y) &= f(0,0) \cdot \overline{X}\,\overline{Y} + f(0,1) \cdot \overline{X}\,Y + f(1,0) \cdot X\,\overline{Y} + f(1,1) \cdot X\,Y \\ &= 0 \cdot \overline{X}\,\overline{Y} + 1 \cdot \overline{X}\,Y + 1 \cdot X\overline{Y} + 0 \cdot X\,Y \\ &= \overline{X}\,Y + X\,\overline{Y}. \end{aligned}$$

この論理式から図 4.4 のような論理回路がつくられる．一般に加法標準形の式は AND 素子の出力を OR 素子に入力する AND-OR 2 段回路によって実現される．AND-OR 2 段回路は，そのすべての AND 素子と OR 素子を NAND 素子

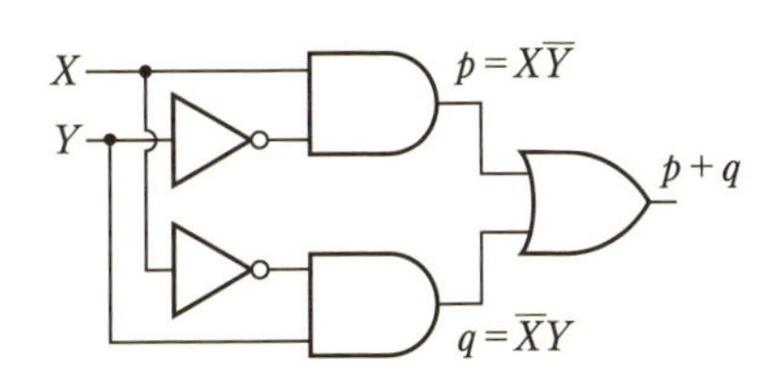

図 4.4 EOR の AND-OR 2 段回路

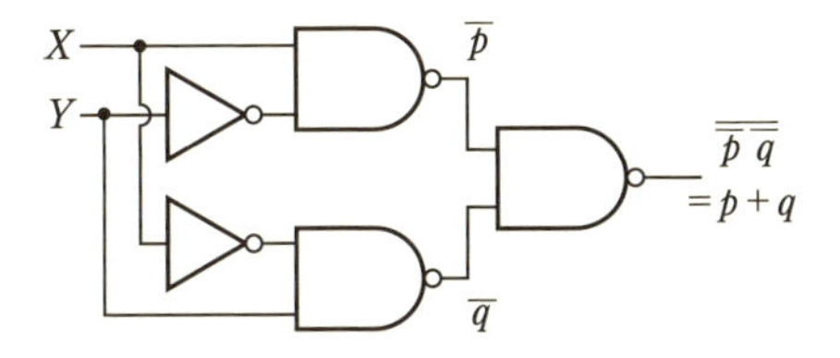

図 4.5 NAND 素子による EOR 回路

と置換えても同じ働きをもつ．これはすべての入力が否定されたとき，ド・モルガンの法則 $\overline{\overline{x_1}\cdots\overline{x_k}} = X_1 + \cdots + X_k$ によって OR 素子は NAND 素子に置換えられるからである．図 4.5 の論理回路はこのように置換えた回路である．

■ **含意** 含意 $X \Rightarrow Y$ は $(X, Y) = (1, 0)$ のときだけ 0，ほかは 1 である．加法標準形の式を求めると

$$X \Rightarrow Y = \overline{X}\,\overline{Y} + \overline{X}Y + XY$$

となるが，これは次のように，より簡単な論理式に変形できる．

$$\begin{aligned}
&\overline{X}\,\overline{Y} + \overline{X}Y + XY \\
&= \overline{X}\,\overline{Y} + \overline{X}Y + \overline{X}Y + XY && (\text{公式 } A = A + A) \\
&= \overline{X}\,(\overline{Y} + Y) + (\overline{X} + X)Y && (\text{公式 } AB + AC = A(B + C)) \\
&= \overline{X} + Y && (\text{公式 } \overline{A} + A = 1).
\end{aligned}$$

この簡単な式は真理値表から直接乗法標準形の式をつくることによっても得ることができる．この論理式は加法標準形でも乗法標準形でもある特別な形である．

4.2.4 カルノー (Karnaugh) 図による簡単化

前節 (§4.2.3) でみたように同じ論理関数を表す論理式はひとつとは限らず，一般にいくつも存在する．論理式が簡単であれば必要な素子の数も少なくてすむので，簡単な論理式を求めることは工学上重要である．以下，加法標準形の論理式の最簡形を求める方法を考える．ある論理関数 f の積和標準形の積の項 P に対して $P \Rightarrow f$ が成立するが，P の変数をどれかひとつ減らした項 P' では $P' \Rightarrow f$ が成立しないとき，P を主項 (prime implicant) と呼ぶ．最簡形は主項

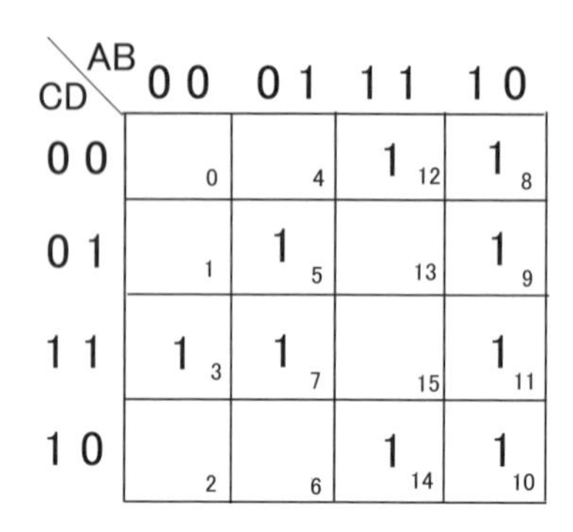

図 4.6　4 変数のカルノー図

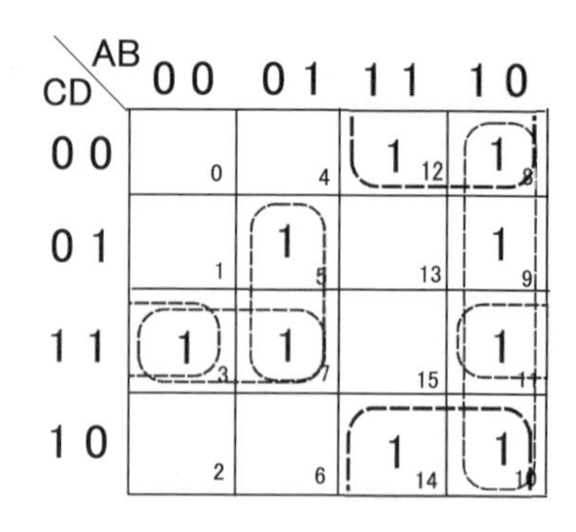

図 4.7　左の図に枠を記入したもの

の論理和となるので，簡単化には主項を求めればよい．前節 (§4.2.3) の例のように，ふたつの積の項がそれぞれ，$X \cdot T$ および $\overline{X} \cdot T$ の形をしていれば，次のように簡単化できる．

$$X \cdot T + \overline{X} \cdot T = (X + \overline{X}) \cdot T = 1 \cdot T = T.$$

この変換規則を繰り返し適用すれば主項が求まるが，規則の適用にはいくつもの組合せがあり，最簡形を求めるのは簡単ではない．4 変数までの論理式の簡単化を効率よく行うためにカルノー図 (Karnaugh map) が使われる．この簡単化は適用できる論理関数の変数の数が限られているが，図によって論理関数の性質が把握できるので世界中の大学の情報科学課程で教えられている．

カルノー図は真理値表を 2 次元の配列で表したものである．図 4.6 は 4 変数の論理関数 $f(A, B, C, D)$ を簡単化するためのカルノー図の例である．ここで，カルノー図では 1 だけを記入して 0 は記入しないことが習慣になっている．縦と横の並びが $00, 01, 11, 10$ となっていて，通常の 2 進数の順序と違うことに注意．各項目の右下の数字は変数の並び A, B, C, D を 2 進数とみなして，これを 10 進数で表した値であり，項目を指すために使われる．この配列には「縦または横で隣り合った項目は入力の 0，1 の組合せが 1 か所だけ異なっている」という特別な性質がある．ただし，最上位と最下位の行，または左端と右端の列は連続しているとみなされ[†4]，「隣り合っている」という関係はこれらにまたがった項目にも適用される．

カルノー図による簡単化は次のような手順で行われる．

1. 隣り合う 1 の項目を枠で囲む．さらに，隣り合う枠を枠で囲む．この結果，縦横の長さが 1，2，4 の長方形の枠で 1 の項目を囲むことになる．この枠には主項が対応する．なお，図では主項を表す外側の枠だけを示している。
2. すべての 1 の項目を含む枠の集合を選び，その枠に対応する主項を論理和で結合する．

図 4.7 は図 4.6 のカルノー図中で隣り合った 1 を次のように枠で囲んだものである．これから次のように主項が求められる．

- 隣り合った項目 3 と 7 はそれぞれ積の項 $\overline{A}\,\overline{B}CD$ と $\overline{A}BCD$ に対応しており，これらを囲む枠は主項 $\overline{A}\,\overline{B}CD + \overline{A}BCD = \overline{A}(\overline{B} + B)CD = \overline{A}CD$ に対応する．変数 B は 0 と 1 にまたがっているので消去されたと考えればよい．同様に，項目 5 と 7 の枠に $\overline{A}BC$，3 と 11 を囲む枠に $\overline{B}CD$ が対応する．
- 右端の 4 項目を囲む枠は，8 と 9 の枠と 11 と 10 の枠を統合したものであり，$A\overline{B}$ に対応する．この項は変数 A と B がそれぞれ 1 と 0 であるときのみ 1 となる．
- 右上と右下の 4 項目を囲む枠は，12 と 8 の枠と 14 と 10 の枠を統合したものであり，$A\overline{D}$ に対応する．

すべての 1 を含む枠の組合せは 2 通りあり，求める最簡形は次のふたつである．

$$f = A\overline{D} + A\overline{B} + \overline{A}B\overline{D} + \overline{A}CD.$$
$$f = A\overline{D} + A\overline{B} + \overline{A}B\overline{D} + \overline{B}CD.$$

4 変数までの論理関数のカルノー図による簡単化は 5，および 6 変数までに拡張することができるが，それ以上の数の変数の論理関数に対しては適用できない

[†4] この条件は，配列をドーナツ (トーラス) の表面に張り付ければ実現できる．

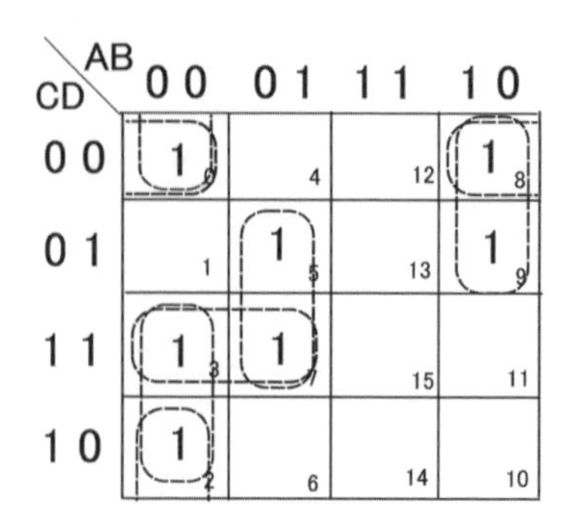

図 4.8　7 セグメント表示回路のカルノー図

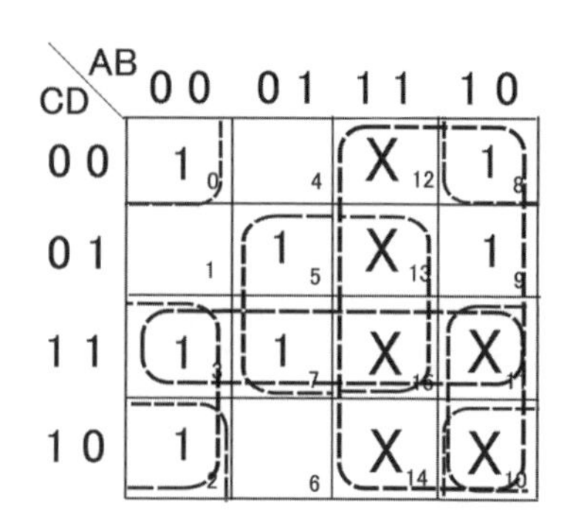

図 4.9　組合せ禁止項を含むカルノー図

(練習問題 4)．論理式の簡単化のために各種のアルゴリズムが知られているが，変数の数が大きい場合に最簡形を求めるには一般に多くの計算量を要する．

■ **簡単化の例：7 セグメント表示**　7 セグメント表示は右図のように 7 個のセグメントの組合せで 0〜9 の数字を表す[†5]．この表示器には 2 進表示の 4 入力から 7 個のセグメントを発光させる回路が使われる．これらの簡単化はよい練習問題である．

最上部のセグメントのための関数は，0，2，3，5，7，8，9 の 2 進符号に対して 1 となる．これから，図 4.8 のカルノー図を描き，これから簡単化された論理式 $A\overline{B}D + A\overline{B}\,\overline{C} + \overline{A}\,\overline{B}C + \overline{A}\,\overline{B}\,\overline{D}$ を得ることができる．この最後の項の代わりに $\overline{B}\,\overline{C}\,\overline{D}$ としてもよい．

ところで，この簡単化では 10〜15 を表す入力に対して 0 を出力するとしていたが，この入力の組合せは実際には使われていない．このような入力は組合せ禁止項 (don't care) と呼ばれ，図 4.9 では記号 X で表されている．これらに対する値は 0 でも 1 でもよいとすると大幅な簡単化が可能になる．このカルノー図では X をすべて 1 とすれば，簡単化された論理式 $A + BD + CD + \overline{B}\,\overline{D}$ または

[†5] これを拡張して，英大文字と小文字混合による 16 進数 A, b, C, d, E, F を表すこともできる．

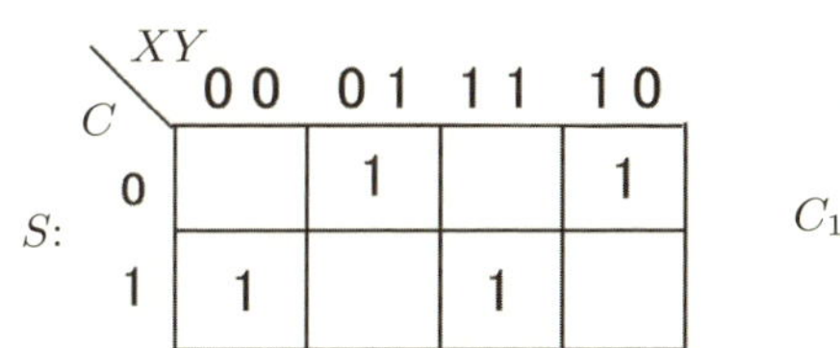

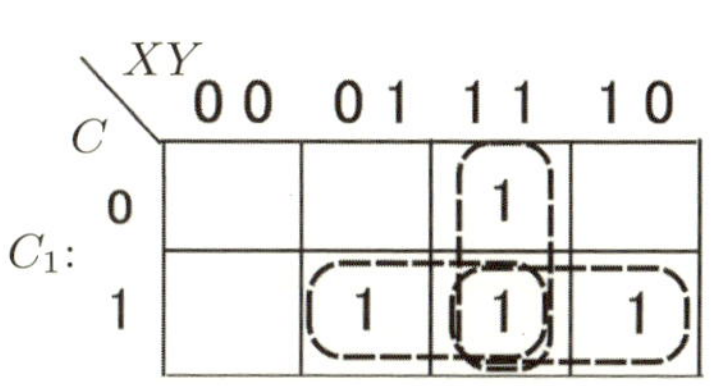

図 4.10 全加算器の論理関数を表すカルノー図

$A + BD + \overline{B}C + \overline{B}\,\overline{D}$ が得られる．この最後の項 $\overline{B}\,\overline{D}$ は図の 4 隅の項目を囲んだ枠に相当する．

4.2.5 加算回路

組合せ回路の例として 2 進数の加算を行う回路について説明する．この加算回路は 1 桁分の加算を行う全加算器 (FA: full adder) と呼ばれる要素を組合せて構成される．全加算器は図 4.10 のカルノー図に示される 3 入力のふたつの論理関数によって表される．ここで，X と Y は加算される値，C は前の桁の計算からの桁上がり，S は加算の結果，C_1 は次の桁への桁上がりである．なお，加算回路の第 1 桁目に桁上がり入力をもたない 2 入力の半加算器 (half adder) と呼ばれる要素が使われるが，これは全加算器の桁上がり入力 C に 0 を与えれば同じ働きをする．

S と C_1 のための関数のカルノー図から次の加法標準形の論理式をつくることができる．なお，S についてはすべての積の項が 3 変数を含んでおり，簡単化に

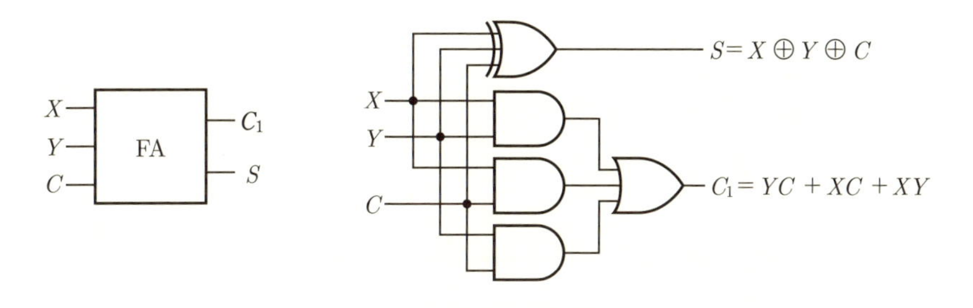

図 4.11 全加算器 (FA) の記号と論理回路

よって統合される項はない.

$$C_1 = YC + XC + XY.$$
$$S = \overline{X}\,\overline{Y}\,C + \overline{X}\,Y\,\overline{C}\; + X\,\overline{Y}\,\overline{C} + X\,Y\,C.$$

S の論理式はすべての 2 変数の積の項を含む式が加法標準形の最簡形である. ここで, X, Y, C に含まれる 1 の個数が奇数のとき S が 1 となることから, これは排他的論理和 $X \oplus Y \oplus C$ であることが分かる. 論理回路を図 4.11 に示す.

全加算器 (FA) を用いた 2 進数の計算には並列加算回路と直列加算回路がある. 図 4.12(a) は 4 桁の 2 進数を計算する並列加算回路を示している. この回路の入力はふたつの 4 桁の 2 進数 $X_4X_3X_2X_1$ と $Y_4Y_3Y_2Y_1$ であり, 出力は $S_4S_3S_2S_1$ である. C_4 は加算の結果が 4 桁で表される最大値 $(2^4 - 1 = 15)$ を超えたとき, 1 となってオーバフロー (overflow, あふれ) を表示する.

§3.1.2 で述べた 2 の補数を応用することによって, この加算回路を減算回路に変換できる. このためには, 4 入力 Y_4, Y_3, Y_2, Y_1 に NOT 素子を挿入し, その 0 と 1 を反転して 1 の補数とし, 最初の桁上げに 0 ではなく 1 を与えれば, 2

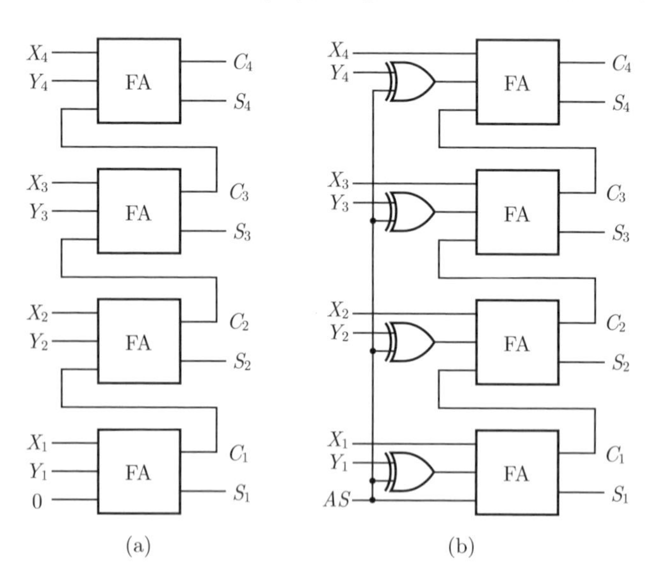

図 4.12 4 桁の並列加算回路 (a) と加減算回路 (b)

の補数との加算になり減算がなされる．図 4.12(b) の回路は制御信号によって加算と減算を切りかえられる加減算回路である．制御信号 AS が 0 のとき，4 個の NOR 素子の演算結果は

$$Y_k \oplus 0 = Y_k \quad (1 \leq k \leq 4)$$

なので，加算の場合と同じ入力が全加算器に加わる．$AS = 1$ とすると，NOR 素子の演算結果は

$$Y_k \oplus 1 = \overline{Y_k} \quad (1 \leq k \leq 4)$$

となって，NOT 素子の場合と同様に 0 と 1 を反転した値が全加算器に加わる．このとき，最初の桁上げ入力にも $AS = 1$ が与えられるので，2 の補数による減算が行われる．

4.3 フリップ・フロップと順序回路

これまで論じたディジタル回路では，入出力関係が論理関数で表される，すなわち出力が入力によって決まる組合せ回路 (combinational circuit) であった．実際のディジタル回路には記憶素子が含まれ，出力はその時点の入力だけでなく過去の入力にも依存する．この一般的なディジタル回路は順序回路 (sequential circuit) と呼ばれる．

■ **フリップ・フロップ**　フリップ・フロップ (flip-flop) はもっとも一般的な記憶素子である．この素子は 0 または 1 (1bit) の状態を保持し，外部からの入力によってその状態を変えることができる．以下，基本的なフリップ・フロップである SR (set-reset) フリップ・フロップについて説明する．

SR フリップ・フロップ (set-reset flip-flop) は図 4.13(a) のような記号で表され，セット S とリセット R のふたつの入力，および Q とそれを反転した出力 $\overline{Q}$ のふたつの出力をもつ．この素子の働きは次の通りである．

- $R = S = 0$ のときには，「セット状態」$Q = 1$ ($\overline{Q} = 0$) または「リセット状態」$Q = 0$ が続く．
- セットする (S のみを一時的に 1 とする) と，セット状態 $Q = 1$ を続けるか

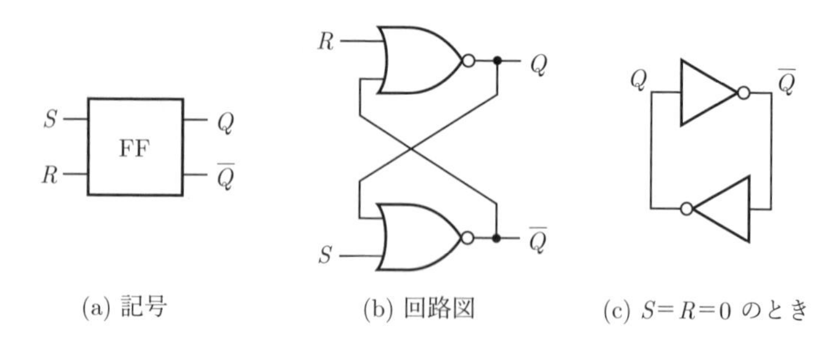

(a) 記号　(b) 回路図　(c) $S=R=0$ のとき

図 4.13　SR フリップ・フロップ

またはこれに変わる．

- リセットする (R のみを一時的に 1 とする) と，リセット状態 $Q=0$ を続けるかまたはこれに変わる．
- 同時にセットとリセットした場合，どちらの状態に変わるか分からないので，S と R を共に 1 とする入力は禁止されている．

図 4.13(a) は SR フリップ・フロップを実現する NOR 素子 2 個による回路である．$S=R=0$ のとき，この回路は図 4.13(c) と等価であり，$Q=0$ と $Q=1$ のふたつの安定した状態がある．なお，この回路はループを含み，§4.2.2 で定義した前進形の組合せ回路ではない．

コンピュータの内部でフリップ・フロップはデータを一時的に蓄えるレジスタとして使われている．主記憶の記憶素子として使うこともできるが，多くのコンピュータでは大容量が必要な主記憶用には速度は少し遅いがより低コストの半導体記憶素子を用いている．

■ 直列加算回路　並列加算回路では n 桁の 2 進数を n 本の信号線で表していたが，直列加算回路では 2 本の入力信号線と出力線を用いて，n 桁の 2 進数を n 個のパルスの時間的な系列として表す．並列加算回路が組合せ回路であるのに対して，直列加算回路は記憶素子 (遅延) を含む順序回路である．図 4.14 は 1 個の全加算器と遅延素子 (delay) からなる直列加算回路と，回路の信号の時間的な変化を表すタイムチャート (time chart) を示している．端子 X および Y からそれぞれ，$(5)_{10}=(0101)_2$ と $(6)_{10}=(0110)_2$ を表すパルス列が下位の桁から順に

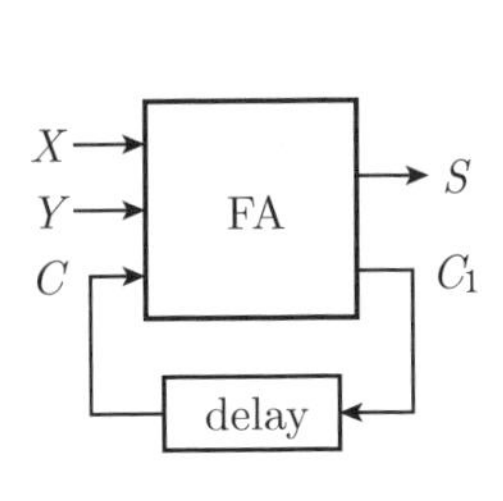

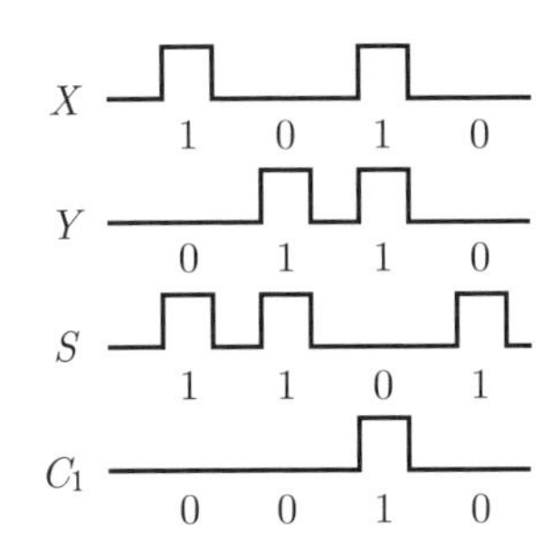

図 4.14 直列加算回路とタイムチャート

入力されると，S から $(11)_{10} = (1011)_2$ を表すパルス列が出力される．タイムチャートのパルス波形はそれが表す 2 進数とは逆順になっていることに注意．繰り上がりの信号 C_1 は遅延素子によって 1 サイクルだけ遅れて全加算器に入力される．

順序回路では各信号の変化がある決まった順序で同期して推移することが仮定されている．この回路図には明示されていないが，実際の回路では同期のためにクロック・パルス (clock pulse) と呼ばれる信号が送られ，フリップ・フロップはこの信号に合わせて推移する．遅延素子はフリップ・フロップの一種であり，前述の SR フリップ・フロップを用いて実現できる．実際の計算回路では，直列的な信号はシフト・レジスタ (shift register) と呼ばれるフリップ・フロップを連結した回路から全加算器に送られ，またシフト・レジスタが計算結果を受け取る．

直列と並列のふたつの方式は加算回路だけでなく，コンピュータ内部の情報の基本的な表現形式であり，かつ回路の構成方式である．一般に直列方式は必要な素子数が少ないが，計算時間は大きい．並列方式はこの逆である．

練習問題

1. MOS FET による相補型 (CMOS) の NOR と NAND の回路の動作を調べよう．
2. ひとつまたはふたつの論理演算 (定数も含む) が万能であるとは，それだけですべての論理関数を表せることである．ド・モルガンの法則によって，否定と論理積，および否定と論理和は万能である．次の論理演算および論理演算の組が万能であることを示せ．
   (a) NAND (NAND 素子だけですべての回路を構成できる).
   (b) NOR (NOR 素子だけですべての回路を構成できる).
   (c) 排他的論理和 (EOR) と定数 1.
   (d) 含意と定数 1.
3. 7 セグメント表示について§4.2.4 で示された最上部以外の 6 セグメントに対する論理式の最簡形を求めよ．
4. カルノー図によって 5 変数と 6 変数の簡単化した論理式を求めるにはどうしたらよいか．

研究課題

1. * コンピュータの設計において，論理式の簡単化は重要な問題である．多数の変数の論理式を簡単化するにはどのような方法があるか．
2. フリップ・フロップによって入力のパルスを数えて 2 進数表示するカウンタはどのように構成されるか．

5 コンピュータの出現と発展

> ディジタル・コンピュータの着想は,「これらの機械は人間のコンピュータが行える演算を実行できることを目指している」と説明できる.
>
> 人はしばしば,だれも想像できないことを行う人について何も想像しない. — A. Turing.
>
> フォン・ノイマンは電子計算機が本質的に論理的な機能を遂行するものであり,電子回路の側面は付随的であることを明確に理解した最初の人物であった.
> — H. H. Goldstein (ゴールドシュタイン,EDVAC の共同開発者 [12]).

「コンピュータとは何か」について,まず大辞林 (第 3 版) を引いてみよう.

> 【コンピューター】(computer) 電子回路を用い,与えられた方法・手順に従って,データの貯蔵・検索・加工などを高速度で行う装置.科学計算・事務管理・自動制御から言語や画像の情報処理に至るまで広範囲に用いられる.電子計算機.(原文のまま)

30 年くらい前であればこれでよいかもしれないが,各種情報処理に言及するなら,通信回線と結合してネットワークを構成していること,さまざまな機械にコンピュータが組込まれているなどをあげるべきである.特に問題なのは,「与えられた方法・手順に従って」の部分である.これではコンピュータの働きを正しく説明しているとはいえず,コンピュータの本質について誤った思い込みを引き起こしている (これについて§9.1.1 で詳しく論じる).コンピュータはプログラムを検査したり生成したりできるので,「あらかじめ与えられたプログラムに従っているだけ」ではない.

本書では,次の定義をこれからの解説の基礎とする.

コンピュータ (computer) 電子回路および電子機器などのハードウエア (hardware) によってプログラムを実行する装置.

プログラム (program) 時間的または空間的にどのように演算を組合せ,実行するかについて一定の形式で記述したもの.演算には,論理的および算術的操作,データの比較,移動,記号的な推論,入出力などが含まれる.

プログラム記憶 (stored program) 符号化されて記憶されたプログラムを実行するコンピュータの方式．従来，「プログラム内蔵」と呼ばれてきたが，この用語は英語とも合わず，意味がおかしいので「プログラム記憶」としたい．

次は上記の定義に関する説明や補足である．これらについてはこの章でさらに詳しく説明する．

- ハードウエアはソフトウエア (§5.6) と対になった概念である．
- ここで定義されるコンピュータには，現代のコンピュータの基本であるプログラム記憶方式だけでなく，ENIAC のような固定プログラム方式，アナログ・コンピュータのように基本演算装置の接続によってプログラムされる装置も含まれる．
- 前述のプログラムの定義はかなり一般的であり，演算の直列的順序だけでなく並列実行のためのネットワークの記述なども含まれる．
- ハードウエアによって直接実行されるプログラムは機械語プログラムと呼ばれる．機械語以外のプログラム言語のプログラムはコンパイラまたはアセンブラによって機械語プログラムに翻訳されて実行されるか，インタプリタによって解釈実行される．

5.1 計算機の歴史♣

コンピュータは最初，高速自動計算機を目標として開発された．昔から数値計算はもっぱら人手で行われてきたので，時間がかかり，常に誤りの危険性がつきまとっている．計算を助けるための道具として，計算尺 (slide rule)，そろばん，手回し計算機が古くから使われてきた．17 世紀に英国で発明された計算尺 (図 5.1)

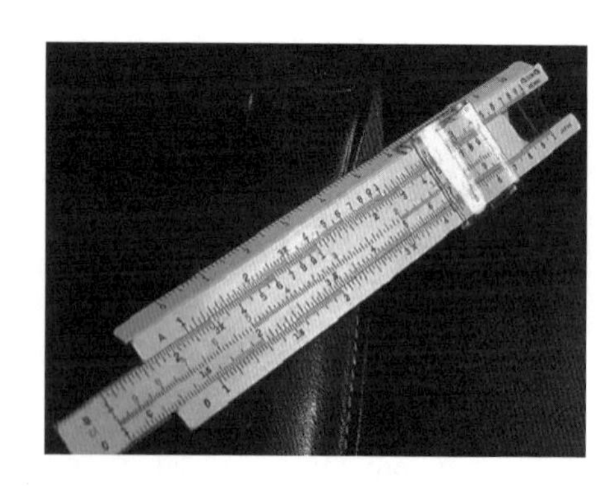

図 5.1 計算尺 (筆者愛用品)

は John Napier (ネイピア) が発見した対数の性質を応用して，主に乗除算をすばやく行うことができる簡便な道具である．アナログ式の計算尺は電卓やコンピュータが普及する 30 年ほど前まで世界中で使われていた．筆者も学生時代には実験のデータの整理などに計算尺を使った．

http://www.tiger-inc.co.jp/temawashi.html

図 5.2 タイガー計算機 (1940 年製)

同じく 17 世紀にフランスの哲学者・科学者として有名な Blaise Pascal (パスカル) が歯車式の加減算用計算機を発明した．これは歯車の回転角によって 10 進数字を表し，ハンドルを回転するたびにセットされた数が別な軸の歯車で表された数に加算される仕組みが基本である．この計算機は数学者 G. W. Leibniz (ライプニッツ) によって乗除算もできるように改良された．ディジタル式の歯車式計算機はやはりコンピュータが普及する 30 年ほど前まで高精度の計算のために研究室や銀行などで使われていた．わが国ではタイガー計算器株式会社製の手回し式タイガー計算器 (図 5.2) が広く使われた．

■ **バベジの解析機関** コンピュータの歴史には，歯車式の計算器を基礎に自動的に計算を行う機械を最初につくろうとした英国の Charles Babbage (バベジ) の名前がかならずあげられる．1820 年代にバベジが最初に設計し製作にとりかかったのは三角関数などの数表を級数の計算によって作成する階差機関 (difference engine) であった．当時，測量や航海術などで三角関数や平方根などの数値を分厚い電話帳のようにまとめた数表が広く使われていたが，人手でつくられた数表は誤りが多いことが問題になっていた．この機械は誤りを避けるため結果のプリントまで自動化されている．バベジは政府から多額の補助金を得て製作に取り組んだが完成には至らなかった．彼は着想や機械の設計については天才的であったが，気まぐれで設計変更が多く職人を統率してプロジェクトを成しとげる能力はもちあわせていなかったことが原因であるといわれている．

階差機関の製作中にバベジはより高度な計算機である解析機関 (analytical engine) の設計に取りかかった．これは紙カードに開けられた孔によって与えられたプログラムに従って計算を進める自動計算機であったが，これは設計と一部の試作以上には進められなかった．カードの孔によって指令を与える方式はその当時実用化されていたジャカード (Jacquard) 織機に使われていたものが応用されている．バベジの解析機関がコンピュータの出現にどれだけ寄与したかは疑問であるが，今から 200 年以上前にプログラム可能な自動計算機をつくろうとした人物がいたことは興味深い．

ジャカード織機を引継ぎ，孔あき紙カード (パンチカード) によってデータを表す方式の事務処理装置が米国の H. Hollerith(ホレリス) によって開発され，米国の 1890 年の国勢調査に採用された．ホレリスが設立した事務機器の会社が，その後の IBM (International Business Machines) 社である．パンチカードは紙テープと並んでコンピュータ時代初期のデータ・プログラム入力用に使われた．

■ **Mark I** 近代になって多量の数値計算を高速に行う必要が高まった．最初につくられたプログラムに従って自動的に計算を行う機械は，ハーバード大学で設計され IBM 社で製作されて 1944 年に完成した Harvard Mark I である．これはリレー (§2.1) を演算素子とする電気・機械方式の計算機であり，紙テープで与えられる命令の系列 (プログラム) を順に実行する．演算速度は遅く，23 桁の 10 進数の加減算に 1/3 秒，乗算に 6 秒，除算には約 15 秒かかった．リレーは大きく，機械的な動作のため遅く，また電流を断続する接点をもつため信頼性が低いので計算機の素子としては不適当であった．しかし，動作速度を求められない鉄道の信号システム用として，リレーは故障しても安全が保てるフェイルセーフの実現に適しているとされており，現在でも広く使われている．

5.2 電子計算機の出現 ♣

機械式や電気・機械式のリレーに代わり，純粋に電気だけで計算を行う装置は真空管・トランジスタなどの電子工学 (electronics) 技術を必要とする．機械的な動作をともなう装置は一般に電子的な動作より低速である．コンピュータ・システムには現在もプリンタなどの出力装置やハードディスクのような機械的動作を含む要素が使われている．これらは電子回路の動作よりもはるかに低速なので，これらの遅い装置を用いても全体の作業の速度が落ちないようにさまざまな工夫がされている．

最初の電子計算機[†1]に使われた基本素子は真空管である．本来，真空管はアナログ信号の増幅，高周波の発生などのためにつくられた（§2.4）．1940 年代に真空管を使ってアナログ・コンピュータがつくられ，これとほぼ同時期に真空管式のディジタル・コンピュータが開発された．ディジタル・コンピュータでは真空管をリレーのように電流を断続するスイッチとして使う．機械的に動作するリレーに比べると電子的なスイッチははるかに高速であるが，数本あれば無線の送受信機を構成できる真空管を単なるスイッチとして数百本・数千本単位で用いるには思い切った頭の切りかえを要した．

■ **アナログ・コンピュータ***　19 世紀後半以降，数値計算のための歯車式ディジタル計算機がつくられるのと並行して，数量を長さで表す方式のアナログ計算機械がいくつかつくられている．このような機械式アナログ計算機の基本要素は時間的な積分を計算する装置であり，加減算器などと組合せて微分方程式の解を求めるために使用された．真空管式のアナログ・コンピュータ（analog computer）では数量を電圧で表すほかは機械式のアナログ計算機と同じ原理であり，加減算や時間的積分などの演算器を接続して計算を行う．演算器の接続点の電圧は微分方程式の変数に対応しており，演算器の接続によってフィードバック（負帰還）を含むシステムが構成される．演算器は負帰還をかけた真空管の増幅器（演算増幅器）を基本としており，加減算や時間的な積分などの線形演算であれば精度は充分高いが，乗算などの非線形演算の精度は一般に低い．

アナログ・コンピュータの特長は，並列的・実時間的に計算がなされるため，計算が複雑になるほど演算器の数が増えるが計算速度は低下しないことである．一方，ディジタル・コンピュータのようなさまざま処理に応用できるような万能

[†1] 通常，電子計算機はコンピュータと同義であるが，電子的な素子によって主に数値計算を目的とした初期の機械はコンピュータより電子計算機と呼ぶのがふさわしい．

性はもたない．アナログ・コンピュータは操縦の訓練用のシミュレータなど各種のシミュレーションに応用されてきたが，近年は等価的な数値計算を行うディジタル・コンピュータに置きかわり，ほとんど使われなくなってしまった．ディジタル計算機においても，プログラムに従って演算器を接続し，実時間的に計算するデータフロー (data flow) 方式が提案されたことがあったが，実際には使われていない．しかし，この並列計算機の方式が将来見直される可能性がある．

■ Atanasoff (アタナソフ) によるディジタル電子計算機 真空管を基本素子とする最初のディジタル計算機はアイオワ大学の J. V. Atanasoff (アタナソフ) らによって 1939 年頃つくられた ABC (Atanasoff-Berry Computer) である．この装置は 280 本の双 3 極管 (ふたつの 3 極管を含む真空管) とコンデンサを素子とするドラム記憶装置から構成され，連立 1 次方程式を解くように設計されていた．機械式のドラム記憶装置のために計算速度は遅かったが，2 進法による数値の表現や真空管を基本素子とすることなどはその後のコンピュータの発展の基礎となった．

■ 最初の汎用電子計算機 ENIAC (エニアック：Electronic Numerical Integrator and Computer) はペンシルベニア大学の J. W. Mauchly (モークリ) と J. P. Eckert (エッカート) らのグループによって米陸軍弾道研究所で 1946 年頃つくられた大規模な最初の汎用電子計算機である．17 000 本以上の真空管を使い完全に電子的に算術演算が行われる．プログラムによって広範囲の計算ができることが特長であるが，プログラムはスイッチの切りかえやプラグボード上の配線によって与える方式であったため，プログラムをセットしたり切りかえるために多くの時間と手間を要した．この問題点は後のプログラム記憶方式によって大きく改良された．

後に開発グループに参加した John von Neumann (フォン・ノイマン)[†2] はこの開発の経験をもとに後に彼の名前を冠するコンピュータの方式を考案することになった．フォン・ノイマンはハンガリー出身であり，初めは数学や理論物理学

[†2] フォン・ノイマンを「ノイマン」，フォン・ノイマン方式を「ノイマン方式」と呼ぶ書物も多いが，de Morgan(ド・モルガン) の「ド」と同様「フォン」を省かないのが正しいようである．

の研究で成果をあげたが，米国に移り原爆開発のためのマンハッタン計画に参加した．この仕事の後にペンシルベニア大学のコンピュータ開発グループに移ったのは，マンハッタン計画で原子炉の設計などに膨大な数値計算を必要としたことも動機になっているといわれている．

Coffee Room 3 Alan Turing の功績

筆者は 1980 年にエディンバラ大学の機械知能研究所に研究員として滞在したが，その時の所長 Donald Michie (ミキ) 教授は第 2 次大戦中 Turing とドイツ軍の暗号解読の仕事をしていたという噂を聞いた．ミキ先生はその時に Turing から機械で知能を実現する夢を吹き込まれたそうである．ミキ先生からは「コンピュータによってそれまで人間がもたなかった新しい知識を発見すること」に価値があるのだと教えられた．

その後，10 年以上経た 1990 年頃，ある日なにげなくテレビをみていたら，ミキ先生が Turing の思い出について語っているのでびっくりした．英国の暗号解読のための秘密機関，ステーション X を扱った BBC 制作のドキュメンタリであった．Turing はドイツ軍の暗号エニグマの解読に大きな役割をはたしたが，ステーション X の存在は長い間，厳重な機密の闇に包まれてその功績は明らかにされなかった．ステーション X では暗号解読用に真空管式のコンピュータもつくられた．その後で Turing を主題にした劇 “Breaking the Code” がロンドンで上演されて映画にもなった．このタイトルの「コード」は暗号のほかに「社会の規範」という意味をかけてある．これは彼が同性愛の罪で有罪判決を受けたことを指しているのだが，その当時の英国にこのような人権無視の法律があったことは驚きである．彼は 42 歳を目前にして亡くなったが，自殺とみられている．

Turing がドイツ軍の暗号を解読したことは連合国の勝利を 2 年以上早めたといわれている．さらに，彼はコンピュータの真の発明者であり，われわれはたいへんな恩恵を受けている．そのほかにも，Turing テスト (§9.1.2) を提案するなどの重要な業績を残している．生誕 100 年にあたる 2012 年には英国を中心にこの不遇の天才に感謝する催しが行われた．

5.3 Alan Turing と Turing 機械 ♣

英国の数学者 Alan Turing (テューリング，チューリング[†3]) は 1936 年に発表した論文「計算可能数と決定問題への応用 [1][†4]」のなかで，後に Turing 機械と呼ばれることになる計算モデルを提唱した．

Turing 機械は，真に偉大な発見がしばしばそうであるように驚くほどシンプルであり，原理を説明するのに 5 分もかからない．この計算モデルは図 5.3 のように無限長のテープと制御部からできている．テープは計算の入力と出力データを表すだけでなく，作業記憶としても使われる．テープの各コマには決まった種類の記号が書かれ，最初，入力データ以外は空白記号 (後の例では 0) が書かれている．

A. Turing (1912–1954)

制御部は有限個の状態をもち，次の形式の命令からなるプログラムに従ってテープ上の記号を読み書きし，テープを移動する．

$$q\,S \to S'\,D\,q'.$$

ここで，D は L(左) または R(右) である．この命令は「状態が q で見ている記号が S のとき，記号を S' に書き換え，テープを L(左) または R(右) に 1 コマ動かして状態 q' に推移せよ」を意味する．図 5.3 はこの命令実行の変化を示している．通常の Turing 機械では適用できる命令は常に高々ひとつである (この条件を満たさない非決定性 Turing 機械については§6.3 で扱う)．適用できる命令がない時にはプログラムの実行は停止する．

計算中のある時点における状況は，テープの記号列と制御部の状態とそれが

---

†3 Turing を日本ではたいてい「チューリング」と書き表しているが，英語の発音とはあまりにも違うので，カナ書きでは「テューリング」と書くことにしたい．

†4 C. Petzoid (ペゾイド) による本 [24] はこの歴史的な論文を分かりやすく解説している．

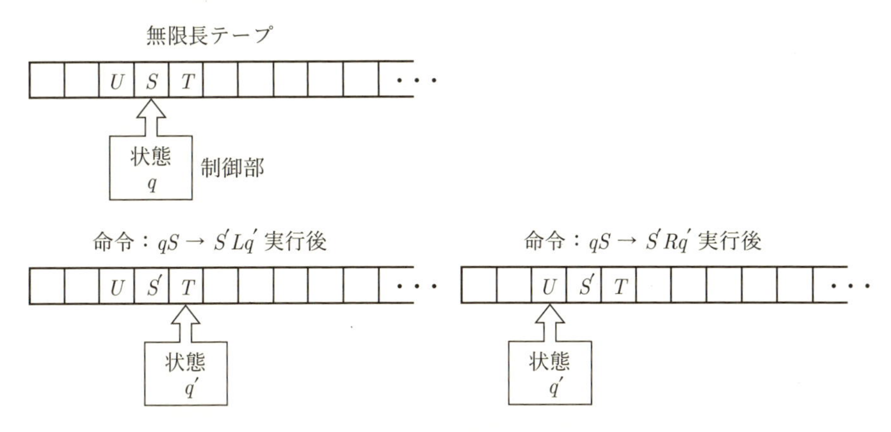

図 5.3 Turing 機械の命令の実行

見ているコマの位置で表される．状態 q の制御部がテープ上の記号の部分系列 UST 中の記号 S のコマを見る位置にある状況は**時点表示** (instantaneous description) と呼ばれる記号列 $\cdots U\,q\,S\,T\,\cdots$ によって簡潔に表される． 命令が実行されると時点表示は次のように変化する．

- 命令 $q\,S \to S'L\,q'$ に対して，$\cdots U\,S'q'T\,\cdots$.
- 命令 $q\,S \to S'R\,q'$ に対して，$\cdots q'\,U\,S'T\,\cdots$.
  テープを左に動かすので，制御部が記号 U を見る位置に移る．

「Turing 機械 T がある問題を計算する」とは，入力を符号化して T のテープに与えたとき，T のプログラムの実行は有限ステップで停止し，テープ上に出力が残されることである．ここで，計算の開始のときには制御部はある決まった初期状態，テープは特定の位置 (多くの場合，入力データの左端) に置かれる．この簡単な計算機械は「機械的に計算できる」という概念を厳密に定義するために提案された．この簡単さは 1 記号ごとの操作による直列計算に限定したことによって得られている．第 6 章で述べるように「ある問題に対してそれを解くアルゴリズムが存在する＝問題は計算可能である」ことの厳密な定義は「Turing 機械で計算できる」こととなっている．

■ 例：忙しい海狸(ビーバー)問題　Turing 機械の例として，「忙しい海狸 (busy beaver：ビジー・ビーバー)」問題のためのプログラムを見てみよう．これは「空白のテープにできるだけ多くの 1 を書き込むプログラムをつくる」問題である．このプログラムは最後に終了 (停止) することが重要である．状態数が 1，テープ上の記号が 0 と 1 の 2 個のとき，ひとつの 1 だけを書く 1 命令 $A0 \to 1RH$ のプログラムが唯一の可能なプログラムである．ここで，状態 H に対する命令はないので，これは停止を意味し，状態数には加えない．命令 $A0 \to 1RA$ だけのプログラムは無限に 1 を書き続けるが，これは終了しないので問題の解にはならない．状態数を 2 に対して，次のような 4 命令のプログラムによる計算過程 (時点表示の系列) が得られる (下線は書き換えられた記号を表す)[†5]．

プログラム	
	$\cdots 0000A000 \cdots$
$A0 \to 1RB$	$\cdots 0000B0\underline{1}0 \cdots$
$A1 \to 1LB$	$\cdots 000\underline{1}A100 \cdots$
$B0 \to 1LA$	$\cdots 0011B000 \cdots$
$B1 \to 1RH$	$\cdots 011\underline{1}A000 \cdots$
	$\cdots 0011B1\underline{1}0 \cdots$
	$\cdots 0011H110 \cdots$

空白のテープに対して初期状態 A からのプログラムの実行は，上の図のように 7 ステップ後にテープに 4 個の 1 を書いてから状態 H で停止する．状態数 3, 4 に対して，書かれる 1 の個数はそれぞれ 6 と 13 であるが，状態数 5 では 4098 以上，状態数 6 では約 10^{18267} 以上と急速に増大する．状態数 n に対して書き出す 1 の最大の個数を与える関数は後述の計算不可能関数である．

■ 万能 Turing 機械　各種の問題を解くためにさまざまな Turing 機械をつくることができる．逆にいえば，それぞれの問題のために専用の機械が必要である．Turing は前記の論文のなかで，ひとつの機械だけで任意の Turing 機械と同じ計算を行える万能 Turing 機械 (universal Turing machine) を示した．万能機械 (UM) は任意の Turing 機械 M に対して，符号化した M のプログラムと M の

[†5] このプログラムは英語版 Wikipedia(現在は削除されている) による．

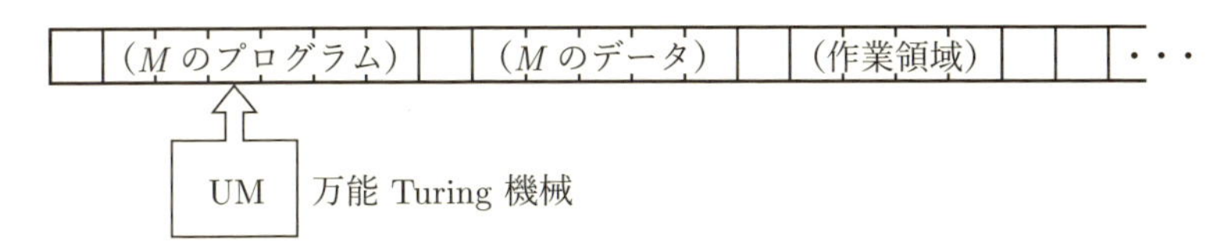

図 5.4 万能 Turing 機械による機械 M の計算

データのふたつを入力データとして M をシミュレートし，M と同様の計算結果を生成する (図 5.4)．すなわち，UM はテープ上に書かれた M のプログラムを調べて対応する命令の操作を M のデータに対して実行する．これは，現在のコンピュータにおいて，機械語以外の言語で書かれたプログラムを実行するためのインタプリタと呼ばれる処理系 (§5.7.2) が使っている方式である．

万能機械の存在は，Turing 機械が高度の一般性をもつ計算モデルであることを示している．さらにプログラムのシミュレーションによる実行方式は，現代のコンピュータのプログラム記憶方式の原理であり，現代のコンピュータの実行方式 (フォン・ノイマン方式) の基礎となった．

5.4 フォン・ノイマン・アーキテクチャ ♣

ENIAC が製作中であった 1945 年にフォン・ノイマンは「EDVAC のための第 1 報告書」と題されたレポートを書き上げた．EDVAC (エドヴァック：Electronic Discrete Variable Automatic Computer) はその当時に構想されていたコンピュータである．このレポートでは，コンピュータは次の 3 原則によって構成されるとされている．

- コンピュータは主要な 5 要素，主記憶 (main memory)，制御装置 (control unit)，演算装置 (operational unit) および入力装置 (input device) と出力装置 (output device) から構成される．制御・演算装置は CPU (central processing unit：中央処理装置)，またはプロセッサ (processor) と呼ばれるコンピュータの心臓部となっている．
- プログラム記憶 (stored program)：プログラム (機械語プログラム) は符号

化されてデータと同様に主記憶に格納され，CPU によって解釈・実行される．これによってプログラムもデータのひとつとなり，入力装置から読み込むだけで実行できるだけでなく，プログラムがプログラムを検査したり次に実行するプログラムを発生したりすること，コンパイラによるプログラムの翻訳などが可能になった．

- 直列演算を基本としており，2 進数の算術演算も直列的に行われ，プログラムの命令がひとつずつ実行されて計算が進められる (高速の計算には一般に直列演算より並列演算の方が望ましいが，制御が難しく，何より電子回路が複雑で大規模になる．当時は真空管によるマイクロ秒単位の演算は充分に高速であると考えられた)．

この 3 原則はフォン・ノイマン方式またはフォン・ノイマン・アーキテクチャと呼ばれている．アーキテクチャ (architecture) は本来，建築の基本様式を意味する建築の用語であるが，情報科学ではコンピュータの「基本設計」を指す用語として広く使われている．1950 年頃にペンシルベニア大学で完成した EDVAC の開発には多くの技術者が参加していたが，フォン・ノイマンはこの設計に中心的な役割をはたしていた．この基本方式のなかでももっとも重要なアイデアである直列計算とプログラム記憶方式は，実は Turing 機械，特に万能 Turing 機械に由来している．フォン・ノイマンは万能 Turing 機械についてもよく理解していたし，直接 Turing に会って EDVAC の設計についても議論していた．

J. フォン・ノイマン
(1903–1957)

EDVAC 以降，基本素子が真空管からトランジスタに変わり，さらに集積回路 (IC)，大規模集積回路 (LSI) に発展したが，すべてのコンピュータはこのフォン・ノイマン方式と呼ばれる形式を基本としている．大きなスーパコンピュータ (supercomputer) からランニング・シューズに組込まれたマイクロコンピュータまですべてが同じ形式であることは，象やクジラのような巨大な動物と数グラムほどの小さなカヤネズミが同じ体の仕組みをもつ哺乳類であることを思い起こさせる.

5.5 コンピュータの動作

フォン・ノイマン・アーキテクチャでもっとも大きな特徴はプログラム記憶(内蔵) 方式である. 制御装置と演算装置 (CPU) によって直接実行されるプログラムは機械語 (machine language) プログラムと呼ばれる. 機械語は各種のプログラム言語 (programming language)[†6]のなかでもっとも基本的なものであり, ほかの言語のプログラムは機械語に翻訳されるか, インタプリタ (interpreter) と呼ばれるプログラムによって解釈実行される. CPU は機械語のためのハードウエアによるインタプリタである.

機械語プログラムは通常, 命令 (instruction) が並んで構成されている. 命令には算術論理演算, データの移送, 入出力などデータに何かの操作を行う命令のほかに制御 (分岐) 命令がある. 命令は主記憶に置かれた順にひとつずつ実行されるが, 指定された番地へのジャンプを起こす制御命令が実行されるとこの命令の実行順序が変化する. 後に述べるように条件付き分岐命令によってプログラム実行の分岐が実現される.

5.5.1 主記憶, 制御装置, 演算装置 ♣

フォン・ノイマン・アーキテクチャのコンピュータを構成する主要な部分を順に説明する (図 5.5).

■ **主記憶 (main memory)** RAM (random access memory) とも呼ばれる. 人間の記憶 (memory) と同じ用語が使われているが, 実際の働きは指定された場所 (番地) にデータを格納し (書き込み, write), またそのデータの読み出し (read)

---

†6 「プログラミング言語」と呼ばれることもあるが, 日本標準規格 (JIS) の用語では「プログラム言語」である.

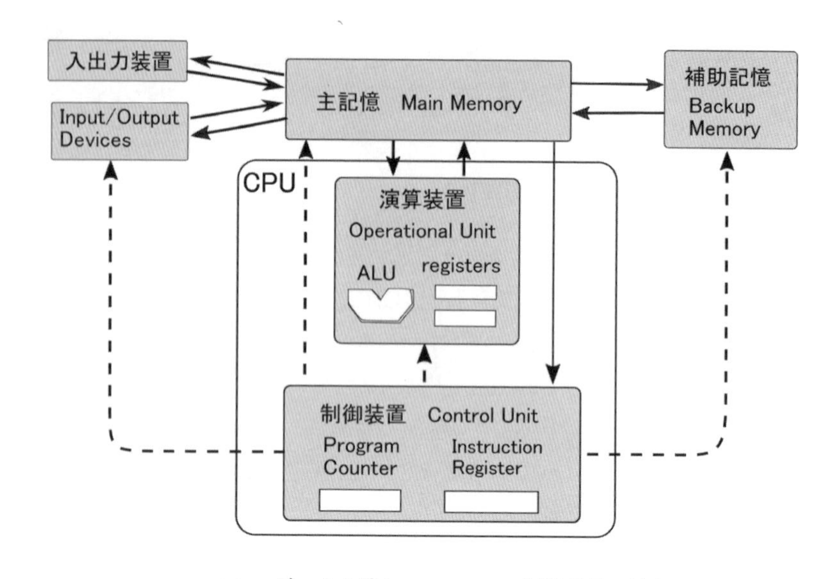

図 5.5 フォン・ノイマン・アーキテクチャ

ができるだけのデータの貯蔵庫 (storage) である[†7]．番地はアドレス (address) とも呼ばれる[†8]．主記憶には処理されるデータだけでなく，実行中の機械語プログラムが格納される．

■ **制御装置 (control unit)** 次のふたつのステップを繰り返して命令を実行する．

命令の取り出し (フェッチ：fetch) サイクル まず制御装置中のプログラム・カウンタ (PC: program counter) に保持された番地の命令が主記憶から読み出されて命令レジスタ (IR: instruction register) に格納される．

命令の実行 (execution) サイクル 次に命令レジスタ中の命令がデコーダ (decoder) と呼ばれる論理回路によって解読されて，命令を実行するための制御信号が生成され演算装置などの各部に送られる．

[†7] これに対して人間の脳では，重要であると感じられたできごとの情報が記憶され，あるできごとに関連する情報が連想によって読み出される．英語では主記憶は storage とも呼ばれる．

[†8] アドレスは主記憶の番地以外の意味でも使われる (たとえば，インタネットの IP アドレス)．

命令取り出しサイクル終了後に PC は次の命令の番地に置換えられる．制御命令によるジャンプでは命令のアドレス部の番地が PC に格納される．

■ 演算装置 (operational unit)　演算装置は制御装置からの制御信号を受けて算術・論理演算を行う．ここで，算術演算 (arithmetic operation) は一般に，32 または 64 bit などの一定長で表された整数および浮動小数点の数値の四則演算 (加減乗除) である．論理演算 (logical operation) はビット列に対するシフトやビットごとの論理演算 (論理和，論理積，排他的論理和) である．演算は数個～数 10 個の演算レジスタ (operational register) と主記憶の指定番地のデータに対して実行される．演算レジスタに主記憶のデータを読み出すことをロード (load)，演算レジスタのデータを主記憶に書き出すことを格納 (ストア：store) などと呼ぶ．算術・論理演算を行う論理回路は ALU (arithmetic logic unit) と呼ばれる．

■ 入出力装置 (input/output device)　前述のフォン・ノイマンのレポートでは，入力装置と出力装置はコンピュータを構成する主要 5 要素に含まれていたが，現在のコンピュータの構成では入出力装置は次の補助記憶と同様に扱われている．入出力装置は主記憶の一定の記憶領域 (バッファ：buffer) にデータを書き込み，また記憶領域からデータを読み出す．入出力装置にはさまざまなものがあるが，パソコンなどの標準的な入力装置はキーボードとマウスなどの位置指示装置 (pointing device)，また出力装置はディスプレイである．これらによってキーボードからの文字入力のほか，アイコンを用いるグラフィック・ユーザ・インタフェース (GUI, graphical user interface) が実現されている．

■ 補助記憶 (backup memory)　上記に加えてコンピュータ・システムを構成するために不可欠の要素が補助記憶 (backup memory) である．これは 2 次記憶 (secondary memory) とも呼ばれる．補助記憶は大容量であるが一般に低速であり，高速であるが容量には制限がある主記憶を補助するために使われる．主記憶のデータやプログラムは直接 CPU に読み出され，CPU によって書き込みが行われるが，補助記憶のデータやプログラムは主記憶に転送 (ロード：load) されてから，処理や実行がなされる．

主記憶から補助記憶へのデータ・プログラムの格納はセーブ (save) と呼ばれ，

ファイル (file) と呼ばれる単位で行われる．通常ファイルにはユーザによって名前が付けられ，その後にファイルの種類を表す拡張子が付加される．よく使われている拡張子には，`txt` (テキストファイル)，`doc` (Word 文書)，`jpg` (JPEG 規格の画像)，`exe` (機械語の実行ファイル)，`mpg` (MPEG 規格の動画) などがある．

補助記憶の媒体として主に使われるのは磁気記録のハードディスク (hard disk) であるが，最近は半導体のフラッシュ・メモリ (flash memory)[†9]も使われるようになった．主記憶に多く使われている IC メモリは揮発性でコンピュータの電源を切ると記憶内容が消えてしまうが，補助記憶は不揮発性でこの難点を補っている．パソコンの作業の最後にファイルをセーブすることが必要なのはこのためである．また，USB フラッシュ・メモリなどの取り外し可能な補助記憶は入出力装置としても使われている．

■ 機械語命令 機械語の命令の形式はコンピュータによって異なり，またひとつのコンピュータにおいても長さの異なるいくつかの命令の形式がある場合が多い．一般に，演算命令は演算の対象となる主記憶の番地，演算レジスタ，インデクス・レジスタなどを指定し，制御命令は分岐 (ジャンプ) 先の番地を指定する必要がある．次に示すのはひとつのアドレス部を含む標準的な命令の形式である．

命令符号	R	X	A (アドレス部)

ここで，命令符号 (operation code) は命令の種類を表す符号である．多くのコンピュータの命令は数 10 種類なので，命令符号は 5 または 6 bit である．アドレス部には演算の対象となる主記憶の番地 A などが含まれる．現在のコンピュータの主記憶はギガバイト単位で大きいので，アドレス部もそれに応じて長くなっている．R は演算レジスタの番号を指定し，X はインデクス・レジスタ (index register) と呼ばれるレジスタの指定である．インデクス・レジスタはアドレス部の値を変更するアドレス修飾 (address modification) と呼ばれる働きをもっている．多くの CPU では演算レジスタとインデクス・レジスタは統合されて，汎用レジスタ (general register) と呼ばれている．

[†9] 舛岡富士雄が東芝在籍時に発明した大容量の不揮発性 IC メモリ．

アドレス部およびインデクス・レジスタの内容によって実際に指定される番地(実効番地：effective address) は次のように変化する．

インデクス指定なし　インデクス・レジスタの指定 X が 0 のときには，インデクス・レジスタが使われないことを指定しており，アドレス部の番地がそのまま実効番地になる (したがってインデクス・レジスタ 0 は存在しない)．

インデクス付き番地指定　$X \neq 0$ のときには，実効番地はアドレス部 A にインデクス・レジスタ X の内容を加えたものになる．この機能によって同じ命令が実行されるごとに異なる実効番地に働くようなプログラムをつくることができる．これは配列 (array，§5.5.2，§6.2.1) の実現のほか，ポインタ (pointer) と呼ばれる番地データを操作するためなどに使われる．

即値アドレス　命令によっては実効番地が命令の対象となるデータの記憶場所を表すのではなく，それ自身が命令のデータとなる．これは即値アドレス (immediate addressing) と呼ばれる．制御命令では実効番地が分岐先を表す番地として PC に格納され，次にその番地の命令が実行される．

次に，主な機械語の命令について説明する．命令は§5.5.2 で詳しく述べるアセンブラ言語 CASL II にもとづいている．機械語はコンピュータによって異なるが，細かい点は違っても基本的な動作は CASL II と共通である．以下，命令は LD，ST など CASL II で使われる略記号 (ニモニック：mnemonic) によって表す．EA は実効番地，GR_X は指定された汎用レジスタ，$c(Z)$ は実効番地または汎用レジスタ Z の内容を示している．

データ移送　主記憶の実効番地と指定された演算レジスタの間，または演算レジスタ間でデータを移送する．ただし，LAD 命令は実効番地そのものを演算レジスタに移す即値アドレス命令である．

- LD (load，ロード)：$GR_X \leftarrow c(EA)$.
  実効番地の内容を読み出し GR_X に移送する．
- ST (store，ストア)：$EA \leftarrow c(GR_X)$.
  GR_X の内容を実効番地に格納する (書き込む)．
- LAD (load address)：$GR_X \leftarrow EA$.

実効アドレスの値を GR_X に移送する即値アドレス命令.

算術論理演算 実効番地の内容と指定した演算レジスタとの間で算術 (整数) 演算または論理演算を行い，結果を演算レジスタに残す．論理演算命令には一定長のビット列に対するビットごとの論理和 (OR)，論理積 (AND)，排他的論理和 (XOR) のほかに，ビット列の左シフト (SLL: shift left logical) または右シフト (SRL: shift right logical) などが含まれる．次は算術演算命令の例である.

- ADDA (add arithmetic) : $GR_X \leftarrow c(GR_X) + c(EA)$
- SUBA (subtract arithmetic) : $GR_X \leftarrow c(GR_X) - c(EA)$

制御 制御命令は分岐命令またはジャンプ命令などとも呼ばれ，条件付き分岐命令と無条件分岐命令がある．条件付き分岐命令はフラグ・レジスタ (flag register) で与えられる条件を満足したとき指定された番地にジャンプして，その番地の命令から実行が続けられる．条件を満足しないときにはこの命令の次の命令の実行に移る．フラグ・レジスタは，条件付き分岐命令のために，命令の実行による演算の結果がゼロであるか，正であるか，負であるかなどの情報を保持している．無条件分岐命令は条件によらず指定された番地にジャンプする．次は無条件分岐命令と条件付き分岐命令の例である.

- JUMP (jump unconditional) : 無条件分岐命令，($PC \leftarrow EA$).
- JMI (jump on minus) : 演算結果が負のとき実効番地にジャンプ.
- JZE (jump on zero) : 演算結果が 0 のとき実効番地にジャンプ.

比較演算 条件付き分岐命令と組合せて使われる.

- CPA (compare arithmetic) : 算術減算命令と同じ分岐条件をフラグ・レジスタに残す．演算レジスタの内容は変化しない.

サブルーチンの呼び出し 多くのプログラムはサブルーチン (subroutine) と呼ばれる単位で構成される．サブルーチンを呼び出すとは，そのサブルーチンにジャンプしてそのサブルーチンの機能を実行することである．CALL はサブルーチンを呼び出すための命令であり，この命令の次の番地 (戻り番地) を主記憶に格納して，サブルーチンにジャンプする．サブルーチンの実行終了後に RETURN 命令によって戻り番地にふたたび制御が戻る．このような働きによって，CALL 命令はこれで呼び出す機能を実行する命令のように働く．サブルーチンのなかで再度サブルーチンを呼び出す入れ子になった呼び出しを可能にするため，戻り番地はスタック (stack) と呼ばれる記憶領域に順に格納される．この方式によってそのサブルーチン自身を呼び出す再帰呼び出し (recursive call) も可能になる．

- CALL：戻り番地をスタックの上に加えて実効番地にジャンプする．
- RET (return)：スタックのトップにある戻り番地を取り出して，この番地にジャンプする．

5.5.2 アセンブラ言語 CASL II

アセンブラ言語 (assembly language) は機械語のプログラミングを容易にするためにつくられた．この言語のプログラムはアセンブラ (assembler) によって機械語に翻訳されて実行されることが多いが，インタプリタで解釈実行される場合もある．アセンブラ言語によれば，命令符号を 2 進符号ではなく覚えやすい略記号 (ニモニック) で，また主記憶内の番地を記号アドレスで表すことができる．

CASL とその改良版 CASL II は，基本情報技術者試験 (経済産業省が行う国家試験) のためにつくられたアセンブラ言語である．基本情報技術者試験におけるプログラミング能力を問うテストでは，CASL II に加えて C，COBOL，Java の言語のなかからひとつを選択するようになっている．アセンブラ言語のプログラミングは CPU の動作を深く理解するために有益であるが，機械ごとに異なっており，ほかの言語のように標準化されていないことが障害であった．CASL II には多くの参考書や教育用のソフトウエアがあり，機械語レベルのプログラミングの演習に役立つ．

CASL II のプログラムは次の形式の命令の系列からなる．

＜ラベル＞＜命令の略記号＞＜オペランド部＞ ；＜コメント＞

ラベル (label) は，オペランドや分岐命令のジャンプ先を示す記号アドレス (symbolic address) である．オペランド部は命令の対象となる記憶場所，汎用レジスタの指定，パラメータなどのオペランド (operand) をカンマで区切って並べたものである．ラベル，オペランド，“；” コメントはオプションであり，空の場合もある．命令には機械語の命令に対応するもののほかに，定数や領域などの指定やアセンブラに情報を与えるための疑似命令がある．

■ **プログラム例** 次の命令の列は主記憶のふたつの記憶場所 X と Y に置かれた数を加えて別の記憶場所 SUM に格納する．記憶場所を表す X, Y, SUM などは記号アドレスであり，C などの高水準言語の変数に対応する．

```
SUM     START                   ; プログラムの開始
        LD      GR1, X          ; GR1 ← c(X)
        ADDA    GR1, Y          ; GR1 ← c(Y)+c(GR1)
        ST      GR2, SUM        ; SUM ← c(GR1)
        RET                     : 計算終了．管理プログラムに戻る．
X       DC      35              : 定数 (10 進整数)
Y       DC      -28             : 定数
SUM     DS      1               ; 1 個の領域の確保
        END                     : プログラムの終わり
```

ここで，START と END は CASL プログラムの開始と終わりを示す疑似命令である．DC (define constant) はその記憶場所に計算のデータとなる定数を置き，また DS (define storage) はその位置から後に続く記憶領域を確保する疑似命令である．このプログラムの働きは C の代入文 SUM = X+Y に，また，疑似命令 DC と DS の働きは C の変数の宣言 short int X = 35, Y =-25, SUM; に相当する．

図 5.6 は配列 (array，同じ型のデータを主記憶の連続した領域に並べて格納したもの) の総和を求める CASL II プログラムである．C のプログラミングを習得された読者のために同じ計算のための C プログラムも示している．第 6 行目の算術加算命令 ADDA GR2, A, GR1 では第 3 のオペランド GR1 がインデクス・レジスタとして使われており，この命令によって，GR2 に配列 A の第 c(GR1) 番目の値が加算される．第 7 行目のように ADDA 命令の第 2 のオペランドはアドレスでなく汎用レジスタを指定することもできる．比較命令 CPA GR1,GR4 はフラグ・レジスタをふたつの値の減算したときと同様にセットする．C プログラムでは while 文によって記述される実行の繰り返しは，CASL II では比較命令 (CPA) と条件付き分岐命令 (JMI) を用いたループによって実現されている．

```
SUM  START          ; プログラムの開始              int main()
     LAD GR1,0      ; GR1 ← 0 (繰り返しの回数)      { short int SUM,NUM=5,
     LAD GR2,0      ; GR2 ← 0 (合計)                   GR1,GR2,GR3,GR4,
     LAD GR3,1      ; GR3 ← 1 (定数)                   A[]={31,41,59,26,53};
     LD GR4,NUM     ; GR4 ← c(NUM)                    GR1=0;
LOOP ADDA  GR2,A,GR1 ; GR2 ← c(A+c(GR1))              GR2=0;
     ADDA GR1,GR3  ; GR1 ← c(GR1)+c(GR3)              GR3=1;
     CPA  GR1,GR4  ; c(GR1)<c(GR4) を比較             GR4=NUM;
     JMI  LOOP      ; 負なら LOOP にジャンプ          do { GR2=GR2+A[GR1];
     ST   GR2,SUM  ; SUM ← c(GR2)                          GR1=GR1+GR3;
     RET            : 計算終了                               }
SUM  DS    1        ; 総和の領域の確保                while (GR1< GR4)
NUM  DC    5        ; 定数 (繰り返し回数)             SUM=GR2;
A    DC 31,41,59,26,53 ; 配列の初期値                 return;
     END              : プログラムの終わり          }
```

図 5.6 配列の総和を求める CASL II プログラムとこれに対応する C プログラム

5.5.3 割込み

CPU はプログラムの実行中にその実行を中断してほかのプログラムの実行に切りかえる割込み (interrupt) の機能をもっている．割込みによって処理中の CPU がより重要な処理の要求があったときその処理に切りかえ，それが済んだ後で前の処理に戻ることができる．割込みは次のようなものがある．

内部 (ソフトウエア) 割込み 実行中のプログラムが割込みを発生する．この代表的な用途は，あるプログラム実行中に数値演算の桁あふれや禁止された記憶領域へのアクセスなどのエラーが起きたときに，これを処理するプログラムを実行することである．内部割込み以外は，CPU への信号によって割込みを発生させる外部 (ハードウエア) 割込みである．

機械チェック割込み 障害が起きたときに，対処プログラムを起動する．たとえば，停電を検出したとき，電源が落ちる前の短い時間内に実行中のレジスタを退避して電源復旧時に処理を再開できるようにする．

入出力割込み 入出力機器は一般にプロセッサの処理より遅いので，入出力動作の終了などの信号による割込みによって処理を切りかえて CPU が待ち時間を有効に使えるように制御している．たとえばキーボードによる入力の際，キーが押されるたびに割込みよってその入力処理が行われ，そのほかの時間は別な処理にあてられている．

タイマ割込み 一定時間ごとに複数の処理を切りかえることよって同時に複数のプロセスの処理 (時分割多重処理) が行える．現在のように個人用のパソコンが普及する以前には，複数のユーザが 1 台のコンピュータを時分割多重処理によって使っていた．

5.5.4 プロセッサの高速化

フォン・ノイマン・アーキテクチャでは命令をひとつずつ実行する直列処理を基本とすることによって，処理速度を犠牲にして少ない部品で万能性を実現している．この基本の下で並列度を高め処理速度を向上させるために次のような技法が使われている．

キャッシュ・メモリ (cache memory) 現在主記憶に使われている半導体メモリのアクセス時間 (数 10 ns) は CPU の動作に比べて遅いので，主記憶と CPU の間にキャッシュ・メモリと呼ばれる高速メモリを置いて記憶の高速化をはかる方式が広く使われている．主記憶に格納されるデータと読み出しの可能性の高い命令をこの記憶にも隠匿 (cache) しておき，主記憶から読み出されるデータまたは命令がこの高速メモリにあればそれが使われる．プログラムの変更なしに高速メモリが使えることがこの方式の特長である．

パイプライン (pipeline) ひとつの機械語命令の実行は，命令の取り出しに加えて，命令の解読，オペランドの取り出し，演算の実行などのステップに分解できる．パイプラインは連続した命令の実行ステップを重ねて並行処理することによって，高速化をはかる技法である．命令によって実行ステップは異なり，また制御命令があると命令の実行系列が変化するので，この並行処理の制御は非常に複雑である．

マルチコア (multi-core processor)　大規模な処理を高速化する方法のひとつは，処理を多数のプロセスに分解して複数のプロセッサを用いて並行処理することである．LSI 技術の進歩によって最近はひとつの IC チップに複数の CPU(プロセッサ) を組込んだマルチコア・プロセッサが使われている．

5.6 ハードウエアとソフトウエア♣

ハードウエア (hardware) とソフトウエア (software) はコンピュータだけでなくさまざまなシステム全体に関する基本概念である．ハードウエアは電子回路 (IC チップ)，ディスプレイ，キーボードなどの眼に見える物理的・機械的な構成要素を指していて分かりやすいが，ソフトウエアには「主にプログラムを指すがそれだけではなく，コンピュータの操作法や利用技術を含んでいる」などの説明がほとんどである．これは定義として不明確であるだけでなく，プログラムとデータは基本的に区別できないことが反映されていない．

現在の多くの機械は，電気製品だけでなく自動車のエンジンなども含めて，コンピュータによって制御される組込みシステム (§5.8) を含んでいる．ソフトウエアはこのような広範囲のシステムに対する用語でなければならない．筆者はソフトウエアを「**システムを構成する情報** (の部分)」と定義してきた．これに対して，ハードウエアは「システムを構成する物理的な実体をもつ部分」である．この定義によれば，ほとんどの機械システムだけでなく生物システムもハードウエアとソフトウエアから構成されていることになる．生物システムのソフトウエアには遺伝情報に加えて動物の脳が学習によって得た情報がある．遺伝情報は細胞のなかでたんぱく質の合成や細胞自身の自己複製の設計図となっている．

5.6.1 ハードウエアの進歩

コンピュータのおおまかな発展段階は，演算素子の種類によって次のような「世代 (generation)」に分類される．

世代	年代	演算素子	記憶装置	代表機種
第 1 世代	1950	真空管	水銀遅延線	EDVAC
第 2 世代	1960 前半	トランジスタ	磁気コア	IBM7070
第 3 世代	1960 後半	IC	IC メモリ	IBM360
第 3.5 世代	1970	LSI	IC メモリ	IBM370
第 4 世代	1980	VLSI	IC メモリ	

第 2 世代の演算素子がトランジスタであるとは，個別部品としてトランジスタが使われたことを意味している．LSI (large-scale IC：大規模集積回路) および VLSI (very large-scale IC，超 LSI) も基本素子はトランジスタである．LSI は素子の数が 1000〜10 万まで，VLSI は素子の数が 10 万以上の IC を意味している．1980 年以降はスーパコンピュータなどの大型コンピュータに加えてミニコンピュータやマイクロコンピュータが現れて，パーソナル・コンピュータ (personal computer：パソコン) の時代が始まる．

第 4 世代のコンピュータは小型化，低価格化が進み，それまでの大型機に代わって個人用のコンピュータ，パソコンが中心となった．同時にコンピュータ・ネットワークが発展して，コンピュータはインタネットとの接続を前提として構成されるようになった．パソコンはさらに小型化し，携帯電話と一体化したスマートフォン (smartphone) が普及する時代になった．コンピュータが実用化された第 2 世代の機械と比べると，基本動作原理は変わらないが処理速度と記憶容量は約 1 万倍以上，価格と大きさ (重量) は約 1 万分の 1 以下になっている．

第 4 世代の時代は現代まで 30 年以上続いているとされている．第 5 世代コンピュータはどのようなものになるかについて諸説あるが，第 4 世代まで続いたフォン・ノイマン・アーキテクチャの枠を超えた並列計算を実現するものと考えられている．1980 年台に日本で第 5 世代コンピュータ開発プロジェクトが進められたが，これは論理プログラミング (第 7 章) にもとづいて推論を基本演算とする並列計算機を目標としていた．このプロジェクトでは実際にこのような並列コンピュータがつくられたが，その後このハードウエアの方式をもとにした後継機がつくられるなどの発展は見られていない．

■ **ムーアの公式と性能の限界**　コンピュータの出現以来，その性能は急速に進歩し続けてきた．コンピュータ技術の進歩を表す指標としてムーアの法則 (公式) がよく知られている．これは Intel 社の創始者のひとり G. Moore (ムーア) が 1965 年に提案した予則がもとになっており，いくつかの形があるが，代表的な公式は「IC 上のトランジスタの数は 1.5 年ごとに 2 倍，n 年後には $2^{2n/3}$ 倍になる」である．これは 3 年後には 4 倍，6 年後には 16 倍，9 年後には 32 倍，15 年後には 1024 倍，30 年後には約 100 万倍という指数的な増加を意味している．提案から約 50 年間，IC チップが含むトランジスタ数の増加は驚くほどこの公式

Coffee Room 4　コンピュータとの出会い

筆者がコンピュータに触れたのは学部 3 年生のとき (1964 年の東京オリンピックの年) に，大学の電子計算機センタの夜間のアルバイト補助員に採用されたのがきっかけである．冷房完備のセンタの大きな機械室に鎮座していたのは日本電気製の NEAC2230 であった．これは第 2 世代の機械で，主記憶はコア (磁心) メモリ 2400 語，1 語 10 進 12 桁，クロック周波数は 200 kHz (!) であった．現在からみればおもちゃのような性能であるが，たしか億単位の価格であった (ただし，大学は特別にずっと安く買えたそうだ)．入力は紙テープとパンチ・カードであるが，カードは高いので普通は紙テープを使った．OS はなかったので，その働きは使用する教員と補助員の仕事であった．夜間はたいてい空いていたので，ひとりでこの 1 億円のおもちゃで遊んでいた．何か思いついたことをプログラムすると，その通りに動くことに夢中になった．それ以来，電子工学から情報科学へ宗旨替えし，修士課程の学生のときに米国の AI コミュニティで使われている Lisp 言語を知り，J. マッカーシーの論文をたよりにインタプリタをつくった．これは機械語でプログラミングしたので，いまでも NEAC2230 のほとんどの命令コードを覚えている．

に合致している．トランジスタ数が増加することによって，より複雑で並列度の高いプロセッサが実現されてコンピュータの処理能力が高まったことは確かである．このほかにコンピュータの性能の向上には，クロック周波数，補助記憶のアクセス時間，アーキテクチャなどの改良・進歩が関係している．

コンピュータの計算速度を決める尺度のひとつはクロック周波数である．第2，第3世代ではクロック周波数は MHz 単位であったが，技術の進歩と共に GHz 単位まで上昇して，現在の CPU では 2〜4 GHz である．光の速度は 30 万 km/s$= 3 \times 10^{10}$ cm/s であるから，クロック周波数 1 GHz のときのクロック周期 1 ns (ナノセカンド)$= 10^{-9}$ 秒は光が 30 cm 進む時間である．

スーパコンピュータ (supercomputer) は時代の最先端技術を使った最高の計算速度をもつ大規模なコンピュータである．主に構造解析や数値予報，シミュレーションなどの科学技術計算に使われる．高度の並列計算による浮動小数点の数値処理を目的としているので，一般の汎用コンピュータの計算をすべて超高速で行えるわけではない．

コンピュータの性能はこれまで加速度的に進歩してきたが，はたしてどのような限界があるのだろうか．理論的観点からは次のような限界がある．

信号の伝達時間　導体を伝わる電気信号の速度は光速より遅いので，多くの信号が数 cm 程度のわずかな距離を伝達する時間も問題になる．このために小さな領域に演算素子を高密度に配置する必要があるが，演算装置からの熱の排出が問題になる．

雑音　すべての電気回路には分子の熱的な振動に起因する雑音が発生しており，信号はこの雑音に影響されないレベルを保つ必要がある．

量子力学的な不確定性　素子のサイズが極小になるとトンネル効果などによる不確定性が問題になる．

このような限界を超える方式として量子コンピュータがあるが，これはまだ可能性を探っている段階である．人の脳はミリ秒オーダの遅い動作速度の神経細胞から構成されているが，極めて高度の並列処理を行っているのでコンピュータにはない能力をもっている．現在のコンピュータはいまだに直列的なフォン・ノイマン方式を基礎としているが，これまでの限界を超える次世代コンピュータは高度の並列処理を基本としなければならないことは明らかである．

■ **パソコンのソフトウエア**　スマートフォンを含むパソコンなどの汎用のコンピュータ用のソフトウエアは次のように分類される．

アプリケーション (application)　コンピュータのユーザが応用分野のために使用するソフトウエア．これはユーザが作成する場合もある．スマートフォン用は省略して「アプリ」と呼ばれている．

システム・ソフトウエア (system software)　コンピュータ・システムを構成するソフトウエア．これは OS (operating system) または基本ソフトウエアとも呼ばれるが，それ以外にファイルの形式の変換などの補助的な機能を提供するミドルウエア (middleware) を含むこともある．

OS の目的は，広範囲のアプリケーション・プログラムを効率よく使用できるようなハードウエアから独立した環境をユーザに提供することである．このために，OS は (1) ファイルの管理，(2) タスクやプロセス (ユーザの要求した作業の構成単位) の管理，(3) CPU 時間，主記憶の領域，周辺機器などの機能（これらは資源 (リソース：resource) と呼ばれる) の管理，(4) 言語処理系 (§5.7.2) などのさまざまな機能を含んでいる．現在，主要なパソコン用 (パソコンを構成している)OS には次のものがある．

Unix (Linux)　Unix は AT&T ベル研究所で開発された TSS (time-sharing system) 用の OS．Linux は Unix を基本としたパソコン用の OS である．下記のふたつと異なりフリー・ソフトウエアであり，無料で入手できる．

Windows　Microsoft 社の製品．年代順に Windows/98，XP，Vista, 7，8，10 などの版がある．

Mac OS, OS X　Apple 社のパソコン Macintosh 専用の OS．OS X は Mac OS の後継版であり，Unix を基本としている．

なお，スマートフォンやタブレットなどの携帯用端末用の OS として，Google 社が提供する Linux をベースとした Android，および Apple 社の iPhone と

iPad 用の Mac OS をベースとした iOS のふたつが使われている.

5.7 プログラム言語

コンピュータのプログラムを書き表すためのことばがプログラム言語 (programming language) である. 多くのプログラム言語は記号列によって表されるプログラムを対象としているが, プログラム言語には流れ図 (フローチャート : flow chart) のような 2 次元言語も含めることがある. コンピュータの応用範囲が広がるにつれて多くの種類のソフトウエアを効率よく作成することが重要になり, 各種の計算モデルやソフト開発方式が生まれた. これを反映して多くのプログラム言語がつくられて使われている.

■ 機械語とアセンブラ言語 コンピュータのハードウエアが直接実行できる機械語は特別なプログラム言語であり, ほかの言語は機械語に翻訳されて実行されるか, またはインタプリタ (interpreter) と呼ばれるソフトウエアによって解釈実行される. 通常のコンピュータの機械語は分かりやすさよりハードウエアのコストが優先されているため, 一般に機械語のプログラミングは面倒であり, 多くの時間を要する. しかもたいていの機械語はコンピュータによって異なるため, プログラムの互換性がない. ただし, これらは機械語の本質的な欠点ではなく, 高水準言語を機械語とするコンピュータも実現できないわけではない.

アセンブラ言語 (assembly language, §5.5.2) は, 機械語の命令を表す略記号 (ニモニック) および記号アドレスなどにより機械語のプログラミングを容易にする. プログラムは一般にアセンブラ (assembler) によって機械語に翻訳されて実行されるが, インタプリタで解釈実行されることもある. アセンブラ言語は機械語に依存しているので, そのプログラムは機械語が違うコンピュータには使えない. 一方, CPU 内の動作を直接記述できるので, コンパイラ言語で作成したものより高速なプログラムやコンパイラ言語では表せない処理を書くことができる. また, CASL II(§5.5.2) などのアセンブラ言語は CPU の動作をより深く学習する教育用に使われる.

5.7.1 高水準言語

コンピュータが実用化されてからまもなく，特定のコンピュータに依存せず，より抽象的な計算モデルにもとづいて計算・処理を記述する各種の高水準言語 (high-level language) がつくられた．これらの言語はコンパイラ (compiler) によって機械語に翻訳されて実行されるのでコンパイラ言語とも呼ばれる．ハードウエアに依存しているアセンブラ言語が機械向き (machine-oriented) であるのに対して，高水準言語は手続き向き (procedure-oriented) または問題向き (problem-oriented) であるともいわれる．なお，機械語やアセンブラ言語が低水準ということはなく，むしろコンパイラ言語では記述できない処理 (たとえば，プログラム自身のチェックや特殊な機械語命令の使用) やハードウエアの性能を充分に引き出すプログラムが書けることに注意が必要である．

プログラム言語は，データの形式，基本演算，演算をどのようにデータに適用するか (制御) の記述方法によって特徴づけられる．制御の基本となる実行の繰り返しは，`for` や `while` などの制御文によるプログラムのループ (loop)，または再帰呼び出しを含む再帰プログラムによって記述される．C 言語ではこの両方が使えるが，Lisp や Prolog では繰り返しはもっぱら再帰的に定義された関数や述語によって記述される．

■ **Fortran**　最初のコンパイラ言語は 1956 年に IBM 社から供給された Fortran[†10]である．この名前は formula translating system に由来しており，通常の数式によってプログラムを作成できることがセールス・ポイントであった．演算の優先順序を考慮して入れ子になったかっこを含む算術式をどのように機械語に翻訳するかが，コンパイラの開発にあたった IBM 社の技術者が解決すべき問題であった．Fortran によって導入された高水準言語に共通の概念として「変数 (variable)」がある．変数は主記憶内の記憶場所に付けた名前であり，Fortran を始めとする多くの言語ではその値となるデータの型が指定される．歴史的な言語

---

†10 当時は FORTRAN と書かれたが (LISP や COBOL も同じ)，これはこの時期のコンピュータでは大文字だけが使用可能であったことを反映している．

である Fortran はその後，何回か改訂されて数値計算用として現在でも使われている．

■ **Lisp** 1957 年に J. McCarthy (マッカーシー) によってつくられた Lisp は Fortran と並んでもっとも古い言語である．数値計算よりも記号的な処理を目的としており，Fortran の系譜に連なる多くの言語とはかなり異なる特徴をもっている．扱うデータは 2 分木状のリスト構造を表す S-式 (symbolic expression) であり，プログラムは S-式の再帰関数の形式で記述される．S-式は Prolog でもリストと呼ばれて使われている．Lisp は米国の人工知能研究の分野で多くの AI 用のプログラムを書くために使われた．Lisp で最初に導入された使用済みの記憶場所を回収するための自動廃セル再生 (automatic garbage collection) は Java などの新しい言語の処理においても使われている．

■ **Algol** 1960 年に米国とヨーロッパのコンピュータ研究者のグループによって公表された Algol 60 は主に数値計算のアルゴリズムを記述することを目的としている．Algol はいくつかの画期的な技術を導入しており，その後の Pascal や C などの言語の基本となった．そのひとつは，プログラムを入れ子になったブロック構造によって構成する方式である．これは構造化プログラミングおよび下降形プログラミング (top-down programming) などのソフトウエア開発技術と関連している．もうひとつは，言語の構文の記述のために BNF (Backus-Naur Form)[†11] と呼ばれる記法を導入したことである．BNF は本質的には文脈自由文法 (§8.2.2) であり，これ以来，形式言語理論をコンパイラ作成に応用する研究がさかんになった．

■ **Cobol** この名前の由来である Common Business Oriented Language が示すように事務処理用の言語である．米軍が支援する協議会 CODASYL (Conference on Data Systems Languages) によって 1960 年に最初の版がつくられた．事務処理はコンピュータの大きな分野であり，改定を繰り返して 50 数年にわたって広く使われてきた．

[†11] Backus(バッカス) と Naur(ナウアー) はこの言語の開発グループのメンバー．

■ C　この言語は AT&T ベル研究所の Dennis M. Ritchie (リッチー) を中心に開発され，1972 年に公表された．この 1 文字だけの短い名前は，プログラムはできるだけ短く，タイプ量が少ない方が誤りを減らすために有利であるという考えを反映している．C 言語は TSS (time-sharing system) 用の OS である Unix (§5.6) と密接な関連があり，Unix の核言語であるといわれる．すなわち，C は OS のような大規模なシステムを効率よく実現できるように設計され，Unix は C で記述された．このことは C のふたつの特徴に結びついている．ひとつは多くの基本演算があり，高い処理速度の機械語に翻訳できることである．もうひとつは，専門のプログラマの使用を前提として，型の厳密なチェックやプログラムの統一的な形式よりプログラムの書きやすさや簡潔性を優先させていることである．このため，多くの言語では区別される論理型データは整数用の `int` 型で代用され，関数と手続きも厳密には区別されない．この言語を教育用に用いるとき，これらは望ましくない特徴であるが，プログラムの記述が簡潔なためにタイプ量が少ないという利点もある．C を基本にしてオブジェクト指向プログラミングの機能を取り入れた言語 C++ や Java がつくられ，広く使用されている．

■ Prolog　Prolog は論理プログラミング (logic programming, programming in logic) を実現した言語であり，1970 年代にヨーロッパを中心に開発された．論理プログラミングは述語論理式の定理証明に起源をもち，述語論理式によってプログラムを記述する計算モデルである．Prolog の基本演算はパタンマッチングによる規則の適用 (推論) であり，非決定的な制御を採用している．これによって Prolog は多くの分野に対してもっとも簡潔で分かりやすいプログラムを書ける言語である．第 7 章ではこの言語の原理と基本的なプログラミングを述べており，第 8 章では形式言語の認識プログラムを示している．

上にあげた以外にも多くの言語がソフトウエアの作成に使われている．プログラムの互換性を保証するためにプログラム言語の文法の ISO 標準化が進められてきており，上にあげた言語のほかに Pascal, Basic, Ada, Modula-2, Ruby などの言語の文法の ISO 標準が制定されている[†12]．Coffee Room 5 (p.121) に筆者

†12 Java については ISO 標準化が進められたが，版権の問題から中止された．

の Prolog 標準化の経験が述べられている.

5.7.2 言語処理系

機械語以外のプログラム言語を実行するためのソフトウエアを言語処理系 (language processor) と呼ぶ. これにはコンパイラ, アセンブラ, インタプリタが含まれるが, より一般的な翻訳処理系はトランスレータ (translator) と呼ばれる. これには通常のコンパイラやアセンブラだけでなく, 機械語以外の言語に翻訳するものも含まれる. 言語処理系の入力となるプログラムをソース・プログラム (source program : 原始プログラム), その言語をソース言語, また翻訳されたプログラムをオブジェクト・プログラム (object program : 目的プログラム), その言語をオブジェクト言語などと呼ぶ. オブジェクト言語を機械語とするコンパイラのほかに, アセンブラ言語をオブジェクト言語としてアセンブラでさらに機械語に翻訳する方式をとるコンパイラもある.

高水準言語のプログラムを実行するには, コンパイラによる翻訳実行とインタプリタによる解釈・実行のふたつの方式がある. コンパイラはソース・プログラムを次の 3 ステップで目的言語 (機械語またはアセンブラ言語) に翻訳する.

1. 字句解析 (lexical analysis) : ソース・プログラム (文字列) を変数, 定数, 予約語 (ソース言語で特別な意味をもつ単語) などのトークン (token) の列に変換する.
2. 構文解析 (parsing) : ソース・プログラムが文法に適合しているかどうかを調べ, 構文の構造を表す中間表現を作成する. これには導出木 (§8.2.3) または逆ポーランド記法の式などが使われる.
3. コード生成 (code generation) : 機械語の命令の列を生成する.

インタプリタでは第 1 ステップまではコンパイラと共通であるが, 第 2 ステップの途中からが異なる. コンパイラではソース・プログラムの各部分がどのような計算をするかが判明したときにその計算を行うコードを生成するが, インタプリタではデータに対してその計算を行ってしまう.

コンパイラとインタプリタを比較すると次のような得失がある.

- インタプリタの作成の方が容易であり，コストが少ない．これはコードを生成するより計算をしてしまう方が簡単であること，また，インタプリタがオブジェクト言語 (機械語) に依存しないことが理由である．
- コンパイラによる翻訳の処理時間とオブジェクト・プログラムの実行時間の和の方が，インタプリタによる処理時間より一般に短い．これはプログラムに繰り返しが含まれるとき，インタプリタによる処理ではソース・プログラムの解析が繰り返されることによる．処理速度の面で有利であることがインタプリタよりコンパイラが多く用いられる主な理由である．
- インタプリタによる処理の方がソース・プログラムのデバッグ (debug：虫取り) には一般に有利である．たとえば，オーバフローなどの障害が起きたとき，インタプリタの処理ではソース・プログラム中の位置や変数との関連などを調べることが容易である．
- インタプリタの処理では，プログラムがプログラム自身を検査したり変更したりできる．これは機械語では可能であるが，コンパイラの処理では難しい機能である．

処理系の作成を容易にして，しかも処理時間も少なくするために，中間言語 (仮想機械の機械語) へのコンパイラと中間言語のインタプリタを用いる方式が多く採用されている．Java コンパイラの中間言語であるバイトコード (byte code) はインタネットのブラウザで安全に実行できるプログラム (アプレット：applet) の言語としてよく知られている．

5.8 組込みシステム♣

コンピュータは数値計算や事務処理のために使われるだけでなく，初期の時代から工場の生産システム，医療機器，飛行機や鉄道などの交通システムに組込まれて使われてきた．IC 技術の進歩によってコンピュータはますます小型化し，安価になったために，IC によるマイクロコンピュータはさまざまな家電製品からおもちゃにまで組込まれている．これらの機器や装置に組込まれたコンピュータ・システムは，パソコンなどの汎用システムと対比して，組込みシステ

ム (embedded system) と呼ばれる．多くの組込みシステムは，圧力，温度，加速度など各種のセンサから情報を入力し，システム独自の固定プログラムによって制御信号を生成する．この信号は電気モータやアクチュエータ (actuator) と呼ばれる装置に伝えられて機械的動作を制御し，また電流を変化して光や発熱を制御する．

組込みシステムを導入することによって，さまざまな機器や装置がより高性能になり，自動化された．たとえば，自動車のエンジンは 30 年ほど前までは歯車やカムシャフトなどによる完全に機械的な制御であったが，1980 年代にマイクロコンピュータを使った電子式制御が採用されて高い燃費や排気ガス中の大気汚染物質が少ないエンジンが実現できるようになった．現在のエンジンはほかの多くの機械装置がそうであるように機械のハードウエアとソフトウエアのふたつから構成されている．現在の自動車には，エンジンのほかにも，レーダーによる速度やブレーキの自動制御，GPS (Global Positioning System：人工衛星を用いた全地球測位システム) によるカーナビ (car navigation) などの高度な機能が使われている．さらに，無人の自動運転も近い将来の実用化に向けて研究されている．

コンピュータと機械を統合した最先端の技術は知能ロボット (intelligent robot) に反映されている．一般にロボットは，人間の作業を代行する自動化された自律的な機械を指している．これには手術などの高度の専門的な作業を行う医療ロボットや原子炉や火星の探査ロボットなどが含まれる．もっとも注目されるロボットは鉄腕アトムを目標とする高度の知能をもつ人型ロボットである．ロボット・サッカー RoboCup (Coffee Room 9, p.214) は 2050 年までに人間のチャンピオン・チームに勝つサッカー・ロボットを目標としているが，これがはたして達成されるであろうか．

5.9　データ通信とインタネット♣

現在のコンピュータは通信回線によって相互接続されてネットワーク (network) を構成している．膨大な量の通信を担っているのは光ファイバを用いた光通信 (§2.6) である．

コンピュータ間の通信はデータ通信と呼ばれる．データ通信の基本となる方式は，通信データをパケット (packet：小包) と呼ばれる小部分に分割して伝送するパケット通信である．パケットには郵便小包と同じように送り先のアドレスが付加されており，中継するコンピュータはこれをみて目的の場所までパケットを送ることができる．アナログ通信で使われてきた通信の当事者が通信路を占有する方式に比べて，パケット通信は次のような利点がある．

- 回線や交換機を占有しないためネットワークを効率よく利用できる．
- 中継時にデータを蓄積するため異なる通信速度や通信方式の機器を結合しやすい．さらに，伝送途上で生じたデータの誤りを検知して再送を要求することができる．
- 経路の選択や変更が容易であり，障害箇所を迂回して通信を続行するなどの制御を行いやすい．

一方，経路の途中で混雑などによる通信の遅延や中断があるため，通信速度や遅延時間の保証ができない．これは実時間的伝送が必要な動画の放送などでは問題となる．

LAN (Local Area Network：ラン) は学校，企業，家庭などの限られた範囲でLAN 用のケーブルまたは無線で結合されたネットワークである．これは 1 本のケーブルまたは 1 チャネルだけによって接続された機器同士が相互に通信できるという特長をもっている． イーサーネット (Ethernet) はケーブルで LAN に接続されたコンピュータ同士が効率よく通信するための規格である．

インタネット (Internet) は世界中を網羅する広域ネットワークである．パソコンは一般にプロバイダ (Internet service provider) と呼ばれる通信接続事業者を通し，LAN からインタネットに接続される．インタネットに接続されたコンピュータや機器には IP アドレスと呼ばれる識別番号が割り当てられる．インタネットでは WWW (World Wide Web)，電子メール，テレビ電話などのサービスが提供されている．インタネットによってこれまでの電話などの通信に加えて放送や新聞などのメディアが統一され，電子会議や電子図書館などが実現されて，さまざまな人間の活動がインタネットを基盤として進められるようになった．最近では，パソコンやスマートフォンだけでなく，自動車，家電製品，各種センサを付加した器具などさまざまな「物」を Internet で接続する「モノのインタネット (IoT: Internet of Things)」が発展してきている．

練習問題

1. 配列の総和を計算する CASL プログラム (図 5.6) を人出でシミュレートしてみよう．計算終了後，GR1 と GR2 の内容はどうなるか．
2. CASL プログラム (図 5.6) をもとにして，配列中の最大値および最小値を求めるプログラムを書いてみよう．インタネット上にはウィンドウ上にプログラムをコピーしてウィンドウ上に張り付けるだけで実行してくれるサイトがある．

研究課題

1. EDVAC はインデクス・レジスタの機能をもっていなかった．インデクス・レジスタを使わずに同じ命令が実行されるごとに異なる番地に演算が働くようにするにはどのようなプログラムを書けばよいか．
2. コンピュータの性能の進歩は，高性能の CPU の高速化と並んで，ハードディスク装置を用いた補助記憶の容量が飛躍的に増大したことにもとづいている．高い容量の補助記憶はどのような技術によって可能になったのだろうか．
3. C++ や Java には「オブジェクト指向」が取り入れられている．この計算モデルの意義や特長は何か．

6 アルゴリズムとプログラム

最良のプログラムは計算機械が高速に実行でき，人が明確に理解できるように書かれている．理想的なプログラマは，数学的な概念だけでなく伝統的かつ審美的で正確な形式によって，読む人にアルゴリズムが働く方法について伝え，結果が正しいことを確信させる作家である．

— D. Knuth (クヌース)[†1]

コンピュータ科学の研究は伝統的な学術とは異なっている．コンピュータ科学は基本的に物理学と異なり，自然を対象として発見や説明や利用法を探究するのではなく，人間のつくり出した機械の性質を研究する．この点で，数学に類似しており，純粋な「情報科学」は気分的には数学である．しかし，コンピュータ科学の不可避的側面は，眼に見えない製品として流通しているプログラムの製造である． — D. Ritchie (リッチー，C 言語の開発者)

本章以降では主に「コンピュータは何ができ，何ができないか」について扱う．本章と第 8 章「オートマトンと形式言語」ではこの問題についての数理的なアプローチを述べる．この章では主要なアルゴリズムとコンピュータで計算または決定できる問題とできない問題，計算量などについて論じる．

6.1 アルゴリズムと計算可能性

コンピュータにある問題を解決させるにはそのためのアルゴリズム (algorithm) が必要である．アルゴリズムは多くの場合，単にプログラムを書くための計算 (処理) 手順 (procedure) の意味で用いられているが，計算の理論では次の条件を満足した計算手続きを指している．

1. どのような演算をどのように適用するか厳密に記述されている．
2. 一定の範囲のすべての問題について解が与えられる．
3. 有限ステップで終了する．

---

†1 アルゴリズムとプログラミングのもっとも信頼されている解説書 “The Art of Computer Programming” シリーズ [9] の著者．本書の組版にも使用している組版用ソフト $\TeX$ はクヌースがこの著書の出版のために作成した．

アルゴリズムは通常，数学的表現を含む自然言語 (日本語や英語) によって記述される．これをプログラム言語で記述したものがコンピュータで実行できるプログラムである．Niklaus Wirth (ヴィルト) はアルゴリズムとプログラムの関係を次の式によって表した．

$$\text{プログラム} = \text{アルゴリズム} + \text{データ構造}.$$

これは彼の良く知られた著書の表題であり，彼の開発したプログラム言語 Pascal に込められた思想を表している．ここで，データ構造 (data structure) とは，コンピュータの主記憶上で各種のデータを表す形式を指しており，整数，浮動小数点，文字，ポインタ (pointer : 参照型)[†2]などの基本的な型に加えて，これらを複合した配列 (§5.5) や構造体 (structure)[†3]などの型がある．

アルゴリズムを厳密に定義する必要があるのは，問題が正確に定義されているにもかかわらずその解を求めるアルゴリズムのない問題が存在するためである．問題の解を得られるアルゴリズムがあるとき，問題は計算可能 (computable)，アルゴリズムが存在しないとき計算不能 (uncomputable) という．解が yes, no であるような問題は決定問題 (decision problem, 判定問題とも呼ぶ)，それが計算可能であるとき決定可能 (decidable)，計算不能であるとき決定不能 (undecidable) という．ある問題が計算可能であることを示すもっとも正統的な方法は，それが Turing 機械で計算できることを示すことである．これに対して，問題が計算不能であるか，または決定不能であることを示すのは一般に難しい．

6.1.1 停止問題

プログラムは一般に何かの計算をした後で停止する．プログラムの誤りなどによって「無限ループに入った」と呼ばれる状態になると，同じ部分の実行を繰り返してプログラムの計算は停止しない．停止しないプログラムの実行を続けると，CPU 時間や主記憶の領域などの資源を無駄に費やしてしまうことになる．

代表的な決定不能問題として停止問題 (halting problem) がある．これは「与

[†2] 記憶場所 (アドレス) を指すデータであり，Pascal や C ではこれが指すデータの型と共に定義される．

[†3] いくつかの型のデータをまとめてひとつのデータとして扱うための複合型．

えられたプログラムとその入力データに対して，それが停止するかどうかを決定する」問題である．プログラムをデータとして扱うことはコンパイラが行っていることであり，翻訳するプログラムが停止するか否かを判定する機能をコンパイラに組込むことができれば便利である．入力データによって停まったり停まらなかったりすることもあるので，入力データも含めて停止性を判定する必要がある．入力 D が与えられたプログラム P を $P(D)$ によって表す．

定理 6.1 停止問題に対するアルゴリズムは存在しない (停止問題は決定不能である).

(証明) 停止問題を判定するアルゴリズムがあると仮定する．するとこのアルゴリズムにもとづき，任意の入力プログラムとその入力データ $P(D)$ に対して停止するか否かを表示した後で停止するプログラム U が存在するはずである．

プログラム U が存在するならば，これに無限ループに入る部分プログラムを付け加えて次のようなプログラム U' に変更できる．

1. U' は入力プログラムとその入力データ $P(D)$ が停止しないと判定したときは停止する．
2. $P(D)$ が停止すると判定したときは無限ループに入り，停止しない．

プログラム U' の入力データとして $U'(U')$ 自身を与える．すると，$U'(U')$ が停止するならばこの計算は停止しない．$U'(U')$ が停止するならば停止しない！この矛盾はプログラム U が存在するとした仮定が誤りであることを意味している．したがって停止問題を判定するアルゴリズムは存在しない．　　(証明終わり)

■ **計算可能関数の集合の濃度**　集合のすべての要素に $1, 2, 3, \cdots$ と順に番号を付けることができる集合は可付番無限 (countable) であるという (付録§A.3). ある関数 F が計算可能であるとは，その定義域のすべての要素 X に対してそれを入力したとき $F(X)$ を計算して出力するアルゴリズム (プログラム) が存在することである．関数の集合とプログラムの集合を次のように比較することから計算不能な関数が特殊なものではなく，いくらでもあることが示される．

- 自然数から自然数への関数 (自然数関数) の部分集合である自然数から $\{0,1\}$ への関数の集合は実数の濃度をもち，可付番無限より大きい (付録 § A.3).
- プログラムの集合は可付番無限である．これはある言語で書かれたプログラムを辞書の順に並べることができることから明らかである．

したがって，プログラムと 1 対 1 には対応しない自然数関数があることになり，これは計算可能ではない．

アルゴリズムが存在しない問題があることは重要であるが，これが人間と比べたコンピュータの能力の限界を意味しないことに注意が必要である．アルゴリズムのない問題に対してもコンピュータは人間のようにさまざまな解法を探すことができるし，また次に述べるようにアルゴリズムがあっても計算量が大きくて実際には解けない問題は多い．

6.1.2 アルゴリズムがあっても解の得られない問題

現代のコンピュータは極めて高速なので，一見アルゴリズムがある問題ならばすべて解決できそうであるが，実際はそうはいかない．アルゴリズムがあることは，有限ステップで解が得られることを保証しているだけであり，問題によっては入力データが少し大きいと計算時間が途方もなく長くなるので実際には解が得られない．代表的な問題として次のようなものがある．

- チェス，囲碁，将棋などのゲームの必勝手順を求める．これらのゲームは，§ 9.2 で詳しく述べるように最初の盤面から始まる一手ごとの変化を木 (ゲーム木) によって表すことができる．有限の手数で勝負が終了するゲーム木は有限であるため，原理的には有限のステップで解析して最良の手 (必勝の手があればその手) を見つけることができるはずである．C. E. シャノンは最初にコンピュータ・チェスの可能性を考察し，ゲームの木解析の計算量が 10^{120} という膨大な大きさであると推定している．
- 巡回セールスマン問題 (travelling salesman problem)：都市間のコスト (距離など) が与えられた都市の路線図に対して，すべての都市を通る最小コストの経路を求める．これは都市の数が多くなると，スーパコンピュータでも手におえないほどの計算時間を要することが知られている.

- ナップサック (knapsack) 問題：与えられた重さと値段が付いた品物のなかから，収容できる重さに制限のあるナップサックに詰め込める品物の値段の総和の最大値を求める．重さの割に高いものから詰め込めばよさそうであるが，厳密な最大値を求めるにはすべての組合せを試してみる必要がある.
- 命題論理式の充足可能性判定：命題論理式は論理変数を論理演算 (NOT, AND, OR など) で結合したものである (§4.2.2, §7.4)．論理式の値は論理変数の値 (真偽) によって決まる．充足可能性判定は式が真になる変数の値の割り当てがあるかないかを決定する問題である．n 変数の値の組合せは 2^n だけあるので，この問題の一般的な計算量は変数の数が多くなると急速に増大する.

計算量の大きな問題については，計算量理論や計算の複雑性などと呼ばれる分野でさまざまな解決法が研究されている．上記の問題は NP 困難と呼ばれる計算量のクラスに属する (これについては§6.3 で説明する)．多くの場合，一般的な最適解を求めようとすると計算量が膨大になるので，部分的または準最適な解を求める実際的な方式が使われる.

6.2 基本的アルゴリズムと計算量

この節では基本的なアルゴリズムの例とアルゴリズムの良さの指標である計算量について述べる．基本的なアルゴリズムについてはいくつかの Prolog プログラムが§7.3 に示されている.

■ 計算量とオーダ 一般的な問題に対してはいくつものアルゴリズムがあるため，アルゴリズムの「良さ」が重要になる．「良さ」を決めるのは，どれくらい計算時間がかかるか，およびどれくらいの記憶領域を必要とするかである．これらはそれぞれ，時間計算量，および空間計算量と呼ばれている．現在はコンピュータのメモリの量は非常に大きいので，単に計算量 (complexity) といえばより重要な時間計算量を指している.

計算量はデータ量 (size) に対する計算時間の関数で表される．データ量は多くの場合，データの個数で表される．アルゴリズムの良さを簡単に比較するために，次に定義される計算時間の関数のオーダ (order) が使われる．

定義 6.1　ふたつの自然数関数 $f(X)$ と $g(X)$ に対して，ある定数 c が存在して，すべての $X \geq 1$ に対して $f(X) \leq \mathrm{c}\,\dot{g}(X)$ のとき，$f(X) \in O(g(X))$ と書いて，$f(X)$ は $g(X)$ のオーダ (order) であるという[†4]．

たとえば，$f(n) = 10n^4 + 20n^3 + 100$ に対して，上の定義の定数 c を 130 とすれば，すべての $n \geq 1$ に対して $10n^4 + 20n^3 + 100 \leq 130n^4$ であるため，$f(n) \in O(n^4)$．このように，オーダを用いれば係数を除き低次の項を省いて簡単化した形の関数でアルゴリズムの計算量を比較できる．このとき，$f(n)$ のオーダは $O(n^5)$ や $O(2^{\mathrm{n}})$ でもあることに注意が必要である．オーダは計算量の上限のクラスを表すものであり，よく間違えられるように，おおよその値や必要な計算量を示すものではない．

代表的な計算量のクラスとアルゴリズムの例を次に示す．ただし，c は正の定数，データの個数をデータ量としている．

定数 (constant) オーダ $O(1)$　データの個数に依存しない．例：配列の中からランダムに選んだデータをひとつ取り出す．

対数 (logarithmic) オーダ $O(\log N)$　$\log_b x = \log_c x / \log_c b$ によって対数の底の違いは係数の違いと同じなので，オーダでは底を書かない習慣である．例：整列化されたデータ集合の二分探索 (§6.2.1)．

線形 (linear) オーダ $O(N)$　例：配列中のある値の探索 (§6.2.1)．

多項式 (polynomial) オーダ $O(N^c)$　例：単純比較法による整列化 (§6.2.1)．

指数 (exponential) オーダ $O(c^N)$　例：すべての変数の値の組合せについて命題論理式が真になるかを順に調べる充足性判定．

これまでアルゴリズムの計算量について述べた．ある問題に対して，これを解く最小の計算量をこの問題の計算量 (複雑性：complexity とも呼ばれる) と定

[†4] $f(X) \in O(g(X))$ の代わりに $f(X) = O(g(X))$ と書く方式もよくみられるが，この場合の "$=$" は通常の等号ではなく，$O(g(X))$ は等号の後に置くように制限されている．

義することができる．この計算量を厳密に決定することは一般に難しく，通常求まるのは計算量の上限 (あるアルゴリズムがあるのでその計算量より大きいことはないという値) である．指数オーダ以上の計算は，少しデータが大きくなると膨大な計算時間を要するために実際には使えない．このため，多項式時間 (polynomial time) で計算できる決定問題のクラス (P で表される) がどのようなものであるかが重要になる．後 (§6.3) に述べるように非決定性のアルゴリズムによって多項式時間で計算できる決定問題のクラス NP が P を真に含むかどうかが未決定であるため，指数オーダの問題のクラスについては不明確さが残っている．

6.2.1 基本的アルゴリズム 1：索表

索表 (table search) は，記憶中に格納されているデータ (名前：key) の集合とあるデータに対して，集合にそのデータが含まれているか否か，また，含まれている記憶場所を求める処理である．主記憶に対する基本的操作は記憶場所を指定した読み出しと書き込みだけであるので，高速な索表は重要な処理である．

■ 1 次元配列と連結リスト データの集合 (系列) を主記憶に格納するために，1 次元配列 (array) と連結リスト (linked list) のふたつの方式がある．1 次元配列は主記憶中にデータを並べて格納したものであり，任意の位置のデータを単位時間で読み出せる．連結リストは各データに次のデータの位置 (アドレス) を示すポインタを付加したリスト構造であり，通常は最初から順にデータを読み出すために使われる．連結リストは 1 次元配列のようなランダム・アクセスはできないが，系列の途中にデータを追加したり，データを削除したりすることが容易である．Prolog のリスト (§7.2.4) は連結リストで実現されている．

■ 系列中のデータの探索 データの系列に対して，あるデータが含まれるか，またその含まれる位置を決定するために，データをひとつずつ読み出して探索するデータと一致するまで比較を繰り返す．データが N 個の系列に含まれるとき，比較の平均回数は $N/2$ であるが，含まれないことを決定するには N 回の比較が必要である．この計算量は $O(N)$(線形時間) である．

■ 2分探索 (binary search) より高速な索表法として 2 分 (対数) 探索がある．このひとつは整列化 (ソート) された配列中のデータの探索である．探索するデータ A を配列の中央の位置にあるデータ X と比較する．もし一致すれば探索は終了．一致しないとき，$A > X$ であれば，次に配列の後半部分を探索し，そうでなければ前半部を探索すればよい．この過程を A が見つかるか，探索範囲が 1 になるまで繰り返す．データの比較回数は $\log_2 n$ 以下なので，計算量は $O(\log N)$ (対数時間) である．なお，説明の都合で，順序を大小関係や最小などと表しているが，データは数値とは限らない．文字列の順序は辞書の順である．

索表では，探索時間のほかにデータの追加や削除の時間も問題である．この方式はデータの集合を整列化された配列とする必要があるので，データ集合への追加と削除が難しい．この問題点を解決する 2 分探索法が 2 分探索木 (binary search tree) による方式である．このアルゴリズムでは次のような 2 分順序木 (付録 §A.4) を表すデータ構造によってデータの集合を表す．

- 各頂点は名前のデータをもつ．
- 各頂点の左側の子の部分木はこの頂点より順序が前の名前を含み，右側の子の部分木はそれ以外の名前を含む．

2 分探索木へのデータの追加は木の終端の頂点に子の頂点を加えることで実現できる．この探索は木が根からのどの経路の長さも同じである平衡木のときに比較回数が $\log_2 N$ 以下であるが，ランダムな順にデータを加えた 2 分探索木の探索の平均計算量も $O(\log_2 N)$ である．図 6.1 は 1 月から順に月の記号を加えてつくられた 2 分探索木である．このアルゴリズムの Prolog プログラムが§7.3 (p.131) に示されている．C 言語などでは 2 分探索木はポインタを使ったリスト構造で実現されるが，Prolog では基本のデータ構造である項によって直接表すことができるので，検索と追加のプログラムはわずか 3 行である．

■ ハッシュ記憶 (hash memory) ハッシュ記憶 (ハッシュ法) はデータの検索，追加と削除がいずれも高速なので，データベースなどで広く使われている．この方式では，名前などのデータをそのデータ (またはデータのキー) から決まる記

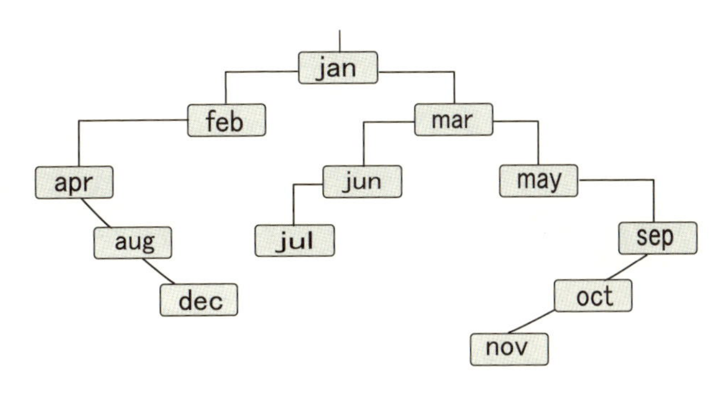

図 6.1　1 月から順に月の記号を加えて構成された 2 分探索木

憶場所に格納する．このためにデータから記憶番地を与えるハッシュ関数 (hash function) を用いてデータの読み出し，およびデータの有無の判定を行う．ハッシュ関数は一般にデータのビット列を縮小することによって番地に変換する．すべてのデータに対して異なる記憶番地を適切に与えるハッシュ関数をあらかじめ作成しておくことはできないので，ハッシュ記憶では異なるデータに対して同じ番地が与えられる衝突 (conflict) の場合の処理法を別に決めておく必要がある．衝突が少ないとき，ハッシュ記憶の計算量は定数オーダに近い．

6.2.2　基本的アルゴリズム 2：整列化

整列化 (sort, sorting) とはデータの系列を順序に従って並べ替えることである．以下のアルゴリズムでは§6.2.1 と同様，系列は 1 次元配列に記憶されている．§7.3 (p.131) に系列をリストで表す方式の Prolog プログラムが示されている．

■ 整列化 1：単純比較法 (選択ソート)　配列の最初のデータ A と第 2 から最後の第 N までの各データ X を順に比較して，$X < A$ であれば，このふたつを交換する．この操作を $N-1$ 回繰り返せば配列の最初には最小の要素が求まる．次に配列の第 2 から第 $N-1$ 番目までに対して同じ手順を繰り返し適用すれば，それぞれ $N-2, N-3, \cdots, 2, 1$ 回の操作によって各要素が求まる．計算量は比較の回数の総和から $\frac{1}{2}N(N-1) \in O(N^2)$ (多項式時間) である．

■ 整列化 2：併合ソート　ふたつの整列化されたデータの系列 A, B の併合 (merge) とは，A と B の全部を含む整列化されたデータの系列をつくることである．この処理にはふたつの集合の要素をそれぞれ最初から順に比較すればよいので，比較の回数は $|A| + |B| - 1$ である．与えられた系列を小部分に分割し，ふたつずつを併合することを繰り返せば全体が整列化される．最初に 2 要素ずつに分割した各グループの整列化は全体に $N/2$ 回の比較と入れ替えを行えばよい．次に各 k $(k \geq 1)$ に対して，ふたつずつの 2^k 要素の部分を併合して 2^{k+1} 要素の部分とすることを $2^{k+1} \geq N$ まで繰り返せば全体が整列化される．k の各段階に対して N 回の比較が行われるので，計算量は $N/2 + N \log_2 N \in O(N \log N)$ である．多数の答案やカードなどを人手で番号順に並べ替えるとき，併合による整列化は小さな机の上でできて高速なので便利である．

■ 整列化 3：クイックソート (quicksort)　この整列化法は，系列の各要素をある要素 (軸要素：pivot) と比較することにより，全体を軸要素より順序が前か後かによって 2 分割する操作が基本となっている．分割したふたつの系列に同じ操作を繰り返して系列全体を整列化する．この整列化はひとつの配列上のデータの並べ換えだけで行うことができ，簡潔な再帰プログラムで記述できるが，ループ型のプログラムでは記述が難しいという特性をもっている．分割の基準となる軸要素の選択法が問題であり，これをちょうど 2 等分に分割できるように選べば，データの比較と交換の回数は $N \log_2 N$ となるが，一方のデータの分割が不均衡なときにはこの回数が N^2 に近づいてしまう．ランダムなデータに対しては各部分系列の最初のデータを軸要素としても平均計算量は $O(N \log N)$ である．

6.3　非決定性の計算*

これまで見てきた一般のアルゴリズムやプログラムにおいては計算中に適用できる演算は常にひとつであり，入力に対してひとつだけの計算過程 (実行される演算の系列) が決定されることが基本となっている．このような計算は決定性 (deterministic) である．これに対して，非決定性の (nondeterministic) 計算モデルは次のような特性をもつ．

- 計算中に適用できる演算がひとつだけとは限らない．この非決定性の演算によって非決定性分岐が発生し，ひとつの入力に対して一般に複数の計算過程が存在する．
- ある計算過程において適用できる演算がないとき，その過程の計算は失敗する．計算終了の条件を満足する計算過程があれば，計算は成功して計算結果が得られる．

基本的な Turing 機械 (§5.3) は決定性であり，各ステップで実行される命令は状態とテープ記号から一意的に決定される．これに対して，非決定性の Turing 機械では各ステップで適用できる命令が常にひとつとは限らない．非決定性の計算では，非決定性分岐において演算を「適当に」選んで計算を進めると解が得られることがあるが，計算の途中で適用できる規則がないために計算が失敗して解は得られない場合がある．また，解はひとつとは限らず複数ある場合もひとつもない場合もある．

非決定性アルゴリズムの利点は，探索を含む計算を簡潔に記述できることである．ある処理に対してあらかじめどれが良いか決められない複数の方法があるとき，非決定性のアルゴリズムではその方法を並べて非決定性分岐を表す．第 7 章で述べる Prolog はこのように非決定性アルゴリズムを記述している．また，形式言語を認識するオートマトン (第 8 章) では非決定性のモデルが主要な位置を占めている．

図 6.2 8 クイーン問題の解の例

■ 例：8 クイーン 8 クイーン (8 queen) 問題は「チェス盤上に 8 個のクイーンを互いに取れる位置に置かないように並べる」という古典的パズルである．クイーンはチェスの最強の駒であり，将棋の飛車と角を合わせた動き，すなわち上下，左右と斜め方向に進める．8×8 の盤上に 8 個のクイーンを並べるには，各行と各列，ふたつの斜め方向にひとつだけになるよう並べる必要がある．解法の非決定性アルゴリズムは次のように表される.

1. 左端の列から始めて各列に対して，順にクイーンを置く．このとき，クイーンを置く位置と同じ行およびこの位置を通るふたつの斜め方向にそれまでに置かれたクイーンがあってはならない.
2. 各列について，クイーンを置ける位置がないときには計算は失敗して終了．クイーンを置ける位置が複数あるときには非決定性分岐が発生する.
3. 右端の列までクイーンが置ければ計算は成功して終了.

この非決定性アルゴリズムの Prolog プログラムが§7.3 (p.133) に示されている．図 6.2 は解の例である．この問題はより大きな盤の N クイーン問題に拡張でき，探索問題を解くプログラムの例題としてよく用いられている.

■ **非決定性アルゴリズムの決定性計算**　非決定性アルゴリズムをもとにして，次のように探索を行う決定性の計算を行うアルゴリズムを構成することができる.

1. 非決定性分岐では一定の順序で経路を選択し，その経路の計算を進める.
2. 適用できる演算の経路がないときには，その前の選択に後戻り (バックトラック : backtrack) する．戻ってきた分岐では，残りの経路から次を選択する.
3. ひとつの解が求まった後，別解を求めるには後戻りを発生させる.

このような探索方式は深さ優先探索 (depth-first search) と呼ばれており，Prolog は非決定性プログラムの計算にこの探索方式を用いている．この方式によると，成功して終了する計算経路があるときにも，その前に選択した計算経路の計算が無限ループに陥るために計算が終了しない場合がある．この問題を解決するために，探索の深さを制限して，解が得られない場合は少しずつその制限を大きくしながら探索を繰り返す反復深化 (iterative deepening) と呼ばれる探索法が使われる (この例が§7.3.1 に示されている).

決定性アルゴリズムの計算時間は成功した計算過程の計算に必要な時間と定義される．8 クイーン問題の例では，演算に相当するのはある位置にクイーンを置けるかどうかのチェックであり，全体の計算時間は 8 個のクイーンに対するチェックの時間になる．ある問題に対する非決定性アルゴリズムの計算時間は一般に同じ問題に対する決定性アルゴリズムより大幅に短い．これは計算量の大きな問題は一般に多くの探索を必要とするためである．

■ $P \neq NP$ **問題**　非決定性のアルゴリズムによって多項式時間で計算できる決定問題のクラスを NP (nondeterministic polynomial) によって表すと[†5]，決定性・多項式時間の決定問題のクラス P の間に $P \subseteq NP$ が成立することは明らかである．前述のように非決定性のアルゴリズムをもとに後戻りによる決定性の計算を行うと，より大きな計算量を必要とするが，これ以上効率の高い計算法も知られていない．このため，NP は決定性アルゴリズムによって指数オーダで計算できる問題を含み，$P \neq NP$ であると予想される．しかし，これまでに $P \neq NP$ は証明されず，この証明問題は情報科学における最大の未解決問題とされている．現在，データ通信で広く使われている暗号の安全性は，その解読の計算量が NP に属し，きわめて大きいことに依存しているので，この未解決の問題は現実的にも大きな意味をもっており，米国のクレイ数学研究所から 100 万ドルの懸賞金が掛けられている．

■ NP **困難と** NP **完全**　もし $P = NP$ であると証明されれば，計算量が大きいとされる多くの問題が多項式時間で計算できることになってしまう．これは実際には起こりそうもないことなので，計算量がきわめて大きな問題であることを表すために，「すでに NP であることが知られているすべての問題から多項式時間で帰着 (還元，変換) できる」という条件によって定義される NP 困難 (NP-hard) と呼ばれる問題のクラスが提唱された．これに加えてさらに「NP に属する」の条件を加えた計算量のクラスが NP 完全 (NP-complete) である．代表的な計算量の大きな多くの問題が NP 困難であり，特に命題論理式の充足性判定 (§6.1) やハミルトン・グラフの判定 (付録§A.4) などの決定問題は NP 完全であることが示されている．

停止問題 (§6.1.1)「与えられたプログラムが停止するかどうか判定する決定問

[†5] NP を非決定性の計算モデルを使わずに，解の詳細 (証拠，たとえば，N クイーン問題では解そのもの) から解であることを多項式時間で検証できる問題の集合と定義することもできる．

題」は次の理由によって NP 困難であるが NP 完全ではない：すなわち，NP に属する任意の決定問題は，そのプログラムが no と判定するときには無限ループに入るようなプログラムに変換できるので停止問題に帰着できる．一方，停止問題は決定不能なので NP には属さない．これによって，巡回セールスマン問題やナップサック問題は NP 困難であるが，決定問題ではないので NP 完全ではない．一方，「ある経路が巡回セールスマン問題の解である」や「あるコスト以下の解はない」などの決定問題は NP 完全である．

練習問題

1. 索表のためのハッシュ法において，異なるデータに同じ記憶番地を割り当てられてしまう衝突を避ける方法について調べ，比較してみよう．
2. 2 分探索木による索表において，表からの削除を高速に行うにはどうしたらよいか．また，探索木を平衡木に近い形に保ち，要素をどのような順で追加しても常に高速な探索ができるようにするにはどうしたらよいか．
3. 整列化のための単純比較法 (選択ソート) とクイックソートのプログラムを作成して，乱数データについて処理時間を比較してみよう．データの数を $100, 1000, 10\,000, \cdots$ と変えるとき処理時間はそれぞれどのように変化するか，縦軸を時間の対数としたグラフで表すとよい．なお，クイックソートの Prolog プログラムは§7.3 に示されている．
4. 非決定性 Turing 機械で計算できる問題は決定性 Turing 機械でも計算可能であることはどのように示されるか．

7 Prolog と述語論理

推論のごとき論理的思惟の結果も，これを最後の要素まで分析すると，ちょうど代数等の計算規則に類似した若干の規則によって最初の出発式を形式的に変形したものにすぎないことが分かる．すなわち，われわれの論理的思惟は，ひとつの「論理計算」のなかにその姿を写し出すことになる．
— D. Hilbert (ヒルベルト)

アルゴリズム ＝ 論理 ＋ 制御．
— R. Kowalski (コワルスキー，論理プログラミングの提唱者)

この章では Prolog のプログラミングについて説明する．情報科学の入門のために Prolog を取り上げるのは次のような理由による．

- 例題にならえばすぐに意味のある有用なプログラムを書けるので，プログラミングのおもしろさを味わえる．
- プログラムは日本語に翻訳でき，プログラムの意味を日本語で表せる．
- 非決定性プログラムによってパズルの解法などを簡単に表せる．
- 対話形の処理と進歩した処理系によってデバッグが容易．
- 次章で示されるように，形式文法や正則式をそのまま言語の認識・生成プログラムに変換して言語やオートマトンの検証が容易にできる．
- 述語論理にもとづいている Prolog プログラミングは述語論理のよいアプローチになる．

Prolog は論理プログラミング (logic programming) にもとづいたプログラム言語である．論理プログラミングは述語論理式の形式でプログラムを書き，論理式にもとづく推論によって計算処理を行う計算モデルである．論理プログラミングは現在のコンピュータとは基本的に異なる計算モデルであり，日本の第 5 世代コンピュータ開発計画ではこれにもとづいて並列計算機がつくられた．Prolog は論理プログラミングを現在の直列的コンピュータで実行するためのプログラム言語である．Prolog は 1970 年代にヨーロッパに生まれ，1995 年に ISO 標準が制定された．

述語論理 (predicate logic) は広範囲の自然言語 (英語や日本語) の文の意味を表すことができる意味記述言語である．このため，述語論理は第 9 章で述べる人工知能と知識情報処理の重要な基礎となっている．直観的には，述語論理は第 4 章で扱った論理数学 (命題論理) にふたつの限量子 $\forall$, $\exists$ およびこれらによって導入される変数と関数を加えるように拡張したものである．多くの述語 (predicate) は引数 (argument) をもつ項 (term) の形で使われ，真および偽の値をもつ．引数をもたない述語は論理数学の論理 (命題) 変数と同じである．述語は一般に引数の間の関係を，引数が 1 個の場合はその性質を表している．

7.1 Prologを使ってみる♣

Prologを知るもっとも効率的な方法は，最初に簡単なプログラムの例題を実行してみることである．まず，自分のパソコンにProlog処理系をインストールする必要がある．処理系はいろいろあるが，以下の実行例はアムステルダム大学でつくられサポートされているSWI-Prologを用いている．この処理系はフリーソフトであり，インストールには 5 分もかからない．

■ **数値計算**　処理系を起動すると，いくつかのメッセージが示された後にプロンプト“?-”が表示されて，ユーザのタイプを待つ状態になる．プロンプトの後に質問 (query) を与えると，システムは計算を始める．後に説明するように質問はひとつの論理式であるが，ある計算の指令ともみなされる．計算が成功すると論理式中の変数の値が解として表示される．解が求まらないとき，計算は失敗し，`false` が表示される．

プロンプトの後に次の下線部をタイプすると，半径 2 の円の面積の計算ができる．最後にピリオド (ドット) と改行が必要であることに注意．

```
?- S is pi * 2.0 ^ 2.
S = 12.566370614359172.
```

この質問の意味は「算術式 $\pi \cdot 2.0^2$ の値に等しい S は何か？」である．Prologシステムは質問中の述語 `is` によって変数 S に円の面積の算術式の値を代入して，この値を解として表示する．プロンプトの後に次の下線部をタイプすると，通信路の誤り率 $p = 0.1$ のときの通信路容量 (§3.5.2) の計算を行える．

```
?- P is 0.1, X is 1.0+P*log(P)/log(2.0)+(1.0-P)*log(1.0-P)/log(2.0).
P = 0.1,
X = 0.5310044064107187.
```

この質問はまず，述語 is によって変数 P に 0.1 を代入し，次に通信路容量の算術式を計算した値を X に代入する働きをもつ．Prolog システムはふたつの変数に代入された数値を表示する．この後，↓キーを押せば，同じ質問が現れるので，カーソルを移動して P の値を変えて実行すれば，同じ式の計算ができる．

述語 is は「この後に置かれた算術式の値をその前に置かれた項と単一化できる」なる意味をもつが，この質問のように is の前が変数のときには，その変数に値を代入する (単一化については§7.2.2 で説明する)．Prolog の質問は「この算術式の値を表示せよ」のような直接的な命令ではなく，「ある命題が成立する変数の値は何か」のような形をもつ．これは Lisp や C のように関数を基礎にするのではなく，述語を基礎としているためである．この述語 (正式には is/2，“/2” はふたつの引数をとることを表している) は演算子 (operator) として定義された組込み述語 (built-in predicate) であるため上の形で呼び出すことができる．

変数 (variable) は英大文字または下線記号 “_” で始まる名前 (識別子) である．C など多くの言語の変数と同じく代入された値を保持するが，C とは異なり変数の宣言はなく，変数の値を別の値に再代入すること (破壊的代入) はできない．算術式はほかの言語のものとほぼ同じであり，数は整数と浮動小数点の型をもつ[†1]．ただし，べき乗の演算 “^” は C にはないなど異なる点もある．算術式中の pi は引数のない関数 (定数) であり，円周率 π の浮動小数点型の値をもつ．

■ **述語 member/2**　リストは直観的には $[a_1, a_2, \cdots, a_k]$ の形式で要素を並べたものである．リストの要素として，数およびアトム (英小文字または日本語文字で始まる文字列) のほかにリスト自身も許される．リストの操作については§7.2.4 で詳しく説明するが，ここでは代表的な述語 member/2 について説明す

[†1] 整数の割り算の結果を整数型や浮動小数点型でなく有理数として扱うこともできる．

る．これは前述の is/2 と同様に組込み述語であり，システムに定義済みとなっている．member(A, L) はおおよそ「A はリスト L の要素である」を意味する．この述語について次のような質問応答ができる．

```
?- member(orange,[apple,orange,grape]).
true
?- member(cookie,[apple,orange,grape]).
false
```

最初の質問は「orange はリスト [apple,orange,grape] に含まれるか？」なる意味をもっている．この質問の命題の真偽によって true または false が応答される (yes または no と応答するシステムもある)．

```
?- member(X,[a,b,c]).
X = a;
X = b;
X = c;
false                     %（これ以上の別解はない）
```

この質問は「リスト [a,b,c] に含まれる X は何か？＝ [a,b,c] の要素は何か？」を意味している．これに対しては複数の解がある．これは解が表示されるたびにセミコロン“；”をタイプすると別解が表示される．セミコロンをタイプすると後戻り (backtracking) によって質問が再評価され別解が求められる．

次の質問はカンマで区切られたふたつの述語項 (ゴール：goal) からなる．

```
?- member(X,[a,b,c]), member(X,[c,d,e,f]).
X = c
```

カンマは「かつ」(AND) の意味をもち，ふたつのゴールを満足する変数の値が求められる．最初のゴールの第 1 の解は上の場合と同様に X = a であり，次にゴール member(a,[c,d,e,f]) が調べられる．これは失敗するので，後戻りによってふたつのゴールの条件を満足する解が探索される．次の質問は「変数 L の値として apple を含み，grape を含み，cookie を含むリスト」を順に求めている．

```
?- member(apple,L),member(grape,L),member(cookie,L).
L = [apple,grape,cookie|_G116]
```

ここで，_G116 はリストの終端に置かれる処理系が生成した変数 (変数名は処理系や実行ごとに異なる) であり，これに代入してリストの要素を追加できる．

7.1.1 プログラム例と実行

述語 父 (X,Y)，母 (X,Y)，親 (X,Y)，祖父 (X,Y) によって，それぞれ「X は Y の父，母，親，祖父である」なる関係を表すことにしよう．これらを用いれば次のようにサザエさんの家族関係を表すことができる．

```
父 (波平, サザエ).        % 波平はサザエの父である.
父 (波平, カツオ).        % 波平はカツオの父である.
母 (サザエ, タラオ).      % サザエはタラオの母である.
```

これらは単位節 (unit clause) または事実 (fact) と呼ばれる論理式である．各行の “%” より右の部分はコメントであり，読み飛ばされる．

次は家族関係の規則である．これらの規則は論理的には含意を意味する “:-” と変数 X,Y,Z を含んでいる．

```
親 (X,Y) :- 父 (X,Y).        % X が Y の父であれば, X は Y の親である.
親 (X,Y) :- 母 (X,Y).        % X が Y の母であれば, X は Y の親である.
祖父 (X,Z) :- 父 (X,Y), 親 (Y,Z).
```

この第 3 の規則は通常の述語論理では次のように書かれる．

$$\forall X, Y, Z, \text{祖父}\,(X, Z) \leftarrow \text{父}\,(X, Y) \wedge \text{親}\,(Y, Z).$$

日本語に翻訳すれば，「すべての X, Y, Z に対して，X が Y の父であり，かつ Y が Z の親であるならば，X は Z の祖父である」．すべての変数は全称記号 $\forall$ によって導入されたものとみなされる．変数に順序はないので，$\forall X, Y, Z$ は省略されている．変数の有効範囲はその変数を含むひとつの規則だけである．

Prolog のプログラムは単位節と規則を並べたものである．プログラムの単位節と規則から新しい単位節を導出できる．たとえば，単位節 “母 (サザエ, タラオ)” と規則 “親 (X,Y) :- 母 (X,Y)” から “親 (サザエ, タラオ)” が導かれる．この単位節と “父 (波平, サザエ)” から規則 “祖父 (X,Z) :- 父 (X,Y), 親 (Y,Z)” によって，“祖父 (ナミヘイ, タラオ)” が導出される．このようにプログラムから導出された単位節を論理的帰結 (logical consequence) と呼ぶ (§7.2.3 で詳しい定義を述べる).

■ **規則** 規則は一般的には P :- $Q_1, \cdots, Q_n$ の形式をもつ．ここで，$P, Q_1, \cdots, Q_n$ は述語とその引数からなる述語項であり，各 Q_i はゴール (goal) と呼ばれる．この規則を通常の論理式で表せば $P \leftarrow Q_1 \wedge \cdots \wedge Q_n$ である．英語では :- を “if”，カンマを “and” と読めば意味が表せる．日本語ではこのように条件を後に置く直接の表現はないので，この規則を左から右に読み下すには，:- を「… の充分条件は」，または「… の条件のひとつは」と読めばよい．

規則をこの形式で表すのは，これが「P が成立することを調べるには，ゴール $Q_1, \cdots, Q_n$ の成立をこの順に調べよ」という手続きとして扱われるためである．これは「ホーン節の手続き的解釈 (procedural interpretation)」と呼ばれる論理プログラミングの基本原理である．単位節は条件部のない規則と等価である．与えられた質問に対して，質問中のゴールまた規則中のゴールの成立可能性を，左から順に調べていくのが論理プログラムの基本的な計算である．

■ **サザエ・プログラムの実行** プログラムのファイルを sazae.pl としたとき，これをシステムに読み込ませるには，“?-” の後に consult('sazae') とタイプすればよい．ここで，consult/1 はプログラムを読み込むための組込み述語であり，ドットを含むファイル名を Prolog の基本データであるアトムとして扱うために一重引用符で囲んでいる．プログラムのファイルを読み込むもうひとつの方法は，フォルダ上の拡張子 “.pl” を含むプログラムのファイル名をダブル・クリックすればよい．読み込まれた単位節と規則はシステムのデータベースに格納される．

Prolog の計算は次の “質問” を与えることによって開始される．

```
?- 祖父 (波平, Mago).
```

この質問に対する計算は，次のようにゴールに規則を適用することによって進められる．単位節は条件部のない規則とみなされる．

1. 質問のゴールに適用できる規則は“祖父(X,Z) :- 父(X,Y), 親(Y,Z)”である．この結果，この規則の変数Xに祖父が代入され，Zに Mago が代入されて，新しいゴールの系列，“父(波平,Y), 親(Y,Mago)”が導出される．
2. この第1のゴール“父(波平,Y)”に事実“父(波平, サザエ)”が適用できて，Yにサザエが代入される．
3. 第2のゴール“親(サザエ,Z)”に対して，まず規則“親(X,Y) :- 父(X,Y)”が適用されて，ゴール“父(サザエ,Y)”が生成されるが，サザエが誰かの父であることは証明できないので，このゴールは失敗する．後戻りが起こり，“親(サザエ,Z)”に今度は規則“親(X,Y) :- 母(X,Y)”が適用されてゴール“母(サザエ,Mago)”が生成される．
4. このゴールは“母(サザエ, タラオ)”と適合して，質問の変数 Mago に「タラオ」が代入される．

このプログラムによって次のような質問応答も可能である．

```
?- 祖父(波平, タラオ).
true
?- 祖父(Sofu, Mago).
Sofu = 波平
Mago = タラオ
```

7.2 Prologの構文と計算

Prologの計算はホーン節 (Horn clause) と呼ばれる述語論理式からホーン節を導く融合 (resolution) と呼ばれる推論によって進められる．

7.2.1 ホーン節の構文

アトム (atom)：英小文字で始まる名前または日本語文字の名前 (文字列).

数：整数または浮動小数点の数 (これはC言語などと同じ).

変数 (variable)：英大文字または下線記号 (_) で始まる名前 (文字列).

項 (term)：次の規則によって再帰的に定義される.

1. アトム，数および変数は項である.
2. $a_1, a_2, \cdots, a_n$ を項とするとき，$f(a_1, a_2, \cdots, a_n)$ は項 (関数項) である. ここで，f (関数記号：function symbol) は小文字で始まる文字列または記号である. 各 a_i $(0 \le i \le n)$ は引数 (argument) と呼ばれる. 関数記号 f と引数の個数 (arity) n の対 f/n を関数と呼ぶ. 引数をもたない関数 $f/0$ の関数項は f である (一般に関数項は「引数で決まる何か」を表している).

述語項 (原子論理式：atomic formula)：次の規則によって定義される.

1. 論理定数 (logical constant)，$true$ および $false$ は述語項である.
2. $a_1, a_2, \cdots, a_n$ を項とするとき，$p(a_1, a_2, \cdots, a_n)$ は述語項である. ここで，p (述語記号：predicate symbol) は小文字で始まる文字列または記号である. 各 a_i $(0 \le i \le n)$ は引数と呼ばれる. 述語記号 p と引数の個数 n の対 p/n を述語と呼ぶ. 引数をもたない述語 $p/0$ の述語項は p である.

ホーン節：$P, Q_1, \cdots, Q_n$ を述語項とするとき，ホーン節は次のいずれかである.

1. 単位節 (unit clause) または事実 (fact)： P.
2. 規則 (rule)：P `:-` $Q_1, \cdots, Q_n$.
3. 質問 (query)：`?-` $G_1, \cdots, G_m$.

規則の左辺の述語項 P は頭部 (head)，右辺は本体 (body) または条件部，また各述語項 Q_i はゴール (goal) と呼ばれる.

7.2.2　基本演算：単一化

論理プログラミングの基本演算はふたつの項の単一化 (unification) である. 直観的には，ふたつの項の単一化とは，ふたつを同一の項にするような変数への代入を求めることである. これは一種のパタン・マッチングであり，これによって項を分解し合成することができる．

代入 (substitution) とは変数の集合 V から項の集合 T への関数 $\theta : V \to T$ であり，変数と項の対の集合 $\{X_i/t_i | X_i \in V, t_i \in T\}$ によって表される．任意の項 G と代入 θ に対して，代入例 (instance) $G\theta$ は G 中の各変数 $X \in V$ を $\theta(X)$ に置換えてできる項である．たとえば，項 $p(X, f(Y))$，代入 $\theta = \{X/Z, Y/f(a)\}$ に対して， $p(X, f(Y))\theta = p(Z, f(f(a)))$ は代入例である．また，$p(a, f(b))$,

Coffee Room 5 Prolog の ISO 標準化

1980 年にエディンバラ大学に滞在したとき，AI の世界では標準の Lisp よりも論理プログラミングにもとづくプログラム言語 Prolog が普及していることに驚いた．筆者もこの言語を使い始めて，複雑な知識情報処理を容易にプログラムできることに感心して，まず新しい方式の処理系をつくった．このすぐ後に日本で第 5 世代コンピュータ開発計画が始まり，新しいアーキテクチャの基本に論理プログラミングが採用されたので，Prolog も有名になった．

Prolog の代表的な教科書 W. F. Clocksin (クロクシン), C. S. Mellish (メリッシュ) 著 “*Programming in Prolog* : Prolog プログラミング” を翻訳したことなどが縁となって，1987 年に始まった Prolog 言語の ISO 標準化の活動に参加することになった．Prolog 言語にはいくつかの異なる方言があったが，エディンバラ大学で発展した版が標準化のベースになっている．その後，最近まで 20 数年にわたり情報処理学会情報規格調査会 SC22 (プログラム言語の標準化) 委員会の委員を務め，主にヨーロッパで開催された Prolog 標準化の国際会議に 25 回ほど参加した．この活動によって国際標準をつくるには多くのエキスパートのたいへんな時間と苦労を要することを体験した．多くの人の努力の成果である ISO 標準の Prolog は論理プログラミングの特長を活かしながら使いやすいものになっている．

$p(Z, f(Z))$ なども代入例である．

任意のふたつの項 A, B に対する最汎単一化子 (MGU: most general unifier) は次の条件を満足する代入 θ である．

1. $A\theta = B\theta$ (θ はふたつの項を同一にする).
2. すべての $A\sigma = B\sigma$ なる代入 σ に対して，$A\sigma = B\sigma$ は $A\theta = B\theta$ の代入例である (θ はもっとも一般的である).

最汎単一化は，変数同士の単一化において，どちらか一方の変数を代入するか，または両方の変数に新しい変数を代入して同じ変数にすることによって実現される．

例：ふたつの項，$p(f(a), X)$ と $p(Y, Z)$ に対して，代入 $\{X/a, Y/f(a), Z/a\}$ によって同一の代入例 $p(f(a), a)$ がつくられるが，これは MGU ではない．代入 $\{X/Z, Y/f(a)\}$ は MGU であり，これによる代入例が $p(f(a), Z)$，さらにその代入例が $p(f(a), a)$ である．

■ **単一化アルゴリズム**　単一化アルゴリズムは任意のふたつの項 S, T に対して，これらを同一にする最汎単一化子 (MGU) θ を求める．もし，MGU が存在しなければ，失敗する．θ の初期値を $\emptyset$ と置いて次のステップを繰り返す．

1. $S\theta = T\theta$ ならば，終了．θ が MGU.
2. S と T を左から比べて最初に一致しない部分項を S' および T' とする．少なくともこの一方が変数でないならば単一化は失敗．
   (a) S' が変数のとき，$\theta \leftarrow \theta \cup \{S'/T'\}$.
   (b) T_i が変数のとき，$\theta \leftarrow \theta \cup \{T'/S'\}$.
   ただし，両方とも変数のときには (a) と (b) のどちらでもよい．また，ある変数に代入される項がその変数を含むならば単一化は失敗．項に変数が含まれるか否かのテストを出現検査 (occur check) と呼ぶ．
3. θ の各対 X/t に対して，これを $X/t\theta$ に置換える．

例として，ふたつの項 $S = p(f(X), g(X), U)$ および $T = p(f(a), Y, V)$ に対して単一化アルゴリズムを適用すると，MGU $\theta = \{X/a, U/f(a),\ V/U\}$ が求ま

る．これによるふたつの項の代入例は $p(f(a), g(a), U)$ となる．

出現検査はたとえば，変数 X に X を含む項 $f(X)$ が代入されることを禁止している．もし，この代入がなされると，$X = f(X) = f(\cdots f(X) \cdots)$ となり，無限の項ができてしまう．無限の項はプリントが止まらなくなるだけでなく，処理が無限ループに入る原因になる．Prolog の実際の計算では，このような代入はほとんどなく，この検査のコストが大きいため，通常は出現検査を省略している．

7.2.3 計算と論理的帰結

プログラムは単位節と規則の集合である．以下，単位節を条件部をもたない特別な規則として扱う．質問で与えられるゴールの系列に対するプログラムの計算は，次のようにプログラム中の単位節または規則を繰り返し適用することによって進められる．

1. ゴールの系列が空のとき，計算は成功して終了．質問に含まれる変数への代入が解である．
2. それ以外の場合，ゴールの系列 $G_1, \cdots, G_n$ に対して，最初のゴール G_1 と頭部 A が単一化するようなデータベース中の規則 A :- $B_1, \cdots, B_m$ を探索・決定する．θ を単一化の MGU とするとき，ゴールの系列 $(B_1, \cdots, B_m, G_2, \cdots, G_n)\theta$ に対して計算を繰り返す．このうち $(B_1, \cdots, B_m)\theta$ までの計算がこの規則の適用である．規則が単位節のときには，$(G_2, \cdots, G_n)\theta$ に対して計算を繰り返す．
3. プログラムに G_1 と単一化できる単位節または規則の頭部がないとき，計算は失敗．

ステップ 2 において，ゴールに対して適用できる規則がひとつだけとは限らないので，この計算の過程は非決定性 (nondeterministic) である．ゴールの系列と規則から単一化にもとづいて新しいゴールの系列を生成するプロセスは融合と呼ばれる推論である．一般的な融合の定義は§7.4 に示される．融合はプログラムのホーン節から次に述べる論理的帰結を求めるためにも使われる．

■ 論理的帰結 プログラム P の論理的帰結 (logical consequence) は次のように再帰的に定義される．

1. P の単位節の代入例は論理的帰結である．
2. $C_1, C_2, \cdots, C_m$ が論理的帰結であり，ある規則 $(A\texttt{:-}B_1, \cdots, B_m) \in P$ に対して，代入 θ が存在して，$B_i\theta = C_i\theta$ $(1 \geq i \geq m)$ ならば，$A\theta$ は論理的帰結である．

論理的帰結の集合は，プログラムで定義される述語の意味を表しているとみなすことができる．§7.4 に 1 階述語論理に対するより一般的な論理的帰結が定義されている．

定理 7.1 プログラム P および質問 Q に対して，計算が成功して解 θ が得られたとき，およびそのときに限り，質問の代入例 $Q\theta$ の各述語項はプログラムの論理的帰結である．

証明は研究課題 1．なお，述語 `member/2` と `append/3` の論理的帰結と計算の例が§7.2.4 (p.126–128) に示されている．

ある述語を定義している単位節および規則の集まりを手続き (procedure) と呼ぶ．Prolog の計算では，あるゴールに対して適用可能な規則 (単位節も規則に含める) が複数ある非決定性の手続きを次のように実行する．

1. ゴールの述語に対する手続きの最初の規則から順に規則が選択されてゴールに適用される．
2. ゴールに対するすべての規則の適用が失敗したときには，それ以前の最後になされた選択まで後戻りする．別解を求めるためにセミコロンがタイプされたときも後戻りが起こる．
3. 選択点をもつ手続きは，後戻りによってゴールに対して残りの規則を適用して再計算を続ける．

これは非決定性プログラムの深さ優先探索による計算 (§6.3) である．この探索方式は簡明であるが，探索の効率が悪い場合や，解があるにもかかわらず計算が無限ループに入ってしまう場合がある．

7.2.4 リスト

Lisp (§5.7.1) において導入されたS-式 (symbolic expression, S-expression) はPrologにおいても重要なデータ構造である．S-式は2分木を基本とするきわめて簡潔なデータ構造でありながら，数列や記号列などを含む広範囲のデータを表すことができる．コンピュータ内部では，S-式はポインタを用いたリスト構造として表現され効率よく操作できる．

S-式は次のように再帰的に定義される．

1. アトムはS-式である．
2. x と y がS-式ならば，$[x|y]$ もS-式である．

Prologでは項が基本であるため，システム内部では $[x|y]$ は項 "." (x, y) によって表されるが，外部的にはもっぱらリスト専用の表記法が使われている (Lispでは $[x|y]$ は $(x.y)$ と表される)．また，PrologではS-式の要素はアトムだけでなく，一般の項が許されるように拡張されている．

英語の文や数列のような要素の系列はもっともよく使われるデータ形式である．系列は一方の方向 (通常は右方向) へ伸びる形をもつS-式で表される．しかし，系列は非常に多く使われるので，次に定義される拡張記法 (リスト記法) が用いられる．

$$[x_1, x_2, \cdots, x_n] = [x_1 | [x_2 | [\cdots [x_n | []] \cdots]]].$$

ここで，`[]` は空リストと呼ばれる特別なアトムである．この定義では最後が空リストでないとリスト記法では表せないので，上の定義中の空リストを，空リスト以外の要素 z を許すように拡張したリスト記法 $[x_1, x_2, \cdots, x_n|z]$ も使われる．

例 `[a]`=`[a|[]]`，`[a,b]`=`[a|[b]]`．リスト `[a,b,c,d]` と `[X|Y]` を単一化すると，変数 `X`に最初の要素`a` が，`Y`には残りのリスト`[b,c,d]` が代入される．リ

スト [a] と [X|Y] を単一化すると Xにa が，Yに[] が代入される．

■ 述語 member/2 の定義と意味 前述の member/2 は次のプログラムによって定義される (これは組込み述語としてシステムに定義済みなのでプログラムを読み込もうとするとエラーが起こる).

```
member(X,[X|L]).
member(X,[_|L]) :- member(X,L).
```

第 1 の単位節は，member の関係が成立する条件のひとつ，「第 1 引数 A が第 2 の引数のリストの最初の要素である」を意味している．第 2 の規則の論理的な解釈は「X が L の要素であれば，X は L の前に余分な要素をもつリストの要素でもある」だが，計算手続きとしては再帰的に X が最初の要素を除いた残りのリストについて調べることを表している．

member/2 の単位節と規則から論理的帰結 member(A,[_,A|_]) が導出される．さらに，この単位節と規則から論理的帰結 member(A,[_,_,A|_]) が導かれる．member/2 のプログラムの論理的帰結の一般形は次の単位節である．

```
member(A,[A|_]), member(A,[_,A|_]), member(A,[_,_,A|_]), ・・・
```

■ リストの連結 ふたつのリストを連結する述語 append/3 は次のプログラムによって定義されるが，これは組込み述語としてシステムに定義済みとなっている．

```
append([],Y,Y,Z).
append([A|X],Y,[A|Z]) :- append(X,Y,Z).
```

第 1 の単位節に規則を繰り返し適用すれば，この述語の意味を表す次のような論理的帰結の一般形を求めることができる．ここで，長さ m, n が 0 のリストは空リストである．

$$\text{append}([A_1, \cdots, A_m], [B_1, \cdots, B_n], [A_1, \cdots, A_m, B_1, \cdots, B_n]).$$

これは append(X, Y, Z) の意味，「リスト X と Y を連結したリストが Z である」を正確に表している．この述語について次のような質問応答の実行結果を得ることができる．

```
?- append([a,b,c],[d,e],).
Z = [a,b,c,d,e]
?- append(X,[d,e],[a,b,c,d,e]).
X = [a,b,c]
```

次の質問「X と Y を連結すると [a,b,c] となるような X と Y は何か」に対して，次の5通りの解がある．

```
?- append(X,Y,[a,b,c,d]).
X = []
Y = [a,b,c,d] ;
X = [a]
Y = [b,c,d] ;
   . . .
X = [a,b,c,d]
Y = []
```

この最初の質問 ?- append($[a,b,c]$,$[d,e],Z$) に対する計算の過程を次に述べる．ゴールに適用される規則の変数は，適用されるごとに新しいものに置換えられている．ここでは添え字によって置換えられた変数を表している．

1. 質問のゴールに対して単位節は単一化しないので，適用できる規則は

   $$\mathtt{append}([A_1|X_1],Y_1,[A_1|Z_1])\mathtt{:-}\ \mathtt{append}(X_1,Y_1,Z_1)$$

   である．ゴールとこの規則の頭部との単一化による MGU は $\{A_1/a, X_1/[b,c], Y_1/[d,e], Z/[a|Z_1]\}$ である．
2. 規則の条件部からつくられたゴール append($[b,c]$,$[d,e],Z_1$) に再度，規則 append($[A_2|X_2],Y_2,[A_2|Z_2]$):- append(X_2,Y_2,Z_2) が適用される．MGU$\{A_2/b, X_2/[c], Y_2/[d,e], Z_1/[b|Z_2]\}$ がつくられ，質問中の変数 Z に $[a|Z_1] = [a,b|Z_2]$ が代入される．
3. 次に調べられるゴールは append($[c]$,$[d,e],Z_2$) である．これに規則の適用が繰り返されると，MGU$\{A_3/c, X_3/[], Y_3/[d,e], Z_2/[c|Z_3]\}$ がつくられる．この時点の Z の値は $[a,b,c|Z_3]$ となる．
4. 最後につくられるゴール append([],$[d,e],Z_3$) に対して初めて

単位節 append([], Y_4, Y_4]) が適用される．単一化による MGU は $\{Y_4/[d,e], Z_3/[d,e]\}$．解として Z の値 $[a,b,c|Z_3] = [a,b,c,d,e]$ が求まる．

Prolog システムをトレース (trace) またはスパイ (spy) のモードにすれば，順に調べられるゴールまたは指定したゴールについて，手続きの呼び出し，成功，失敗，後戻り，などの計算過程を表示させることができ[†2]，プログラムのデバッグにきわめて有用である．

■ 差分リスト リストの連結には append/3 を使わずに差分リスト (differential list) を用いる方法があり，後に述べるクイックソート (§7.3) や確定節文法 (DCG, §8.2.6) で使われている．差分リストは，$[x_1, \cdots, x_k|Y]$ の形式のリストの終端の変数 Y にリストを代入すればリストを連結できることが基礎となっている．差分リストはふたつのリスト $[x_1, \cdots, x_k|y]$ とリスト y の対 (以下，$[x_1, \cdots, x_k|y]-y$ と書く) によって系列 $x_1, \cdots, x_k$ を表す．もうひとつの差分リスト $u-z$ に対して，y と u が単一化するとき，これによって合成した差分リスト $x-z$ はふたつの差分リストが表す系列を接続した系列を表す．

たとえば，ふたつの差分リスト $[a,b,c|Y]-Y$ と $[c,d,|Z]-Z$ を合成した差文リストは $[a,b,c,d,e|Z]-Z$ となる．差分リスト $x-[]$ は空リストを終端にもつ通常のリスト x，$x-x$ は空リスト [] を表している．

7.2.5 Prolog の拡張機能

これまで述べたホーン節の融合にもとづく純粋な論理プログラミングに加えて，実際の Prolog システムにはさまざまな応用を容易にし，またホーン節論理の制限を超える推論を可能にするための機能が加えられている．

■ 組込み関数と組込み述語 いくつかの関数と述語はシステムに組込み (built-in : 定義済み) になっている．組込みの関数の多くは数値演算用である．組込み述語には，入出力やファイルの操作など，述語論理上の意味をもたせることがで

[†2] append/3 は組込み述語であるため，異なる述語名で定義してトレースする必要がある．

きず通常の規則では定義できないものが含まれる．組込みの関数と述語のいくつかは演算子としてその優先順位と共に定義されている．これには算術式で用いる四則演算と数値の比較のための述語 </2, =</2, >/2, >=/2, =:=/2 (等値性) などがある．たとえば，プログラム中の A+B*(C-D) >= 1.0 はデータベースでは演算子を使わない項の形式 >=(+(A,*(B,-(C,D))),1.0) に変換されて保存されている．

重要な組込み述語として，関数項の生成と検査のための functor/3 がある．functor(T, F, A) は「項 T は関数記号 F，引数の個数 (アリティ)A の関数項である」を意味している[†3]．この述語によって純粋のホーン節論理では不可能な，ある関数項の関数記号と引数の個数を調べたり，逆に与えられた関数記号と引数の個数から関数項を生成させることができる．生成された項のすべての引数は変数であるが，組込み述語 arg(K, T, A) によって関数項 T の第 K 引数を A と単一化できる．これらの組込み述語を用いて基本の Prolog にはない 1 次元配列の機能を実現できる．

多くの組込み述語は純粋に論理的ではなく，「メタ論理的」である．たとえば，atom(X) は「X はアトムである」なる意味をもち，一見，純粋に論理的であるように見える．しかし，ふたつのゴール “X=atom,atom(X)” を実行すると成功するが，このふたつのゴールの順序を逆にすると失敗する．ゴールを結合しているカンマは連言 (AND) であるので，順序によって真偽が変わるのは純粋に論理的ではないことを意味している．メタ論理的な述語は論理的な解釈を失わせることがあるが，これによって純粋な論理プログラミングを超えた機能を実現できる．

■ **カット**　Prolog にはカット (cut) と呼ばれる実行の制御機能がある．カットは次のように規則の条件部のゴール “!” として置かれる．

$$A \texttt{ :- } B_1, \cdots, B_k, !, B_{k+1}, \cdots, B_m.$$

カットの働きは，この前のゴールの実行までになされた選択を「カット」することである．すなわち，この規則が適用されたとき，ゴール $B_1, \cdots, B_k$ が順に実行された場合はそのまま，カットの後のゴールの計算に進む．その後の計算にお

[†3] Prolog では，関数記号と述語記号を合わせて関数子 (functor) と呼ぶ．

いて，後戻りによって B_{k+1} の再実行が失敗したとき，この規則が適用されている親のゴールが失敗する．

カットは Prolog プログラムの非決定性の計算の実行を制限することによって実行の効率を上げるほかに，純粋のホーン節だけの論理プログラムでは実現できない計算を可能にする．一方，カットは述語論理上の意味を与えることができず，論理的な意味を失わせることがある．たとえば，次のプログラムは通常のプログラム言語の条件文 `if (P) E1 else E2` に類似の制御を可能にする．

```
if_then_else(P,E1,_) :- P, !, E1.
if_then_else(_,_,E2) :-  E2.
```

このプログラムで，“_” は無名変数 (anonymous variable) と呼ばれる．これはそこだけに現れる変数であり，単一化において「これに対応する項は何でもよい」ことを意味する．規則中でひとつだけ現れる変数は無名変数にしておくと変数名の誤りの検出などができ，デバッグに役立つ．ゴールの位置に置かれた変数は実行時にゴールに代入されている必要がある．もしカットがないと `P` が成功してもゴール `E1` が失敗すると，後戻りして `E2` も実行されてしまう．この述語を用いたゴール `if_then_else`(P, E_1, E_2) は，組込み述語 (演算子) を用いて P`->` E_1`;`E_2 と表すことができる．

ゴール `if_then_else(P,false,true)` は，ゴール `P` が成功したとき，次のゴール `false` が失敗し，`P` が失敗すると `true` は成功するので，否定の演算として働く．これは「否定を失敗によって表す (negation as failure)」なる考え方にもとづいている．この否定演算は 1 引数の組込み述語`\+ /1` (“fail if” と読む)[†4]または `not/1` として定義済みになっている．

7.3　プログラム例

前章 (§6.2) で述べた索表と整列化の基本的ないくつかのアルゴリズムのプログラムを示す．

[†4] この奇妙な述語記号は ⊢ (証明可能) の否定を表している．

■ **索表**　前述の member/2 を用いれば，連結リストによって表したデータの系列中の要素の線形時間探索 (§6.2.1) を容易に行える．member/2 には表中にデータがないときにそれを表の最後に追加する機能も含まれている．

リストより効率の高い索表のための 2 分探索木 (binary search tree，§6.2.1) は関数項 t(A,L,R) を用いて表すことができる．ここで，A は要素，L は左の部分木，R は右の部分木である．関数記号 t は任意でよい．

```
% bst(A,T): Aは2分探索木Tに含まれる要素である.
bst(A,t(A,_,_)).
bst(A,t(B,L,_)) :- A @< B,!, bst(A,L).
bst(A,t(_,_,R)) :- bst(A,R).
```

この例のように，述語の定義の最初にその意味を述べたコメントを置くことが推奨される．ここで，X @< Y は「任意のふたつの項 X,Y に対して，X の順序が Y より前である」を意味する演算子として定義された組込み述語である．同様に，"@" で始まる演算子，@>，@=<，@>=などは数だけでなく任意の項に対して順序を判定する．bst/2 は先の member/2 と同様に木の終端にデータを追加できるので，次のように 2 分探索木 (§6.2.1，図 6.1，p.107) を表す項を合成することができる．ただし，実行結果は木構造が分かりやすいようにべた打ちの結果に人手で改行と空白を加え，変数は無名変数に置換えてある．

```
?- bst(jan,T),bst(feb,T),bst(mar,T),bst(apr,T),bst(may,T),
   bst(jun,T), bst(jul,T),bst(aug,T), bst(sep,T),bst(oct,T),
   bst(nov,T),bst(dec,T).
T = t(jan, t(feb, t(apr, _,
                    t(aug, _,
                           t(dec, _, _))), _),
           t(mar, t(jun, t(jul, _, _), _),
                  t(may, _,
                    t(sep, t(oct, t(nov, _, _), _), _))))
```

■ **整列化**　ある系列の整列化 (§6.2.2) の結果は，その系列の順列のひとつなので，順列を発生して整列しているかどうかを調べればよい．「リスト X の順列

が Y である」を意味する permutation(X, Y) は組込み述語として定義済みである．これを用いれば次のプログラムのようにわずか 3 行で整列化のプログラムを書ける．

```
% nsort(L,L1)： L を整列化したリストが L1 である.
nsort(L,LX) :- permutation(L,LX), ordered(LX).
% ordered(L)： L は順に並んでいる.
ordered([_]) :- !.
ordered([A,B|L]) :- A @=< B, ordered([B|L]).
```

このプログラムによって次のような実行結果が得られる．

```
?- time(nsort([n,a,i,v,e,s,o,r,t],L)).
% 641,323 inferences, 0.094 CPU in 0.093 seconds . . .
L = [a, e, i, n, o, r, s, t, v]
```

この実行例のように，質問に time(···) を付加すると実行時間が表示される．この単純な整列化法は，解の候補をすべて発生しながら解の条件を満足しているかをチェックする生成検査法 (generate and test) である．データの個数 N に対する計算量は $O(N!)$ であるため，この実行例のように n が 10 程度であれば 0.1 秒以下で計算できるが，これが 13 程度になるとこの 1 000 倍を超える計算時間を要する．このため，この整列化法は実際には使われず，naive sort (「うぶ」または「ばか」ソート) と呼ばれている．しかし，整列化の定義「ある系列を整列化した系列は順列のなかで順序に並んだものである」をそのまま規則としているという意義がある．

クイックソート (quicksort) は，整列化する系列を分割してそれぞれを整列化する分割統治法 (divide and conquer algorithm) を採用しており，平均の計算量は $O(N \log N)$ と高速である (§6.2.2)．次のクイックソートプログラムでは整列化した部分系列の連接を容易にするため，系列を差分リストで表している．

```
quicksort(L,L1) :- qsort(L,L1,[]).
% qsort(L,L1,L2)： L を整列化した結果が差分リスト L1-L2 である.
qsort([],L,L).
qsort([A|X],L1,L3) :- partition(A,X,Y,Z),
```

```
        qsort(Y,L1,[A|L2]),qsort(Z,L2,L3).
    % partition(A,X,Y,Z): X を A によって分割した結果が Y と Z である.
   partition(_,[],[],[]).
   partition(A,[B|X],[B|Y],Z) :- A @>= B, !, partition(A,X,Y,Z).
   partition(A,[B|X],Y, [B|Z]) :- partition(A,X,Y,Z).
```

〔実行結果〕

```
?- time(quicksort([q,u,i,c,k,s,o,r,t,i,s,m,u,c,h,f,a,s,t,e,r],X)).
% 199 inferences, 0.000 CPU in 0.000 seconds . . .
L = [a,c,c,e,f,h,i,i,k,m,o,q,r,r,s,s,s,t,t,u,u]
```

実行時間が 1ms 以下であるため，0.000 秒と表示される．

■ **8 クイーン**　§6.3 で述べた 8 クイーン問題の解を求める Prolog プログラムを考える．盤面の各列にはひとつだけクイーンが置かれるので，盤面はクイーンの位置を示す 1~8 までの数字の系列で表現できる．各行にもクイーンはひとつだけなので，系列の数字はすべて相異なる必要がある．したがって，解は [1,2,3,4,5,6,7,8,9] の順列であり，さらに斜め方向に重ならないという条件を満たしたものである．次は§6.3 で述べた非決定性アルゴリズムにもとづくプログラムである．permutation/2 を使う生成検査法のプログラムの方が簡単であるが，この探索方式の方が高速である (8 クイーンでは時間は問題にならないが，$N = 10, 12, \cdots$ とした N クイーンでは時間の差は大きい)．

```
% queen(Q): リスト Q は解となる盤面である.
queen(Q) :- queen1([],Q,[1,2,3,4,5,6,7,8]).
% queen1(Q,Q1,L): 部分解 Q1 に L 中の数字を加えた部分解が Q である.
queen1(Q,Q,[]).
queen1(Q,Q1,L) :- select(A,L,L1), test1(A,Q),
    test2(A,Q), queen1([A|Q],Q1,L1).
% test1(A,L): 位置 A は盤面 L 上の斜め上方向のクイーンと重ならない.
test1(_,[]) :-!.
test1(8,_) :- !.
test1(A,[B|L]) :- A1 is A+1, A1 \= B, test1(A1,L).
% test2(A,L): 位置 A は盤面 L 上の斜め下方向のクイーンと重ならない.
test2(_,[]) :-!.
```

```
test2(1,_) :- !.
test2(A,[B|L]) :- A1 is A-1, A1 \= B, test2(A1,L).
```

組込み述語 select(A,L,L1) は「A はリスト L の要素であり，L1 はその残りのリストである」なる意味をもち，これによって数字をリストから順に取り出すことができる．次は計算結果の一部である．最初の解は図 6.2 (§6.3，p.6.2) の盤面を表している．

```
?- queen(Q).
Q = [4, 2, 7, 3, 6, 8, 5, 1] ;
Q = [5, 2, 4, 7, 3, 8, 6, 1] ;
Q = [3, 5, 2, 8, 6, 4, 7, 1] ;
Q = [3, 6, 4, 2, 8, 5, 7, 1] ;
Q = [5, 7, 1, 3, 8, 6, 4, 2]
```

7.3.1 最短経路の探索

各辺にコストの与えられたグラフ上の指定された 2 頂点間の最小コストの経路を求める問題は代表的な探索問題である．ここでは登山の地図から 2 点間の最小の所要時間と経路を求めるプログラムを考える．次は北アルプスの登山地図の一部を表している．trail(P,Q,C,D) は「P 地点から Q 地点までコースタイム (登り) が C 分，逆方向が D 分」を意味している．なお，コースタイムは手元の登山案内書を参考にした．

```
trail(上高地，徳沢,110,110).
trail(徳沢，横尾,70,70).
trail(横尾，一ノ俣,60,60).
trail(横尾，涸沢,210,150).
trail(涸沢，北穂高岳,180,110).
trail(一ノ俣，槍岳山荘,330,240).
trail(一ノ俣，常念岳,310,230).
trail(徳沢，蝶ガ岳,250,180).
trail(上高地，前穂高岳,390,300).
trail(前穂高岳，穂高岳山荘,150,150).
trail(横尾，蝶ガ岳,190,120).
trail(涸沢，穂高岳山荘,120,70).
trail(徳沢，涸沢,260,190).
trail(蝶ガ岳，常念岳,210,170).
trail(北穂高岳，槍岳山荘,450,450).
trail(穂高岳山荘，北穂高岳,160,160).
```

まず，次のプログラムを試してみよう．route0(P,Q,L,C) は「L は P から

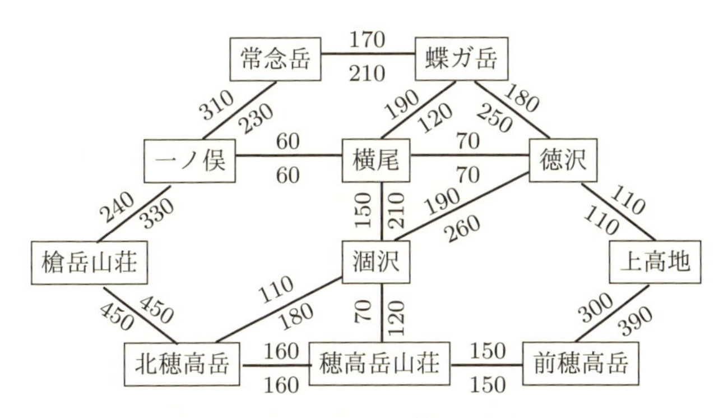

図 7.1 北アルプスの登山ルート

Q へのコスト C の経路である」を意味している．

```
route0(P,P,[P],0).
route0(P,Q,[P|L],C) :- path(P,R,C0), route0(R,Q,L,C1), C is C0+C1.
path(P,Q,C) :- trail(P,Q,C,_) ; trail(Q,P,_,C).
                            % 演算子 “;” は OR.

?- route0(上高地，槍岳山荘,L,C).
L = [上高地, 徳沢, 横尾, 一ノ俣, 槍岳山荘],
C = 570 ;
L = [上高地, 徳沢, 横尾, 一の俣, 槍岳山荘, 一の俣, 槍岳山荘],
C = 1140
```

最初の解はたまたま最短であるが，初めに短い解が出るとは限らない．別解は繰り返しを含んでいる．より重大な欠点は，次のように計算が無限ループに入ってしまい，エラーを起こすことである．

```
?- route0(上高地，穂高岳山荘,L,C).
ERROR: Out of local stack
```

次のプログラムは，新しい地点 (R) を経路に加えるとき，それまでに通過した地点のリスト (L) に入っていないことをゴール\+ member(R,L) によってチェックする．このリストは逆順になるので，最後に組込み述語 reverse/2 によって逆転している．

```
route1(P,Q,L,C) :- route1(P,Q,[P],L1,C), reverse(L1,L).
route1(P,P,L,L,0).
route1(P,Q,L,L1,C) :- path(P,R,C0), \+ member(R,L),
    route1(R,Q,[R|L],L1,C1), C is C0+C1.
```

このプログラムによれば，次のように繰り返しや無限ループにおちいる心配のない経路探索ができる．

```
?- route1(蝶ガ岳,槍岳山荘,L,C).
L = [蝶ガ岳, 常念岳, 一ノ俣, 槍岳山荘],
C = 770 ;
L = [蝶ガ岳,常念岳, 一ノ俣,横尾,涸沢,穂高岳山荘,北穂高岳,槍岳山荘],
C = 1440 ;
L = [蝶ガ岳, 常念岳, 一ノ俣, 横尾, 涸沢, 北穂高岳, 槍岳山荘],
C = 1340
```

最短の経路を求めるにはすべての可能な経路を求める必要がある．組込み述語 setof(X, G, L) を用いれば，次のようにゴール G を実行した解 X すべてを整列化したリスト L を返すことができる．要素がリストのときの順序はその最初の要素で決まるので，所要時間が短い順序の系列が出力される．次の結果ではベタ打ちを見やすいように改行を入れ，長いリストの後部分は省略されている．

```
?- setof([C|L],route1(蝶ガ岳,槍岳山荘,L,C),S),length(S,N).
  S = [[510, 蝶ガ岳, 横尾, 一ノ俣, 槍岳山荘],
      [640, 蝶ガ岳, 徳沢, 横尾, 一ノ俣, 槍岳山荘],
      [770, 蝶ガ岳, 常念岳, 一ノ俣, 槍岳山荘],
      [960, 蝶ガ岳, 横尾, 涸沢, 北穂高岳|...], [...|...]|...],
N = 26.
```

すなわち，最短時間は 510 分=8 時間 30 分である．26 の解のうち最長は 2 160 分=36 時間 0 分の次の経路である．

```
[蝶ガ岳,常念岳,一ノ俣,横尾,涸沢,徳沢,上高地,前穂高岳,穂高岳山荘,
 北穂高岳,槍岳山荘]
```

これで最短経路が求められたが，この方法はすべての経路を生成するためグラ

フが少し大きくなると非常に多くの時間を要する．

■ 反復深化 すでに述べたようにPrologの計算では深さ優先探索が使われている．この探索方式は上記のように最短経路を求める問題にはそのままでは適していない．このような問題には深さ優先 (depth-first) より幅優先 (width-first) 探索が適しているが，ある深さの探索木の頂点の個数は急激に増加するので，この探索方式には大きな記憶量が必要である．反復深化 (iterative deepening) は，ある深さまでに制限した探索を深さの制限を緩めながら繰り返す方法である．一見，まったく同じ探索を繰り返すので効率が悪いようにみえるが，探索プログラムは簡潔であり，深さを1段階増したときの計算量の増加が大きいときには非常に有効な探索法である．

反復深化による経路の探索のため，前述の route0/4 プログラムの時間に関係する引数を変更したプログラムをつくる．ゴール route$(P, Q, L, C, C1, CM)$ は P から Q まで到着すれば $C1$ に所要時間を返し，経路の時間 C が探索の制限値 CM を超えれば失敗してほかの経路の探索を進める．これによって時間を制限した探索が可能である．

```
route(P,P,[P],C,C,CM) :- C =< CM.
route(P,Q,[P|L],C,CT,CM) :- path(P,R,C0),C1 is C+C0,C1 =< CM,
        route(R,Q,L,C1,CT,CM).

?- route(蝶ガ岳,槍岳山荘,L,0,C,480).
false.                          % (8時間以内の経路はない)

?- route(蝶ガ岳,槍岳山荘,L,0,C,600).
L = [蝶ガ岳, 横尾, 一ノ俣, 槍岳山荘],
C = 510 ;
false.                          % (10時間以内の解はひとつ)
```

反復深化によって，時間の制限を1時間ずつ増しながら探索を繰り返して最短時間の経路を求めるには組込み述語 between/2 が便利である．between(p, q, K) は K に初期値 p から q までの整数値を順に代入する．

```
?- between(5,20,K), K1 is K*60, route(蝶ガ岳,槍岳山荘,L,0,C,K1).
```

```
K = 9,
K1 = 540,
L = [蝶ガ岳, 横尾, 一ノ俣, 槍岳山荘],
C = 510
```

多くの反復深化では探索のステップ数をパラメタとするが，この問題の場合は経路の最短が必ずしも最小時間にはならない．

7.3.2 ハフマン符号の生成

この項では第 3 章で述べたハフマン符号生成法のプログラムを示す．ハフマン符号化においては，文字とその出現頻度から文字を終端とするハフマン木を構成し，この木から各文字に対する符号を決定する (§3.5.1)．符号化のアルゴリズムの入力となる出現頻度と文字の対の集合はリストで表され，単位節 data$([[p_1|C_1],\cdots,[p_n|C_n]])$ によってプログラムに与えられる．なお，対を表すリストの順序は最初の要素の順序で決まるため，出現頻度を最初に置いている．この形式で §3.5.1 のローマ字の出現頻度のデータを与えれば次のプログラムと実行例に示されるように平均情報量 $\Sigma_{i=1}^{n} - p_i \log_2 p_i$ が求められる．

```
data([[0.1954|p],[0.8536|b],[1.416|z],[1.905|g],[1.979|d],
    [2.194|w],[2.526|m],[2.715|h],[3.821|y],[4.795|r],
    [5.454|s],[6.078|k],[6.846|t],[6.93|e],[7.65|n],[9.105|u],
    [10.88|o],[12.03|i],[12.63|a]]).
entropy([],0).
entropy([[_|P]|L],E) :- entropy(L,E1),
      E is E1 - (P/100.0)*log(P/100.0)/log(2).

?- data(L),entropy(L,E).
L = [0.1954|p], [0.8536|b], [1.416|z], [1.905|g], [...|...]|...],
E = 3.8677593437301394.              % 単位は bit
```

次はハフマン木の生成とこの木から符号を生成するプログラムである．2 分木を表す対はリスト $[P|Q]$ の形で表されている．組込み述語 sort/2 は部分木の集合を表すリストをリストの先頭に置かれた出現頻度によってソートする．

```
% htree(L,T): T は部分木と出現率の対のリスト L に対するハフマン木.
htree([[_|T]],T).
htree([[F|P],[G|Q]|L],L2) :- H is F+G,
      sort([[H|[P|Q]]|L],L1), htree(L1,L2).

% code(S,C,T): C はハフマン木 T における記号 S の符号である.
code(S, [0],[S|_]) :- atom(S).
code(S, [1],[_|S]) :- atom(S).
code(S, [0|X],[L|_]) :- code(S,X,L).
code(S, [1|X],[_|R]) :- code(S,X,R).
```

このプログラムによって次のようにハフマン木 (図 3.5, p.41) を表すリストと各文字の符号を発生できる．ただし，別解の表示におけるリスト (L)，出現頻度の総和 (P)，ハフマン木 (T) は同じなので省略する．

```
?- data(L), htree(L,[P|T]), code(S,C,T).
L = [[0.1954|p], [0.8536|b], [1.416|z], [1.905|g], [1.979|d],|...],
P = 100.003,
T = [[[[[w,[p|b]|z]|r],[m|h]|s], o|i],[a, k|t], [e|n],[y, g|d]|u],
S = r,
C = [0, 0, 0, 1]  ;
S = w,
C = [0, 0, 0, 0, 0] ;
S = z,
C = [0, 0, 0, 0, 1, 1]
```

構成されたハフマン木はすべての文字を含んでいるので，出現頻度の総和 (P) はほぼ 100% になっている．別解を求めるごとにハフマン木 (図 3.5) の根から経路をたどる符号が生成される．なお，組込み述語 setof/3 を用いればすべての解をまとめたリストを求めることができる．

7.4 1階述語論理*

1960 年代にコンピュータによる述語論理の定理証明の研究がさかんに進められた．これは述語論理によって一般的な知識を記述することができ，多くの演繹推論を定理証明問題として定式化できるためである．本章の締めくくりとして 1 階 (第 1 階) 述語論理 (first-order predicate logic) と Prolog との関係について簡単に述べる．

1 階述語論理の上位クラスとして 2 階および高階述語論理があるが，この制限は限量子で導入される変数の値の範囲に関係している．1 階述語論理ではこの範囲は個体 (定数) に限られている．次は 2 階述語論理式の例である．

$$\forall f\ (\forall x, y\ (x = y \to f(x) = f(y))).$$
$$\forall p\ (p(0) \land \forall k\ (p(k) \to p(k+1)) \to \forall k, p(k)).$$

第 1 の論理式は「すべての (関数)f に対して」なる限量子を含み，等号の公理を表している．第 2 の論理式は，すべての述語 p について，数学的帰納法の原理となる「自然数に関するペアノ (Peano) の公理」を表している．2 階述語論理では限量子で導入される変数の値は 1 引数の関数や述語に限られるが，より高階の述語論理ではこの制限が緩められる．

Prolog の基本演算である単一化と融合は，米国 (英国出身) の J. A. Robinson (ロビンソン) によってコンピュータで効率高く一般の 1 階述語論理の定理証明を行うための推論規則として 1965 年に公表された．しかし，一般の述語論理の定理証明は多くの計算量を要するため，知識処理への応用の研究は下火になった．その後，述語論理をホーン節に制限すれば，知識を記述する能力を保ちながら，効率の高い定理証明が可能であることが判明してヨーロッパを中心に論理プログラミングの研究がさかんになった．1972 年に論理プログラミングのための言語 Prolog を最初に作成したのは，マルセーユ大学の Alain Colmerauer (コルメロア) である．

論理プログラミングは 1 階述語論理の定理証明にもとづいており，Prolog の計算は定理証明と表 7.1 のように対応している．質問は証明したい定理の否定であり，プログラムで表された公理系からこの定理が導出されるとき (定理が公理系の論理的帰結のとき)，反駁法 (refutation：背理法と同じ) によって矛盾が導出される．この矛盾を起こす質問中の変数への代入が解となる．

■ **述語論理式**　1 階述語論理の論理式 (述語論理式) は，§8.2.1 の規則に加えて次の規則から定義される．

表 7.1 Prolog と定理証明との関係

Prolog	定理証明
プログラム	公理系 (ホーン節の集合)
質問	定理の否定
計算	反駁法による定理証明
解	反例 (質問の変数への代入)

1. 原子論理式は論理式である.
2. P, Q が論理式ならば, $\neg P$ (否定 : negation), および $P \rightarrow Q$ (含意 : implication), $P \vee Q$ (選言 : disjunction), $P \wedge Q$ (連言 : conjunction), $P \leftrightarrow Q$ (等値 : equivalence) は論理式である.
3. P が論理式, X が変数ならば, $\forall X\ P$ および $\exists X\ P$ は論理式である. $\forall$ を全称記号, $\exists$ を存在記号, これらふたつを合わせて限量子 (quantifier) と呼ぶ.

第 4 章で扱った論理数学 (命題論理) は, 限量子や関数項を含まず, 引数をもたない原子論理式 (論理変数) のみからなる論理式である.

■ 述語論理の解釈* 述語論理式の意味 (真偽) は次に定義する解釈 (interpretation) によって与えられる. 真偽は論理定数 $true$ および $false$ によって表される.

1. 各定数に対して, ある定義域 D の要素を割り当てる.
2. 各 n 変数関数記号に対して, ある n 変数関数 $D^n \rightarrow D$ を割り当てる. 変数への割り当てが決まれば, 各関数項の値が決定する.
3. 各 n 変数述語記号にある n 変数関数 $D^n \rightarrow \{true, false\}$ を割り当てる. 変数への割り当てが決まれば, 各原子論理式の真偽が決定される.
4. 論理演算の定義に従って論理演算 $\neg$(否定), $\rightarrow$(含意), $\vee$(選言), $\wedge$(連言), $\leftrightarrow$(等値) で結合された論理式の値が決定される. ただし, 選言と連言はそれぞれ論理数学の論理和, 論理積と等価な演算である.
5. 論理式 $\forall X\ P$ に対しては, X にすべての D の要素を割り当てたとき, P

がすべて $true$ であるならば $true$，さもなければ $false$.

論理式 $\exists X\ P$ に対しては，X にすべての D の要素を割り当てたとき，少なくともひとつの要素について P が $true$ であるならば $true$，さもなければ $false$.

6. 限量子なしの変数 (自由変数) はそれに割り当てられる値によって論理式の真偽が決まる.

■ **充足可能性**　述語論理式に対して次のような性質と関係が重要である.

充足可能 (satisfiable)　真とする解釈がある．この解釈はモデル (model) と呼ばれる．真とする解釈がない論理式は充足不能 (unsatisfiable) である.

恒真式 (tautology)　すべての解釈に対して真となる論理式.

恒真式の例：$p \to (q \to p)$，$\forall X\ p(X) \to p(X)$.

論理式が恒真であるかの判定は半決定可能であり，恒真であれば証明できるが，恒真でなければ決定できない．したがって，恒真論理式の集合は帰納的可算 (付録 § A.1) である.

論理的帰結 (logical consequence)　論理式 $P_1, P_2, \cdots, P_n$ がすべて真となる解釈ではかならず論理式 Q も真となるとき，$(P_1 \wedge P_2 \wedge \cdots \wedge P_n) \models Q$ と書き，Q は $P_1, P_2, \cdots, P_n$ の論理的帰結であるという．これは $(P_1 \wedge P_2 \wedge \cdots \wedge P_n) \to Q$ が恒真であることと等価である.

■ **存在記号による変数の除去**　一般の述語論理には全称記号 $\forall$ によって導入される変数のほかに存在記号 $\exists$ によって代入される変数がある．次の手順によって，一般の述語論理式を存在記号が含まれない Skolem (スコーレム) 標準形に変換できる．この標準形の論理式は元の論理式と厳密には意味が同じではないが，充足可能性 (真とする解釈があるかどうか) については等価である.

1. 論理式をすべての限量子 ($\forall$ または $\exists$) と変数の対を前に置いた冠頭連言標準形に変換する.
2. 存在記号で導入される各変数 X_i に対して，$\exists X_i$ を除き，論理式中の X_i

を関数項 $s(Y_1,\cdots,Y_k)$ に置換える．ここで，$Y_1,\cdots,Y_k$ は冠頭連言標準形において $\exists X_i$ の前に置かれた全称記号の付いた変数であり，s/k はほかに現れない関数 (スコーレム関数) である．存在記号の前に全称記号がないときには，関数項は定数になる．

すべての変数が限量子 $\forall$ で導かれるとき，導入される変数の順序はないので，限量子を省略することができる．

■ 節　節 (clause) は次の形式の論理式である (A_i および B_j は原子論理式)．

$$\begin{aligned} &A_1 \vee \cdots \vee A_m \vee \neg B_1 \vee \cdots \vee \neg B_n \\ &= (A_1 \vee \cdots \vee A_m) \leftarrow (B_1 \wedge \cdots \wedge B_n). \end{aligned}$$

この論理式の形は決まっているので，含意 $\leftarrow$ 以外の論理演算を省略して

$$A_1,\cdots,A_m \leftarrow B_1,\cdots,B_n$$

と表される．ここで，$m \geq 0$, $n \geq 0$ である ($m=0$ または $n=0$ のとき，系列 $A_1,\cdots,A_m$ または $B_1,\cdots,B_n$ は空である)．節は論理式を連言標準形で表したときの選言 (OR) の項に相当する．したがって，一般の論理式はいくつかの節の連言によって表される．節を用いる理由は，反駁法による証明では矛盾を意味する空の節を導けばよいので節の形式が適しているためである．

ホーン節 (Horn clause) は $m \leq 1$ なる制限を与えた節である．Prolog において $m=1$ の場合は規則であり，さらに $m=1$ かつ $n=0$ が単位節，$m=0$ が質問に相当する．すなわち，質問で与えられるゴールの系列からなる節 $\leftarrow B_1,\cdots,B_n$ は「$B_1 \wedge \cdots \wedge B_n$ なることはない」を意味している．さらに計算の最後に得られる空のゴールの系列 ($m=n=0$) は矛盾 (false) を意味している．したがって，Prolog の規則を $A_1,\cdots,A_m$ `:-` $B_1,\cdots,B_n$ なる形式を許すように拡張すれば，一般の論理式を表せることになる．ただし，融合の組合せの選択が増加するので効率の高い計算が難しくなる．

■ 融合　ふたつの節 C_1, C_2 に対する融合は次のプロセスである．ただし，ここでは C_1, C_2 は原子論理式およびその否定の集合とみなし，C_1, C_2 は共通の変数は含まない．

1. $L_1, \in C_1, \neg L_2 \in C_2$ なる L_1 と $\neg L_2$ を選ぶ.
2. L_1, L_2 が単一化可能であり MGU θ をもつとき，C_1 と C_2 に対する融合の結果は $(C_1 - \{L_1\})\theta \cup (C_2 - \{\neg L_2)\}\theta$ である.

融合は，これだけで 1 階述語論理の公理系からすべての定理を導くことができる万能性をもった推論規則である．特に反駁法による定理証明に対して万能性をもつ (公理系に定理の否定を加えると，融合によってかならず空節が導かれる) ことが重要である.

ホーン節に対する融合の場合，融合の結果もホーン節になる．Prolog の計算では，融合は質問中の各述語項と規則または単位節の間に適用される．また，プログラムの論理的帰結は規則と単位節を融合させることによって得られる.

例 1：「すべての人にはその母がいる」

$$\forall X\ \exists M\ person(X) \to mother(M, X).$$

これのスコーレム標準形はホーン節 $person(X) \to mother(s(X), X)$ である．ここで，Y を置換えた $s(X)$ は「X の母」を表している.

例 2：先手必勝の盤ゲーム (§9.2) における先手必勝の条件.

$$\forall B\ (staticWin(B) \to win(B)) \wedge$$
$$\forall B\ \forall C\ (gote(B, C) \to \exists B_1\ (sente(C, B_1) \wedge win(B_1)) \to win(B)).$$

直観的意味：局面 B が静的に (先読みによらずに) 先手の勝ならこの局面は先手勝．局面 B から後手が局面 C にするすべての手に対して，先手には C から再帰的に先手勝の局面 B_1 とする手があるならば，B は先手勝である.

この論理式の第 1 の項は節形式になっているので，第 2 の項を次のステップでスコーレム標準形に変換する.

1. $\forall B\ \forall C\ \neg(\neg gote(B, C) \vee \exists B_1(sente(C, B_1) \wedge win(B_1))) \vee win(B)$.
2. $\forall B\ \forall C\ (gote(B, C) \wedge \neg\ \exists B_1(sente(C, B_1) \wedge win(B_1))) \vee win(B)$.
3. $\forall B\ \forall C\ (gote(B, C) \wedge \forall B_1 \neg(sente(C, B_1) \wedge win(B_1))) \vee win(B)$.
4. $(gote(B, C) \vee win(B)) \wedge (sente(C, B_1) \wedge win(B_1) \to win(B))$.

この論理式の最初の節はホーン節ではないので，このままでは Prolog のプログラムにはならないが，\+/1 などのメタ論理的な制御機能を用いることにより，AND-OR 探索の Prolog プログラムを構成できる．

練習問題

1. 3×3 の魔方陣は，2 次元配列に 1〜9 の数字を縦，横，対角線方向の合計が等しくなるように並べるパズルである．まずこの解を求めるプログラムをつくり，次に 5×5 の魔方陣の解を求めるプログラムを作成してみよう．3×3 の解は短い計算時間で求まるが，5×5 の解は探索方法を工夫しないと計算時間がかかりすぎて求まらない．
2. 述語`\+/1` (§7.2.5) は論理的には否定の意味をもつ．あるゴール G に対して，2 重否定のゴール "`\+(\+` G)" の真偽はゴール G と変わらないはずである．これらふたつのゴールの実行結果 (成功・失敗) はどのように異なるか．なぜその違いが起きるのか．
3. §7.2.4 の `member/2` のプログラムにおいてふたつの節の順序を入れ替えるとその働きはどう変わるか (ヒント：異なる形の質問に対する実行を考えよ)．また，第一の節にカットを加えて，"`member(X,[X|L]):-!.`" と書き換えると，プログラムの働きはどう変わるか．
4. 覆面算は，与えられた "SEND+MORE=MONEY" のような文字の等式に対して等式を満足するように文字へ 0〜9 の数字を割り当てるパズルである．まず，この特定の問題を解くプログラムをつくってみよう．次に，問題を `fukumen([F,R,A,N,C,E],[G,R,E,E,C,E],[F,I,N,L,A,N,D])` のような形で与えて解くプログラムをつくってみよう．覆面算は等式の形式や 16 進数の数字などについて各種の拡張が考えられる．
5. 数独 (number place) を解くプログラムを作成しよう．数独は，9×9 の配列を各行と各列および全体を $3 \times 3 = 9$ に分割した各部分に同じ数字が重ならないように 1〜9 の数字で埋めるパズルである．問題は部分的に数が入り，ほかは空とした初期配列として与えられる．このパズルも実際に解が得られるためには探索法を工夫する必要がある．

6. 0 と 1 のリストによって表される 2 進数に対して plus(A, B, C) が $A + B = C$ を意味するような加算の述語のプログラムをつくってみよう．加算の逆演算として減算も可能となるはずである．この問題は数値演算をホーン節の推論で行えることを示す意味がある (ヒント：まず，全加算器 (§4.2.5) の働きを表す述語 `fulladder/5` を定義しよう)．
7. 上のプログラムを拡張して，0 および 1 のリストによって表される 2 進数に対して乗算を行うプログラムをつくってみよう．乗算の逆演算として除算もできるとよい．
8. ナップサック問題 (§6.1.2) を解くプログラムとデータを作成して，最適解を求める計算時間が大きいことを確かめよう．次に，高速に求められる近似解と時間や誤差を比較しよう．

研究課題

1. プログラムの論理的帰結 (意味) とプログラムの計算結果を結びつける定理 7.1(§7.2.3, p.124) はどのように証明されるか．
2. 与えられた制約条件を満足する解を求める問題は制約解消 (充足) 問題と呼ばれる．多くの Prolog 処理系には，制約解消問題のため制約論理プログラミング (CSP: constraint logic programming) の機能が付加されている．CSP を用いて上の練習問題にあげた魔方陣，8 クイーン，覆面算，数独などの制約解消問題を解く方法を試してみよう．

8 オートマトンと形式言語

文法の構文は，各文に対して意味的な解釈を決定する深層構造と，音声的な解釈を決定する表層構造を規定しなければならない.
— N. チョムスキー

コンピュータが出現してまもなく，コンピュータや Turing 機械を含むディジタル・システムがどのような能力をもつかを理論的に解明することを目的として，ディジタル・システムの一般的理論を扱う研究分野が生まれた. 1956 年にプリンストン大学で開催された研究集会でこの分野はオートマトン理論と呼ばれることになった. オートマトン (automaton，複数形は automata) とは本来，時計仕掛けの自動人形を意味している. 日本にもヨーロッパでつくられた手紙を書く人形やダンスを踊る人形などを陳列しているオートマタ美術館があるほか，日本でつくられたからくり人形がある.

オートマトン理論が誕生した頃，Noam Chomsky (チョムスキー) によって言語と文法を数学的に扱う形式言語の研究分野が創設された. これ以来，オートマトン理論は，ディジタル・システムを言語の認識能力によって評価することが主流になった. このため，オートマトンは形式言語と組になって扱われ，この分野の科目や教科書の題名はたいてい「オートマトンと形式言語」または「形式言語とオートマトン」である. この章ではディジタル・システムと形式言語について学ぶが，基本的な性質や定理を理解すること以上に，形式的 (数学的) な扱いによってディジタル・システムや言語がいかに簡潔に美しく定義され扱われているかを味わうことがだいじである.

形式言語を定義するには，まず用いる記号の有限集合を決めておく必要がある. この集合はアルファベット (alphabet) と呼ばれる. アルファベット Σ の記号のすべての系列 (記号列 : string) の集合を Σ^* によって表す. これは特別な長さ 0 の記号列である空列 ϵ を含む. 記号列の集合の「スター」演算 “*” は§8.1.3 で詳しく定義される. アルファベット $\Sigma = \{a, b\}$ のとき

$$\Sigma^* = \{\epsilon, a, b, aa, ab, ba, bb, aaa, aab, aba, abb, baa, bab, bba, bbb, aaaa, \cdots\}.$$

形式言語理論では，Σ^* の部分集合はすべて言語であるが，多くの言語は何らかの規則の集合 (文法) によって定義される．

8.1 順序機械と有限オートマトン

最初のオートマトンの研究集会で発表された論文はタイプ印刷の論文集 *Automata Studies* として出版された．エディタはプログラム言語 Lisp (§5.7.1) で有名な J. マッカーシーと情報理論の創始者 C. E. シャノン である．また，表紙に並んでいる理論計算機科学のパイオニアの名前のなかで，「パーセプトロン [11]」や「心の社会」の著者 M. L. Minsky (ミンスキー) は人工知能の分野でも有名である．このことが意味するようにオートマトン研究と人工知能研究のふたつは共通のルーツをもっている．

論文集の冒頭を飾る S. C. Kleene (クレイニ，クリーニ) の論文“神経回路による事象の表現と有限オートマトン”は，有限状態のシステム (有限オートマトン) が認識できる言語が正則式 (regular expression) と呼ばれる式で表されることを示している．現在の「オートマトンと形式言語」の授業で教えられている状態推移図で表される有限オートマトンとは違って，このオリジナル論文の有限オートマトンは神経回路で表されている．正則式については §8.1.3 で述べる．

この論文集の第 2 番目に収められているのは フォン・ノイマンの「信頼性の低い部品から信頼性の高いディジタル・システムを構成する方法」についての興味深い論文である．システムが大規模になるほど部品の高い信頼性が要求される．はたして信頼性の低い部品から信頼性の高いシステムを構成できるだろうか．この問題に対して，すべての演算要素と接続を多重化して途中に多数決素子を挿入することで，いくらでも高信頼度のシステムがつくれることが示されている．フォン・ノイマン自身が論文中で述べているように，誤り訂正符号 (§3.3.2) によって多重化よりはるかに効率の良い符号化が可能なので，計算機械も多重化より効率の高い構成法がありそうである．しかし，この問題についてはその後も決定的な方法はなく，現在でも誤りの許されないシステムでは多重化が重要な方法になっている．

8.1.1 順序機械

順序機械 (sequential machine)[†1]は入力記号列を出力記号列に変換するディジタル・システムの基本的モデルである．順序回路 (§4.3) はこのシステムを実現したディジタル回路である．このモデルは次のような特徴をもっている．

- システムは時間的に変化する入力と出力をもち，出力は現在の入力だけでなく過去の入力にも依存する (図 8.1)．システムに含まれる記憶素子の全体の状態は内部状態 (internal state) と呼ばれる．
- 入力，出力，内部状態は有限個の記号で表される．
- 時間的な変化についてもディジタル化されており，入力，出力，内部状態は自然数 $0, 1, 2, 3, \cdots$ で表される時点に同期して推移する．

Coffee Room 6 オートマトン理論との出会い

多くの数理的な情報科学についての教科書が出版されている現在と違い，筆者の大学院生の時代にはどのようなテーマが重要で何がキーワードなのか専門家も少なく，学会誌などを頼りに自分で考えなければならなかった．その頃，貧乏学生には高い洋書であった論文集 *Automata Studies* を思い切って購入した．修士課程の学生のとき，J. マッカーシーの *Communications of ACM*(学会誌) の論文を参考にしてたぶん日本で最初に Lisp のインタプリタをつくり，ミンスキーの教科書 *Computation* で計算の理論を学んだので，このふたりの名前は特別親しく感じる．現在の形式の有限オートマトンと正則式の等価性は山田尚男先生と S. Amoroso (アモローソ) による成果である．筆者は幸運にもこの時代に山田先生のオートマトンの集中講義を聴講することができた．

[†1] 有限トランスデューサ (finite-state transducer) とも呼ばれる．

ある時点 t における入力を $x(t)$，出力を $y(t)$，内部状態を $s(t)$ によって表すとき，出力と次の時点の状態はそれぞれ

$$y(t) = f(s(t), x(t))$$
$$s(t+1) = g(s(t), x(t))$$

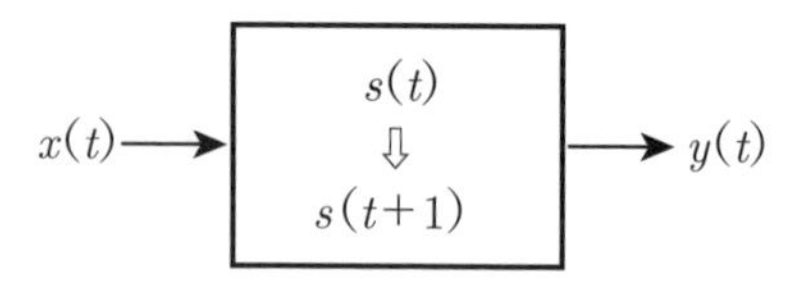

図 8.1　順序機械

によって与えられる．ここで，f は出力関数 (output function)，g は状態推移関数 (state transition function)[†2] と呼ばれる．さらに，内部状態のひとつをシステムの最初の時点の状態である初期状態 (initial state) に指定する．このように出力がその時点の内部状態と入力によって決められる順序機械はミーリィ (Mealy) 型と呼ばれる．

形式的には，ミーリィ型順序機械は次の 6 記号の組 (6-tuple) $M = (Q, \Sigma, \Delta, f, g, q_0)$ によって定義される．

- 内部状態，入力記号，出力記号の 3 種類の有限集合，それぞれ Q, Σ, Δ.
- 状態推移関数 $f : Q \times \Sigma \to Q$.
- 出力関数 $g : Q \times \Sigma \to \Delta$.
- 初期状態 $q_0 \in Q$.

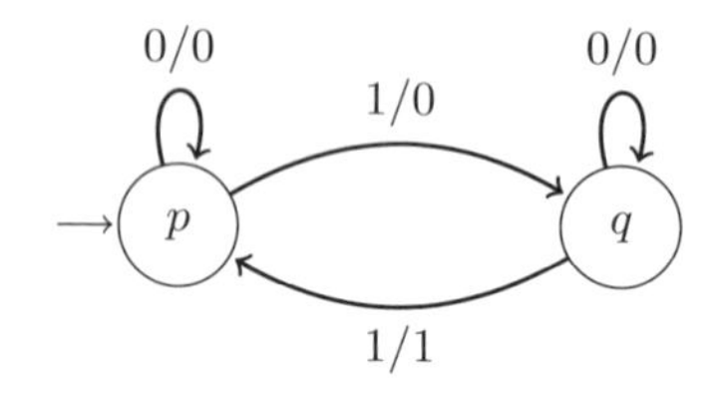

図 8.2　ミーリィ型順序機械の状態推移図

状態推移関数 f と出力関数 g は表の形式で表すことができるが，図 8.2 に示すような状態推移図 (state transition diagram) と呼ばれるグラフの形式が多く使われる．状態推移図では，内部状態に対応する各頂点から出る矢印に

<入力記号>/<出力記号>

の形式のラベルが付いている．たとえば，状態 p から q への矢印についたラベル 1/0 は，1 が入力されると 0 を出力して，状態 q に推移することを意味している．また，状態 p に向いている小さな矢印は p が初期状態であることを表している．

順序機械は入力記号の系列に対して出力記号の系列を決定する．図 8.2 の順序

[†2] transition には遷移という訳語もあり，状態遷移関数と呼ぶ文献も多い．

機械において各時点の入力の系列が 0101011110⋯ のとき，内部状態と出力記号は次のように推移する．

内部状態：	$p\ p\ q\ q\ p\ p\ q\ p\ q\ p\ \cdots$
入力：	0 1 0 1 0 1 1 1 1 0 ⋯
出力：	0 0 0 1 0 0 1 0 1 0 ⋯

この順序機械は入力系列中に連続してふたつの 1 が現れたときに 1 を，それ以外は 0 を出力する．

■ **ムーア型順序機械**　ムーア (Moore) 型順序機械は，出力はその時点の内部状態のみによって決められる順序機械である．形式的な定義はミーリィ型と同様に，$M = (Q, \Sigma, f, g, q_0)$ によって与えられるが，出力関数が $g : Q \to \Delta$ であることだけが異なっている．状態推移図では，出力記号のラベルは辺ではなく内部状態と共に頂点に付加される．図 8.3 は SR フリップ・フロップ (§4.3) の働きを表すムーア型順序機械の状態推移図の例である．ただし，入力の 0 は回路の入力 $SR = 00$ を，S は 10 を，R は 01 をそれぞれ表している．

ムーア型順序機械もミーリィ型と同様に入力系列から出力系列が決定される．ただし，最初の入力の前に初期状態に対応する出力記号が決まることがミーリィ型順序機械と異なる点である．この点を除いて，入力系列を出力系列に変換する機能についてはミーリィ型とムーア型の順序機械は等価であり，互いに変換する

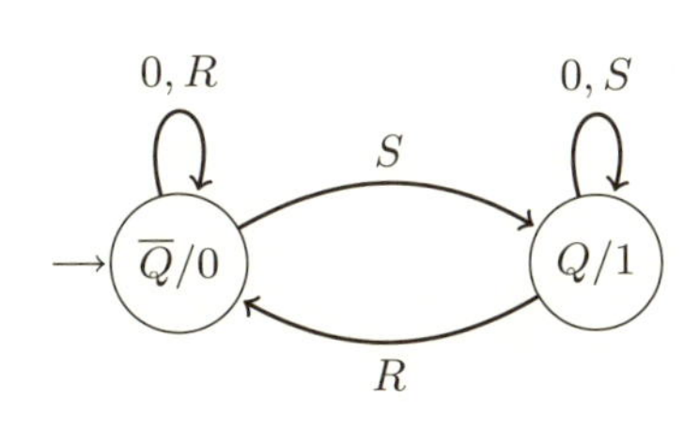

図 8.3　SR フリップ・フロップの働きを表すムーア型順序機械

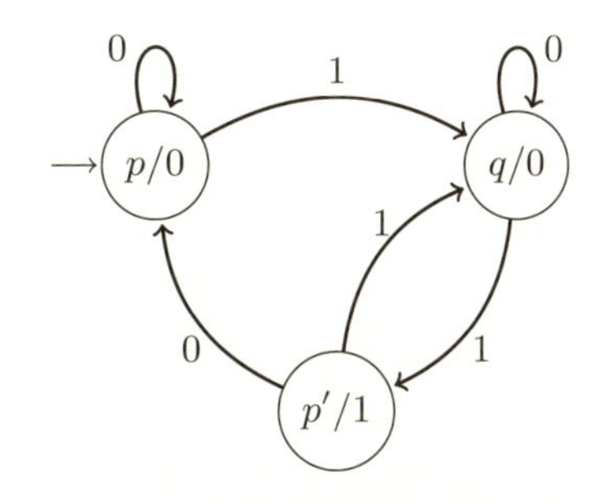

図 8.4　図 8.2 のミーリィ型順序機械と等価なムーア型順序機械

ことができる (練習問題 1). 図 8.4 のムーア型順序機械は最初の出力 0 が決まるほかは図 8.2 のミーリィ型順序機械と等価である. 図 8.2 における初期状態 p は図 8.4 の状態 p と p' に対応し, どちらを初期状態にしてもよい.

8.1.2　有限オートマトンと正則言語

決定性有限オートマトン (DFA: deterministic finite automaton) は形式言語を定義するための, 受理 (accept) と却下 (または不受理：reject) のふたつを出力とするムーア型順序機械 (§8.1.1) である. 受理を出力する状態は受理状態[†3]と呼ばれる. 有限オートマトンのモデルがミーリィ型でなくムーア型を元にしているのは, 状態だけで受理と却下を決定できることに加えて, 受理される言語が長さ 0 の特別な記号列である空列 ϵ を含むか否かを判定できるためである.

DFA は形式的には, $M = (Q, \Sigma, f, q_0, A)$ で表される. ここで, Q, Σ, f, q_0 はムーア型順序機械と同じくそれぞれ状態, 入力記号の有限集合, 状態推移関数, 初期状態である. 異なるのは出力関数の代わりに受理状態の集合 A を指定していることである. 状態推移関数 $f : Q \times \Sigma \to Q$ を次の規則によって記号列の推移用の関数 $f' : Q \times \Sigma^* \to Q$ に拡張する.

1. $\forall p, f'(p, \epsilon) = p$.
2. $\forall p, \forall a_1 a_2 \cdots a_n \in \Sigma^*, f'(p, a_1 a_2 \cdots a_n) = f'(f(p, a_1), .a_2 \cdots a_n)$.

以後, 拡張された関数 f' は f と区別せず f で表す.

DFA $M = (Q, \Sigma, f, q_0, A)$ において, ある記号列 w に対して $f(q_0, w) \in A$ なるとき, すなわち w によって初期状態から受理状態に推移するとき, 「M は w を受理する」という. M が受理する記号列の集合

$$L(M) = \{w \in \Sigma^* | f(q_0, w) \in A\}$$

をこの M が受理する言語と呼ぶ.

図 8.5 はふたつの DFA の状態推移図であり, 各状態からふたつの入力記号に対する矢印が出ている. 受理状態は 2 重丸で表される. 図 8.5(a) の DFA では,

[†3] 最終状態と呼ばれることもある.

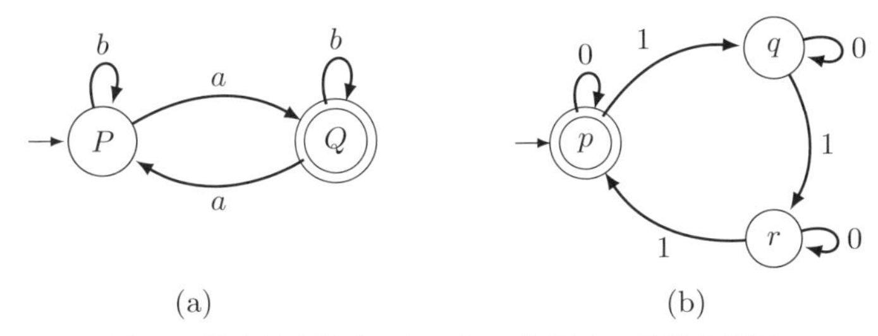

図 8.5　決定性有限オートマトン (DFA) の状態推移図

初期状態から入力 a によって受理状態に推移するので a は受理される記号列である．この DFA はそのほかに記号列

$$ab, ba, aaa, abb, bab, bba, aaab, aaba, abaa, abbb, baaaa, \cdots.$$

などを受理する．奇数個の a が入力されたときだけ受理状態に推移するので，この DFA の受理する言語は「奇数個の a を含む a と b からなる記号列の集合」である．また，図 (b) の DFA の受理する言語は次の「空列および 3 の倍数個の 1 を含む記号列の集合」である．

$$\{\epsilon, 0, 00, 000, 111, 0000, 0111, 1011, 1101, 1011, 0111, 00111, 01011, \cdots\}.$$

■ **非決定性有限オートマトン**　非決定性有限オートマトン (NFA: nondeterministic finite automaton) は状態と入力記号の組合せに対して推移する状態がなくても，また複数あってもよいような有限オートマトンである．形式的には NFA は (Q, Σ, f, q_0, A) によって定義される．ここで，Q, Σ, q_0, A は DFA と同じであり，状態推移関数が $f : Q \times \Sigma \to 2^Q$ であることだけが異なる．これは $f(q, a)$ で与えられる次の状態がひとつとは限らず，ふたつ以上の状態の集合または空集合であるこ

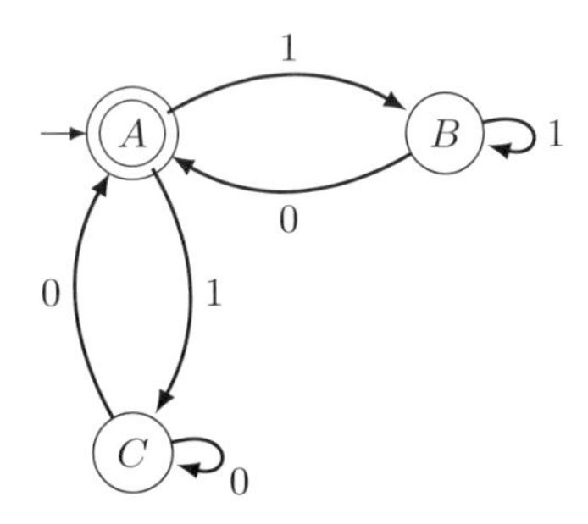

図 8.6　非決定性有限オートマトン (NFA)

とを意味している[†4].

図 8.6 は NFA の状態推移図を示している．DFA とは異なり，状態 A から入力 1 で推移する状態は B と C のふたつがあり，入力 0 で推移する状態は示されていない．NFA においても，DFA と同様に初期状態から受理状態に推移を起こさせる記号列が受理される．したがって，受理する記号列は

$$\epsilon, 10, 110, 100, 1110, 1000, 1010, 1110, 1000, 11010, 10010 \cdots$$

である．受理される記号列の条件は「1 で始まり，0 で終わり，連続した 1 の後にはかならず単独の 0」である．

NFA は非決定性の計算 (§6.3) と類似の非決定性の推移によって言語を定義する．状態推移関数 $f : Q \times \Sigma \to 2^Q$ を次の規則によって記号列の関数 $f' : 2^Q \times \Sigma^* \to 2^Q$ に拡張する．

1. $\forall p \in Q, \forall a_1 \cdots a_n \in \Sigma^*, f'(p, a) = \{q_1, \cdots, q_m\}$ のとき，
   $f'(p, a_1 \cdots a_n) = f'(f(q_1, a_1), a_2 \cdots a_n) \cup \cdots \cup f'(f(q_m, a_1), a_2 \cdots a_n).$
2. $\forall p_1, \cdots, p_m \in Q, \forall a_1 \cdots a_n \in \Sigma^*,$
   $f'(\{p_1, \cdots, p_m\}, a_1 \cdots a_n) = f'(p_1, a_1 \cdots a_n) \cup \cdots \cup f'(p_m, a_1 \cdots a_n).$

以後，拡張された関数 f' は f と区別せず f で表す．

NFA $M = (Q, \Sigma, f, q_0, A)$ において，ある記号列 w によって初期状態から受理状態 (のどれか) に推移系列があるとき，w は受理される．M が受理する言語は次に定義されるように受理される記号列の集合である．

$$L(M) = \{w \in \Sigma^* | f(q_0, w) \cap A \neq \emptyset\}.$$

DNF の推移とは異なり，NFA においては入力記号列に対して推移先の状態はひとつとは限らない．しかし，どの入力記号列に対しても取り得る状態の集合は決まる．この集合のなかに受理状態があれば記号列は受理される．次の定理はこの性質を用いて証明できる．

定理 8.1 非決定性有限オートマトン (NFA) は等価な (同じ言語を受理する) 決

[†4] 通常「非決定性」は「決定性でない」ことを意味するが，決定性有限オートマトンは NFA に含まれることに注意．すなわち，DFA は次の状態が常にひとつである特別な NFA である．

定性有限オートマトン (DFA) に変換できる．

状態推移図 8.7 は図 8.6 の NFA を変換してできる DFA を表している．この DFA では各状態が NFA で取り得る状態の集合に対応している．たとえば，DFA において初期状態 A から入力記号 1 で状態 B と C に非決定的に推移するので，NFA ではこの入力記号に対して取り得る状態の部分集合を表す状態 BC に決定的に推移する．

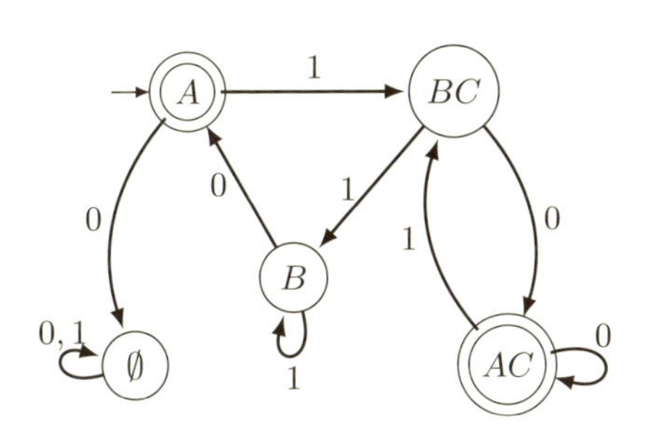

図 8.7　図 8.6 の NFA と等価な DFA

NFA で推移する状態がない状況は DFA では空集合 $\emptyset$ の状態に対応する．また，取り得る状態の集合に受理状態が含まれるときには，対応する DFA の状態は受理状態である．一般に NFA の方が等価な DFA より状態数も推移関係の数も少ないので，解析や設計には NFA が便利である．

■ **正則言語**　有限オートマトンによって受理できる言語は正則言語 (regular language) と呼ばれる．この言語は次に述べる正則式によって，また正則文法 (§8.2.2) によっても定義できる．

有限オートマトンではその状態数までしか数えられないことがその能力の制限を与えている．この制限によって，$\{a^n b^n \mid n \geq 1\}$ (ここで，a^n は n 個の a の系列) のような基本的な言語を受理できない．これは直観的には，この言語の記号列を左から入力して受理を決定するためには，その左部分 a^n までを入力したとき，個数 n が記憶されている必要があるが，有限状態ではその状態数までの記憶しかできないためである (厳密な証明は研究課題 2．一般に，あるシステムが何かをできないことを証明することは難しい)．同様の理由で，次のような言語も正則ではない．

- 回文 (palindrome，前から読んでも後ろから読んでも同じ文) の集合 $\{w \in \{a,b\}^* | w = w^R\}$，ここで，$w^R$ は w の順序の逆転．
- 同じ数の a の b からなる記号列の集合．

8.1.3 正則式

正則式 (regular expression，正規表現，正則表現とも呼ばれる[†5]) は，記号列のパタンを表す式によって言語を定義する．この式は基本的な言語と 3 種類の演算からなる．まず，記号の集合 (アルファベット) $\Sigma = \{a_1, a_2, \cdots, a_k\}$ 上の基本的な言語は $\emptyset, \{\epsilon\}, \{a_1\}, \{a_2\}, \cdots, \{a_k\}$ である．ここで，$\emptyset$ (空集合) 以外はひとつだけの記号 (ϵ も含む) からなる言語である．言語の演算には，和集合 (union) $\cup$ に加えて次のふたつがある．

連接 (concatenation) $R \cdot S = \{uv \mid u \in R, v \in S\}$. この演算は通常の乗算のように RS とも表される．例：$\{0, 11\} \cdot \{1, 00\} = \{01, 000, 111, 1100\}$.

スター演算 (Kleene star, Keene closure) $S^* = \{\epsilon\} \cup S \cup S^2 \cup S^3 \cup \cdots$.
ここで，$S^2 = S \cdot S$, $S^k = S \cdot S^{k-1}, (k > 2)$．この演算はすでに Σ^* (Σ の記号からなる空列を含むすべての記号列の集合) として紹介済みである．次はこの演算の例である．

$$
\begin{aligned}
\{0, 11\}^* &= \{\epsilon\} \cup \{0, 11\} \cup \{0, 11\}^2 \cup \{0, 11\}^3 \cup \cdots \\
&= \{\epsilon, 0, 00, 11, 000, 011, 110, 0000, 0011, 0110, 1100, 1111, \cdots\}.
\end{aligned}
$$

スター演算 S^* から空列を除いた集合 $S^* - \{\epsilon\} = SS^*$ はしばしば現れるので，これを S^+ によって表す．

アルファベット Σ 上の正則式は次の規則によって再帰的に定義される．( ) 内はそれぞれが表す集合 (正則言語) である．

1. $\emptyset$ は正則式である ($\emptyset$).
2. ϵ は正則式である ($\{\epsilon\}$).
3. 各 $a \in \Sigma$ は正則式である ($\{a\}$).
4. R, S を正則式とするとき，$R + S, RS, R^*$ は正則式である (それぞれ，

[†5] 多くの文献では正則表現または正規表現と呼んでいるが，数学では “regular” の訳語として「正則」を当てるのが一般的であり，“expression” は算術式や論理式と同様に「式」と呼ぶべきである．

$R \cup S, RS, R^*$).

規則 1，2，3 から出発して規則 4 を有限回適用して得られる式が正則式であり，規則 1，2，3 の ( ) 内の基本言語に規則 4 の ( ) 内の演算を施して得られる言語が正則式の表す集合である．

■ **正則式の例**　次は $\{0,1\}$ 上の言語を表す正則式の例である．

- $(0+1)^* = \{0,1\}^*$
- $(0+1)^*01$　　01 で終わる．
- $(0+1)^*1(0+1)^*$　　必ず 1 を含む．
- $(000^*+1)^*$　　孤立した 0 を含まない．
- $(1+011)^*$　　0 の後は必ず 11．

図 8.5 のふたつの DFA の受理する言語の正則式は $b^*a + (b^* + ab^{:} * a)^*$，および $(0^* + 10^*10^*1)^*$ である．また，図 8.6 の NFA の受理する言語の正則式は $(10^*0 + 11^*0)^*$ である．

§8.1 の冒頭で述べたように最初クレイニによって証明された次の定理はオートマトン理論の出発点となる基本定理である (証明は研究課題 1)．まったく異なるようにみえるふたつの方式が同じ正則言語を定義できることは興味深い．

定理 8.2　有限オートマトンと正則式は等価である．すなわち，有限オートマトンで受理される言語は正則式で表され，正則式で表される言語は有限オートマトンで受理される．

8.1.4 正則言語を認識する Prolog プログラム

以下，与えられた非決定性オートマトン (NFA) および正則式から，これらの言語を認識する Prolog プログラムを構成する方法を述べる．

■ **NFA**　与えられた NFA $M = (Q, \Sigma, f, q_0, A)$ に対して，この NFA の言語を認識する Prolog プログラムは次の規則および単位節からなる．

1. M における推移の関係 $f(p,a) \in q$ (これは推移図の各辺に対応する) に対して，$p([a|L]) : -q(L)$.
2. 各受理状態 $p \in A$ に対して，$p([\,])$.

述語 $p(L)$ は「状態 p から推移を始めるとリスト L で表される記号列は受理される」ことを表す．M の初期状態 p に対して，質問 `?- p([`$a_1, a_2, \cdots, a_n$`])` は，M が記号列 $a_1 a_2 \cdots a_n$ を受理するとき，成功して `true` を表示する．

次は図 8.5 の有限オートマトン (言語は「奇数個の'a' を含む'」) に対するプログラムと実行例である．

プログラム

```
p([a|L]) :- q(L).
p([b|L]) :- p(L).
q([]).
q([a|L]) :- p(L).
q([b|L]) :- q(L).
```

実行例

```
?- p([a]).
true
?- p([b,a,b,a,b,a]).
true
?- p([b,a,b,a,b,a,b,a]).
false
```

このプログラムを使って有限オートマトンの言語の記号列を発生することができる．このために“`?- p(L).`”なる質問を与えると，Prolog の深さ優先探索による計算では無限ループに入ってしまい，エラーとなる．この質問の前に長さの順に変数のリストを発生するゴール `length(L,_)` を置けば，次のような結果が得られる．ここで，length(L,N) は「リスト L の長さは N である」なる意味をもつ組込み述語であるが，L が変数のときには後戻りのたびに L に長さの順に変数のリストを返す．

```
?- length(L,_), p(L).
L = [] ;
L = [a, a, b] ;
L = [a, a, b, b] ;
```

以下，別解として順に次の記号列が生成される．

$$aabbb, aabbbb, aabaab, aabbbbb, aabbaab, aabaabb, aabbbbbb, \cdots.$$

■ **正則式**　連接を乗算の演算子 $*$，和集合を $+$，スター演算 E^* を $star(E)$ などと表せば，正則式を算術式と同様に扱うことができる．正則式の言語認識プログラムは正則式の定義通り次のように簡潔に書くことができる．

```
% re(L,L1,R): 差分リスト L-L1 が表す記号列は正則式 R の言語に含まれる.
re([A|X],X,A) :- atomic(A).
re(X0,X1,R+S) :- re(X0,X1,R); re(X0,X1,S).
re(X0,X2,R*S) :- re(X0,X1,R), re(X1,X2,S).
re(X,X,star(_)).
re(X0,X2,star(R)) :- re(X0,X1,R), re(X1,X2,star(R)).
```

このプログラムは記号列が正則式の言語であるか否かを判定するだけでなく，次のように正則式の言語を生成できる．正則式 $(10^*0 + 11^*0)^*$ は§8.1.2，図 8.6 の非決定性有限オートマトンと等価である．なお，スペース削減のため，繰り返し生成される同一の記号列は削除してある．

```
?- length(L,_),re(L,[],star(1*star(0)*0+1*star(1)*0)).
L = [] ;
L = [1, 0] ;
L = [1, 0, 0] ;
L = [1, 1, 0] ;
```

以下，別解として順に次の記号列が生成される．

$$1010, 1000, 1110, 10100, 10110, 10010, 10000, 11010, 11110, 101010, \cdots .$$

8.2 形式言語

オートマトン理論が産声をあげた 1950 年代に N. チョムスキーは学位論文「文法の構造」のなかで，英語の文法 (構文) を正確に記述する方法の研究結果を示した．これは言語と文法を数学的に扱う形式言語 (formal language) の出発点となった．形式言語は自然言語だけでなくプログラム言語の文法の定義とコンパイラが行う構文解析の基礎となった．形式言語のテーマには次のようなものがある．

- どのような規則の集合 (文法) でどのような言語が定義できるか.
- 英語 (日本語) の文法はどのように定義できるか.
- 文 (記号列) が文法に適合していることの判定をどのくらいの計算量で判定できるか. この判定は言語の認識または構文解析 (parsing) と呼ばれる.

形式言語はチョムスキーの階層 (hierarchy) と呼ばれる次の 4 段階のクラスからなる.

0 型　句構造言語 (PSL)
1 型　文脈依存言語 (CSL)
2 型　文脈自由言語 (CFG)
3 型　正則言語 (RL)

N. チョムスキー (1928～)

以下に述べるように，これらはそれぞれ，句構造文法 (PSG)，文脈依存文法 (CSG)，文脈自由文法 (CFG)，正則文法 (RL) の言語である. 上位のクラスは下位のクラスの言語を含んでおり，各クラスはその言語の文法の規則の形式によって特徴づけられる. §8.2.8 の表 8.1 に示されるように，各言語のクラスはその言語を受理するオートマトンと対応しており，正則言語はすでに扱った有限オートマトンによって受理される言語である.

8.2.1　句構造文法 (PSG)

句構造文法 (PSG: phrase-structure grammar) は形式文法のなかでもっとも一般的な形式をもつ. 文法の本体は記号列の変換を表す有限個の規則である. この規則は生成規則 (production rule) または書き換え規則 (rewriting rule) とも呼ばれる. ほかのクラスの文法はこの規則に制限を加えたものである.

定義 8.1　句構造文法 (PSG) は記号の組 $G = (N, T, P, S)$ で表される. ここで

- T は言語に現れる記号 (終端記号 : terminal symbol) の集合である.
- N は文法を定義するために使われる終端記号以外の非終端記号 (nontermi-

nal symbol) の集合である．これはひとつの開始記号 (starting symbol) と呼ばれる記号 S を含む．

- P は $\alpha \to \beta$ の形式の規則 (rule) の集合である．ここで

$$\alpha \in (T \cup N)^* N (T \cup N)^*, \quad \beta \in (T \cup N)^*.$$

  すなわち，α と β は終端と非終端記号の任意の記号列，ただし α はかならず非終端記号を含む．

規則 $\alpha \to \beta$ は，ある記号列中に部分系列 α が含まれていたとき，それを β に置き (書き) 換える操作を表している．PSG G の規則によって記号列 u が v に変わるとき，$u \Rightarrow_G v$ と書く[†6]．また，G の規則を任意回 (0 回を含む) 適用して u が v に変わるとき，$u \Rightarrow_G^* v$ と書く．文法が自明なときには添え字の G を省略してもよい．

定義 8.2 PSG $G = (N, T, P, S)$ に対して，ある非終端記号 $A \in N$ から始めて P の規則を使って書き換えを繰り返して終端記号のみの記号列 w がつくられるとき，A から w が導出されるという．PSG G の言語 $L(G)$ は開始記号 S から導出される記号列の集合 $\{w \in T^* | S \Rightarrow_G^* w\}$ である．

8.2.2 文脈自由文法 (CFG)

文脈自由文法 (CFG: context-free grammar) は，規則の左辺がひとつの非終端記号だけであるように制限した PSG である．この文法の言語 (文脈自由言語, CFL: context-free language) はもっとも広く調べられ，プログラム言語の記述や処理にも応用されている．

定義 8.3 文脈自由文法 (CFG) は，すべての規則が $A \to \beta$ の形式であるような句構造文法 $G = (N, T, P, S)$ である．ここで，$A \in N, \beta \in (N \cup T)^+$ (すなわち，A は非終端記号，β は終端記号と非終端記号の空でない記号列) である．

[†6] "$\Rightarrow_G$" は次のように定義される関係である： $u \Rightarrow_G v \Longleftrightarrow$ ある $\gamma_1, \gamma_2 \in (T \cup N)^*$ に対して $u = \gamma_1 \alpha \gamma_2$ かつ $v = \gamma_1 \beta \gamma_2$ であり，かつ $\alpha \to \beta$ が G の規則である．

■ **例：a^nb^n 言語** G_1 を $\mathrm{CFG}(\{S\},\{a,b\},P_1,S)$ とする．ここで，$P_1=\{S\to ab, S\to aSb\}$．この文法からの導出の例を下に示す．ある非終端記号を書き換えた部分は下線によって示されている．

$$S \Rightarrow \underline{ab}.$$
$$S \Rightarrow \underline{aSb} \Rightarrow a\underline{aSb}b \Rightarrow^* aa\cdots\underline{aSb}\cdots bb \Rightarrow aa\cdots a\underline{ab}b\cdots bb.$$

導出される言語 $L(G_1)=\{a^nb^n|n\geq 1\}$ は，すでに述べた有限オートマトンでは受理できない非正則言語である．

■ **例：回文** G_2 を $\mathrm{CFG}(\{S\},\{a,b\},P_3,S)$ とする．ここで P_3 は規則の集合 $\{S\to a\mid b\mid aa\mid bb\mid aSa\mid bSb\}$．ただし，規則を短く表すため，同じ非終端記号に対する規則 $A\to\beta_1,\cdots,A\to\beta_k$ をまとめて $A\to\beta_1|\,\beta_2|\,\cdots|\,\beta_k$ と書く拡張記法を使っている（“ | ” は「または」の意味をもっている）．この言語 $L(G_2)$ は次のような $\{a,b\}^+$ 上の回文の集合である．

$$a, b, aa, bb, aaa, aba, bab, bbb, aaaa, abba, baab, bbbb, aaaaa, aabaa, \cdots.$$

■ **例：かっこ言語** CFG $G_3=(\{S\},\{a,b\},P_3,S)$ を考える．ここで，$P_3=\{S\to ab\mid aSb\mid SS\}$．この文法の言語 $L(G_3)$ には次のような記号列が含まれる．

$$ab, aabb, abab, aaabbb, aababb, aabbab, abaabb, ababab, aaaabbbb, \cdots.$$

この言語の記号列は，a と b をそれぞれ左かっこと右かっことみなすと左と右がつりあったかっこの系列を表している．より正確な条件は，「同じ数の a と b からなり，どの接頭語（記号列の左部分）でも b の数が a の数を超えることはない」．

■ **正則文法 (RG: regular grammar)** 正則文法は規則を，$A\to a$ または $A\to a\,B$ の形式，すなわち右辺が終端記号 1 個または終端記号と非終端記号 1 個ずつの形に制限した文脈自由文法である．この文法は有限オートマトンと等価であり（したがって，正則式とも等価であり），正則文法と非決定性有限オートマトンと互いに変換できる．たとえば，図 8.6(§8.1.2, p.153) の非決定性有限オートマトンは次の規則をもつ正則文法と等価である．

$$A \to 1\,B\,|\,1\,C, \qquad B \to 0\,B\,|\,0\,C, \qquad C \to 0\,C\,|\,1\,A.$$

開始記号は初期状態 A である．次に示すこの文法の導出の例はまた，NFA の推移を表している．

$$A \Rightarrow 1B \Rightarrow 10B \Rightarrow 100A \Rightarrow 1001C \Rightarrow 10010.$$

正則文法の言語，正則言語は句構造言語の最下層のクラスとなっている．

8.2.3 導出木とあいまいな文法

文脈自由文法からの導出には，次のような導出木 (derivation tree) または構文木 (syntax tree) と呼ばれるラベル付き順序木 (付録 § A.4) が対応する．

1. 終端の各頂点には終端記号，非終端の各頂点には非終端記号がラベル付けされる．特に根のラベルは開始記号である．
2. ある非終端の頂点のラベルが A，その子の頂点のラベルが $\beta_1 \cdots \beta_k$ のとき，およびそのときに限り，文法は規則 $A \to \beta_1 \cdots \beta_k$ を含む．

図 8.8 はかっこ言語の文法 G_3 の記号列 $aababb$ と $ababab$ に対する導出木を示している．

ある CFG において，ある記号列に対してふたつ以上の導出木があるとき，この文法はあいまい (ambiguous)，または多義的であるという．たとえば，かっこ言語の文法 G_3 は記号列 $ababab$ に対して図 8.8 (b) と (c) の導出木をもつのであいまいである．この文法と等価な (言語が同一の) 文法 $G_4' =$

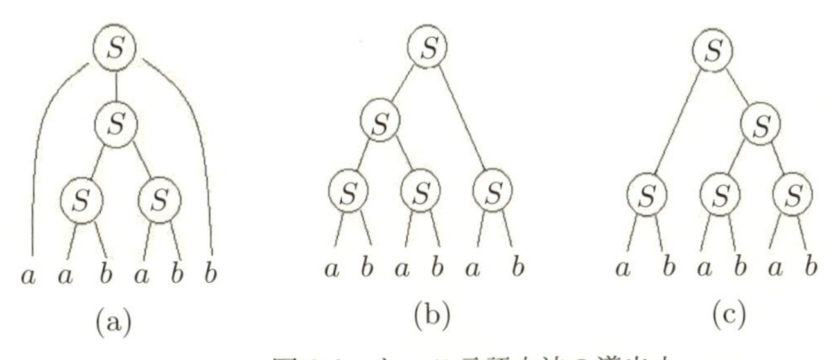

図 8.8 かっこ言語文法の導出木

$(\{S, C, D, E\}, \{a, b\}, P_4, S)$ はあいまいでない．ここで

$$P_4 = \{S \to SE \mid CD,\ C \to a \mid CS,\ D \to b,\ E \to CD\}.$$

この CFG は筆者の研究室で開発された文法推論システム Synapse によって作成された．§10.5 では Synapse の動作原理が説明され，表 10.1 (p.219) には合成されたいくつかのあいまいな CFG と非あいまいな CFG が示されている．

このようにある言語に対してあいまいな CFG と非あいまいな CFG があるので，あいまい性は文法の性質であって言語の特性ではない．ただし，非あいまいな CFG が存在しない CFL (本質的にあいまいな言語：inherently ambiguous language) が存在する．本質的にあいまいであることが証明されている CFL は少ないが，$\{a^i b^j c^k \mid i, j, k \geq 1, i = j$ または $j = k\}$ はそのような言語である．

導出木は記号列の表す意味と関連しており，あいまいな文法ではひとつの記号列がふたつ以上の意味をもつことになる．われわれが日常用いている言語ではあいまいな表現はよく現れるが，次の例にみられるように，あいまい性は一般に同じ文が異なる導出木をもつことで説明できる．自然言語の処理 (機械翻訳，会話システム) では，あいまい性をどう扱うかが大きな問題である．

■ **例：あいまいな英語の文法**　次は英文 “Time flies like an arrow” の構造を説明するための文法の規則である．ここでは，<···>が非終端記号を，それ以外の英単語が終端記号を表している．これは BNF (Backus-Naur Form) と呼ばれる CFG の記法にもとづいている．

<文> → <名詞句> <動詞句>
<名詞句> → <名詞> | <冠詞> <名詞> | <名詞> <名詞>
<動詞句> → <動詞> <前置詞句> | <動詞> <名詞句>
<前置詞句> → <前置詞> <名詞句>
<名詞> → Time | flies | arrow　　　　<動詞> → like | flies
<前置詞> → like　　　　<冠詞> → an

開始記号は <文> である．記号列 “Time flies like an arrow” に対して，図 8.9 に示すふたつの導出木が存在するので，この文法はあいまいである．図 (a) の導出木の解釈では「時間は矢のように飛ぶ (光陰矢の如し)」の意味であるのに対

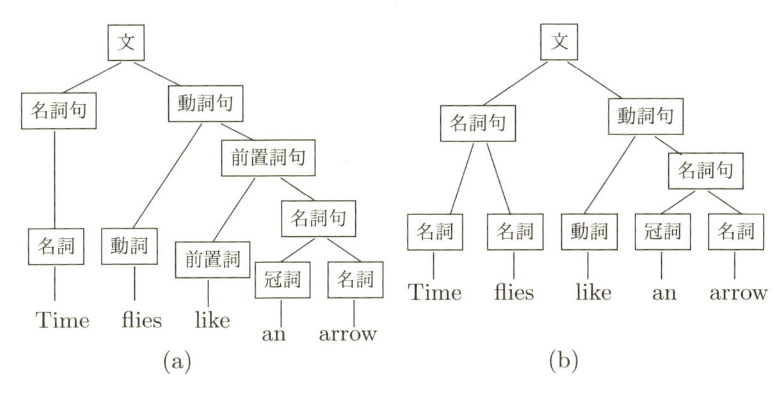

図 8.9 "Time flies like an arrow" に対するふたつの導出木

し，図 (b) の導出木では "トキバエは矢を好む" なる意味を表す[†7]．なお，この文は Time を動詞とする命令文と解釈することも可能である．

この文法はたとえば，"Time like arrow" や "arrow like Time" のような記号列も導出してしまうので，これは正しい英文のための文法ではない．一般的な英文法には，「単数形と名詞が主語のときは現在形の動詞に s が付く」とか「複数形の名詞には不定冠詞が付かない」などの規則が必要である．CFG によってこのような規則を表すと非常に多くの規則が必要になるので，CFG はそのままでは英語の文法を表すのは難しい．また，英語と異なり文の語順をさまざまに変えることのできる日本語 (ドイツ語なども同じ) は多くの規則を必要とするので，英語以上に CFG で表すのに適していない．

8.2.4 算術式の文法

多くのプログラム言語にみられる算術式 (arithmetic expression) は通常の数学で用いられる数式に近い表現で四則演算の手順を記述する．標準的な算術式の言語は次の規則をもつ CFG によって表すことができる．ここで，E は非終端記

[†7] "time fly" (トキバエ) が実際にいるかどうかは分からないが，ふたつ名詞を続けて最初の名詞を形容詞とみなす表現は英語によくみられる．

号かつ開始記号，$a, b, c, +, -, *, /, (,)$ は終端記号である．

$$E \to E+E \mid E-E \mid E*E \mid E/E \mid (E) \mid a \mid b \mid c.$$

実際のプログラムでは演算の対象 (オペランド) は変数や定数であるが，ここでは a, b, c だけで表している．この文法の言語は

$$a, (b), a+b, a-b+c, a+(b*c), a*b+c, (a+b)*c, \cdots$$

などの記号列を含む．しかし，この文法はあいまいであり，プログラム言語の文法としては不充分である．たとえば，$a-b+c$ に対して，ふたつの導出木があり，それぞれが $(a-b)+c$ と $a-(b+c)$ で表される異なる意味 (計算順序) を表している．文法があいまいであると，ひとつのプログラムに対してふたつ以上の計算手順があり，計算結果が異なる可能性があるため，プログラム言語の文法は非あいまいでなければならない．

算術式を構成する四則演算の演算子には，通常 $+$ と $-$，$*$ と $/$ はそれぞれ同じ優先順序をもち，$*$ と $/$ の優先順序は $+$ と $-$ より高く，同じ優先順序の演算では左側の演算が優先するなどの規則がある．たとえば，$a+b*c$ は $a+(b*c)$，$a-b+c$ は $(a-b)+c$ と同じ計算を表している．

次は，この優先順序を考慮したあいまいでない文法のための規則である．ここで，E, T, F は非終端記号，$a, b, c, +, -, *, /, (,)$ は終端記号，E は開始記号である．なお，非終端記号 E は expression (算術式)，T は term (項)，F は functor (因子) などと呼ばれる構文上の要素に対応している．

$$E \to E+T \mid E-T \mid T, \quad T \to T*F \mid T/F \mid F, \quad F \to (E) \mid a \mid b \mid c.$$

図 8.10 はこの CFG による導出木の例である．

この算術式の規則は最初，1960 年に公表された Algol 60 (§5.7.1) の BNF 形式の構文で示され，その後の多くのプログラム言語の文法にほぼそのままの形で継承されている．Algol 60 の if 文に関する構文が，後にあいまいであることが判明した．このような問題が起こらないようにするには CFG に対するあいまい性の判定が重要である．この判定問題は決定不能 (§6.1) であることがその後に証明された．

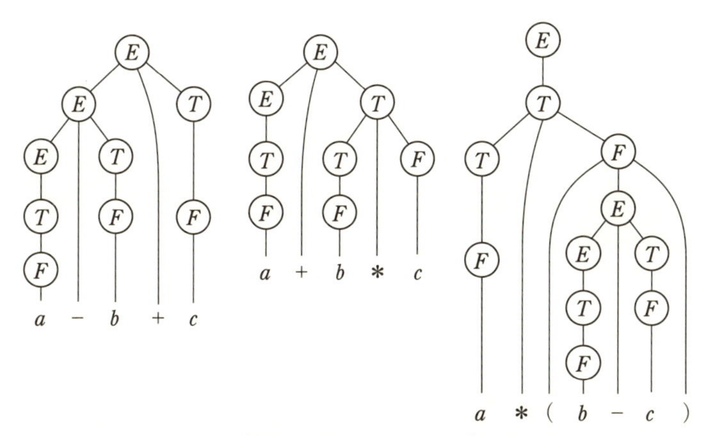

図 8.10　算術式の CFG による導出木の例

8.2.5　プッシュダウン・オートマトン

プッシュダウン・オートマトン (PDA: push-down automaton) は有限オートマトンに補助記憶として記号を読み書きできる長さに制限のないテープを付加したものである．このテープはプッシュダウン (push-down) 記憶またはスタック (stack) として使われ，「これまでに書かれたテープ上の記号の右端の記号のみを読み取り，また，テープの右端にしか記号を書き込めない」という制限がある．PDA は文脈自由文法と等価であり，同じ言語を受理または導出するものに互いに変換できる (証明は研究課題 3)．以下，筆者が考案した簡潔な形式の PDA[29] について述べる．これは多くの教科書に述べられているものと異なるが，それらと等価であり，互いに変換できる．この形式の PDA は，正則文法の形式の規則 ($A \to aB$) に加えて，次のような拡張規則によって表される．規則中の $[\cdot]$ はスタックの右端の記号を表している．

- $A \to aB[c]$: 状態 A で入力記号 a のとき，スタックに記号 c を加えて (プッシュして)，状態 B に推移する．
- $A[c] \to aB$: 状態 A で入力記号 a，スタックの右端の記号が c のとき，スタックから c を除いて (ポップして)，状態 B に推移する．

PDA 全体の状態は内部状態とスタックの記号列の組 $s\,[c_1c_2\cdots c_k]$ によって表される．初期状態は初期内部状態と空のスタックの組 $s[\,]$，受理状態は空のスタックをもつ状態である．

■ **例：かっこ言語**　前述のかっこ言語を受理する PDA は次のふたつの規則だけからなる[†8]．なお，ここで示す PDA はスタック記号として入力記号を用いている．

$$s \to a\,s\,[a], \qquad s\,[a] \to b\,s.$$

これによって次のような推移が可能であるが，これは記号列 $aababb$ の受理の過程だけでなく，この記号列の導出ともみなすことができる．すなわち，この PDA は文脈自由言語を導出する文法でもある．

$$\begin{aligned} s[\,] &\Rightarrow a\,s[a] \Rightarrow aa\,s[aa] \Rightarrow aab\,s[a] \Rightarrow aaba\,s[aa] \Rightarrow aabab\,s[a] \\ &\Rightarrow aababb\,s[] \Rightarrow aababb. \end{aligned}$$

次にほかのふたつの CFL のための PDA を示す．

- $\{a, b\}$ 上の回文：$s \to a\,s\,[a]$，$s \to b\,s\,[b]$，$s \to a\,p$，$s \to b\,p$，
  $s\,[a] \to a\,p$，$s\,[b] \to b\,p$，$p\,[a] \to a\,p$，$p\,[b] \to b\,p$.
- 同じ数の a' と b' からなる記号列の集合：
  $s\,[b] \to a\,s$，$s \to b\,s\,[b]$，$s\,[a] \to b\,s$，$s \to a\,s\,[a]$.

8.2.6　確定節文法 (DCG)：文脈自由言語の認識

文脈自由言語の構文解析は，確定節文法 (DCG: definite clause grammar) と呼ばれる Prolog プログラムによって簡単に行える．確定節とは規則および単位節を意味しているので，確定節文法は Prolog のプログラムの形で表された文法を表している．文脈自由文法 (CFG) は以下のような簡単な変換によって DCG に変換できる．これは CFG の下向き構文解析が Prolog の計算過程にきわめて類似していることにもとづいている．CFG の構文解析をホーン節の定理証明プ

[†8] ここで示される PDA は前述の非あいまいなかっこ言語の CFG と同様，Synapse システムで合成された．

ロセスで行えることの発見が論理プログラミングの起源であった.

DCG は, CFG の各規則に対応する次のような Prolog の規則からなる.

1. 規則 $p \to q_1, \cdots, q_k$ ($p, q_1, \cdots, q_k$ は非終端記号) に対して
   $p(X_1, X_{k+1})$:- $q_1(X_1, X_2), q_2(X_2, X_3), \cdots, q_k(X_k, X_{k+1})$.
2. 規則 $p \to a$ (a は終端記号) に対して, $p([a|X], X)$.

これが本来の DCG (Prolog の規則で表された文法) であるが, 一般には CFG の形により近い次の形式が DCG と呼ばれており, Prolog 処理系はこの形式の規則を上記の規則に変換する機能を含んでいる.

1. p --> $q_1, q_2, \cdots, q_k$.
2. p --> $[a]$.

DCG では, 記号列を差分リストで表しており, 非終端記号に対応する各述語 $p(X, Y)$ は「非終端記号 p から差分リスト $X - Y$ で表された部分記号列へ導出できる」を意味している. 規則 $p(X, Z)$:- $q(X, Y), r(Y, Z)$ は, 次のような意味をもっている:

非終端記号 p から差分リスト $X - Z$ で表される記号列へ導出できる条件 (のひとつ) は, q から $X - Y$ (記号列の左部分) へ, かつ r から $Y - Z$ (残りの部分記号列) へ導出できることである.

次のプログラムは§8.2.3 の "Time flies like an arrow" のための CFG を変換したものである. ただし, それだけでは文法から記号列が導出されるかいなかによって, true または false が出力されるだけなので, この文法から異なる導出木が生成されることを示せない. 次のプログラムでは, 各述語に導出木を表す項を第 3 の引数として加えたものとなっており, たとえば, 基本的な規則 $p(X, Z)$:- $q(X, Y), r(Y, Z)$ の代わりに

$$p(X, Z, p(U, V)) \text{ :- } q(X, Y, U), r(Y, Z, V)$$

が使われている. なお, 1 重引用符で囲んだ`'Times'`は変数ではなくアトムを表している.

```
文 (X,Z, 文 (U,V)) :- 名詞句 (X,Y,U), 動詞句 (Y,Z,V).
名詞句 (X,Y, 名詞句 (U)) :- 名詞 (X,Y,U).
名詞句 (X,Z, 名詞句 (U,V)) :- 冠詞 (X,Y,U), 名詞 (Y,Z,V).
名詞句 (X,Z, 名詞句 (U,V)) :- 名詞 (X,Y,U), 名詞 (Y,Z,V).
動詞句 (X,Z, 動詞句 (U,V)) :- 動詞 (X,Y,U), 前置詞句 (Y,Z,V).
動詞句 (X,Z, 動詞句 (U,V)) :- 動詞 (X,Y,U), 名詞句 (Y,Z,V).
前置詞句 (X,Z, 前置詞句 (U,V)) :- 前置詞 (X,Y,U), 名詞句 (Y,Z,V).
名詞 (['Time'|X],X, 名詞 ('Time')).
名詞 ([flies|X],X, 名詞 (flies)).
名詞 ([arrow|X],X, 名詞 (arrow)).
動詞 ([like|X],X, 動詞 (like)).
動詞 ([flies|X],X, 動詞 (flies)).
前置詞 ([like|X],X, 前置詞 (like)).
冠詞 ([an|X],X, 冠詞 (an)).
```

このプログラムによって，次に示すように“Time flies like an arrow”を構文解析して，2 種類の導出木 (図 8.9) を表す項を出力することができる．ただし，この項はべた打ちの出力を木構造が判別しやすいように人手で整形してある．

```
?- 文 ([Time,flies,like,an,arrow],[ ],T).
T = 文 (名詞句 (名詞 ('Time')),
        動詞句 (動詞 (flies),
               前置詞句 (前置詞 (like),
                        名詞句 (冠詞 (an),
                               名詞 (arrow))))) ;
T = 文 (名詞句 (名詞 ('Time'),
               名詞 (flies)),
        動詞句 (動詞 (like),
               名詞句 (冠詞 (an),
                      名詞 (arrow)))) ;
false          % (上のふたつ以外の導出木はない)
```

このプログラムを使ってこの文法の記号列を順に導出することができるが，この文法は英語用には不完全であり，英文として正しくない記号列が生成される．

DCG による文脈自由文法の構文解析は簡明であるが，下向き構文解析であるため，解析の効率はかならずしも高くないだけでなく，左再帰 (left recursion)

の形の規則を含む場合には無限ループに入ってしまう問題がある．ここで，左再帰の規則とは $p \to pq$ の形の規則であり，かっこ言語の規則 $p \to pq$（§8.2.2）や算術式の規則 $E \to E + T$ は左再帰である．左再帰の規則を含む文法を，これと等価で左再帰を含まない文法に変換することができるが，記号列の意味を与える導出木の形は変わってしまう．確定節文法のほかの特長は，規則に条件を追加して容易に文脈自由を超えた文法に拡張できることである．

■ プッシュダウン・オートマトン　§8.1.4 の有限オートマトンのプログラムの述語にスタックを表す引数を加えれば，PDA(§8.2.5) の働きをもつプログラムが作成できる．次はかっこ言語を受理する PDA のプログラムと言語生成の実行例である．

プログラム（かっこ言語）

```
% 空スタックで受理
s([],[]).
% s →  a s  [a]   に対して
s([a|L],S) :- s(L,[a|S]).
%  s[a] →  b  s   に対して
s([b|L],[a|S]) :- s(L,S).
```

```
?- length(L,_),s(L,[]).
L = [] ;
L = [a, b] ;
L = [a, a, b, b] ;
L = [a, b, a, b] ;
L = [a, a, a, b, b, b] ;
L = [a, a, b, a, b, b] ;
L = [a, a, b, b, a, b]
```

■ 非文脈自由言語　文脈自由文法 (CFG) はこれまで述べたようにかなり広範囲の言語を表せる．次の問題は「CFG では定義できない言語＝非文脈自由言語はどのようなものか」である．これには多くの言語が知られているが，次にあげるのは代表的な非文脈自由言語である．

- $\{a^n b^n c^n \mid n \geq 1\}$.
- $\{1, 1^4 = 1111, 1^9, \cdots, 1^{i^2}, \cdots \mid i \geq 1\}$（1 進法で表した平方数の集合）.
- コピー言語 (copy language)，$\{ww \mid w \in \{a, b\}^+\}$（$ww$ の形をもつ記号列の集合）：$aa, bb, aaaa, abab, baba, bbbb, aabaab, baa, baa, babbab, \cdots$.

コピー言語は文脈自由ではないが，その補集合（ww の形をもたない記号列の集合）は文脈自由であるという興味深い特性をもっている．有限オートマトンの能力は状態が有限であることにもとづくが，CFG の能力を制限している要因のひとつは非終端記号の数が有限であることによる．

8.2.7 文脈依存文法 (CSG)

文脈依存文法 (CSG: context-sensitive grammar) は，上記の非文脈自由言語を含むより大きな範囲の言語 (文脈依存言語：CSL) を表せる文法である．この文法は

$$\gamma_1 A \gamma_2 \to \gamma_1 \beta \gamma_2, \quad A \in N, \beta \in (N \cup T)^+, \gamma_1, \gamma_2 \in (N \cup T)^*$$

の形の規則をもつ (N と T は非終端と終端記号の集合)．これは CFG の規則 $A \to \beta$ の両辺に，導出において非終端記号の書き換えを制限するふたつの記号列 γ_1, γ_2 を付加できるように拡張したものである．この文法の規則は，句構造文法の規則 $\alpha \to \beta$ に $|\alpha| \leq |\beta|$ (導出の途中で記号列の長さが縮小しない) なる制限を付けたものとも定義できる．このような拡張によって文脈依存文法は文脈自由文法では表せない言語を導出できる．

■ **CSG の例**　非文脈自由言語 $\{a^n b^n c^n \mid n \geq 1\}$ の文法を示す．G_4 を CSG $(\{S, C, D\}, \{a, b, c\}, P_4, S)$ とする．ここで，P_4 は次の規則の集合である．

$$S \to abc \mid aSBc, \qquad cB \to Bc, \qquad bB \to bb.$$

次はこの CSG の代表的な導出である．

$$S \Rightarrow aSBc \Rightarrow^* a^k S(Bc)^k \Rightarrow a^k abc(Bc)^k \Rightarrow^* a^k abB^k c^k c$$
$$\Rightarrow^* a^{k+1} b^{k+1} c^{k+1} \quad (k \geq 1).$$

3 ステップ以上の推移経路には複数の規則の適用順序があるが，非終端記号 B の後に記号 c が置かれた後でないと (cB が含まれると)，B を終端記号 b に変える規則はないので，この言語の記号列だけが導出される．

8.2.8 チョムスキーの階層

前述のように形式文法は，許される規則の形から「チョムスキーの階層 (hierarchy)」と呼ばれる 0 型〜3 型までの 4 クラスに分類される．表 8.1 は文法のクラスと対応するオートマトンのクラスを示している．上のクラスの文法は下のク

表 8.1 チョムスキーの階層 (T を終端記号，N を非終端記号の集合とするとき，$\alpha \in (T \cup N)^+, \beta, \gamma_1, \gamma_2 \in (T \cup N)^*, A, B \in N, u \in (T \cup N)^*$)

型	文法	規則の形	オートマトン
0	句構造文法 (PSG)	$\alpha \to \beta$	Turing 機械
1	文脈依存文法 (CSG)	$\gamma_1 A \gamma_2 \to \gamma_1 u \gamma_2$	線形拘束オートマトン
2	文脈自由文法 (CFG)	$A \to u$	PDA
3	正則文法 (RG)	$A \to a, \quad A \to aB$	有限オートマトン

表 8.2 チョムスキーの階層の各クラスの言語の例

型	文法	言語の例
0	句構造文法 (PSG)	停止するプログラムの集合
1	文脈依存文法 (CSG)	$\{a^n b^n c^n \mid n \geq 1\}, \{ww \mid w \in \{a,b\}^+\}$
2	文脈自由文法 (CFG)	$\{a^n b^n \mid n \geq 1\}$, $\{a,b\}^+$ 上の回文の集合
3	正則文法 (RG)	奇数個の a を含む a と b の系列

ラスを含むので，たとえば正則文法は，文脈自由，文脈依存，かつ句構造文法でもある．さらに，各クラスには言語のクラスが対応するが，各言語のクラスはその上の言語のクラスの真部分クラスになっている．

表 8.2 に各クラスの言語の例を示す．各言語の例はその下のクラスには属さない．ただし，これまで述べた CFG と CSG の定義では空列 ϵ を含む言語は導出できない．この問題は，空列を含む言語の文法には例外的な規則 $S \to \epsilon$ (S は開始記号) を追加できるように文法の定義を拡張することによって解決できる．

2 型より高位の言語に対応するオートマトンには有限状態の制御部のほかに補助記憶として記号を読み書きできるテープを使用する．すでに述べたように，2 型 CFG に対応するプッシュダウン・オートマトン (PDA) はテープへの記号の読み書き方式に制限を加えたものである．0 型文法 PSG と 1 型文法 CSG に対応するオートマトンは Turing 機械 (§5.3) そのものである．

受理機としての Turing 機械はテープ上の入力記号列に対して，長さに制限のないテープを用いて受理の判定のための計算を行う．0 型言語の受理はほかの言語の受理とは異なっており，「Turing 機械が 0 型の言語 L を受理する」とは，$w \in L$ のとき，制御部が受理状態になって停止するが，$w \notin L$ のときは非受理の状態で停止することを保証していない．このような言語は半決定可能 (semi-decidable) または帰納的可算集合 (付録 § A.1) と呼ばれている．0 型以外の言語は決定可能であり，受理，非受理を有限ステップで判定できる．1 型文法 CSG に対応するオートマトンである線形拘束オートマトン (linear bounded automaton) はテープの長さを入力記号列の定数倍に制限した Turing 機械である．

■ **言語認識の計算量**　チョムスキーは，記号列がある文法の言語に含まれるかどうかを決定する言語認識または構文解析の計算量を言語のクラスの重要なファクタとみなしている．言語を受理するオートマトンは本来，言語認識のアルゴリズムを与えるものであるが，これらは基本的に非決定性であるため，計算量の評価にはそのままでは使えない．さらに，Turing 機械と有限オートマトンは非決定性のモデルを決定性に変換できるが，PDA についてはこのふたつの能力は異なり，2 型の言語 (CFL) を線形時間で受理できるのは非決定性の PDA である．非決定性線形拘束オートマトンの能力が決定性線形拘束オートマトンの能力を真に含むか否かはまだ分かっていない．

半決定可能である 0 型言語以外の，決定性の言語認識の現在知られている計算量は次の通りである．ただし，n は記号列の長さである．

- **3 型 – 正則言語** n (実時間，線形時間 $O(n)$ に含まれる)．
- **2 型 – 文脈自由言語** $O(n^3)$ (多項式時間)．
- **1 型 – 文脈依存言語** 領域計算量が多項式 (P-SPACE)．これはおそらく決定性多項式時間ではないが，それは証明されていない．

文脈自由言語 (CFL) の構文解析法はプログラム言語のコンパイラで用いられるため，古くからよく研究されてきた．コンパイラの構文解析は単に受理を決定するだけでなく，結果として導出木を返し，これから機械語のコードが生成される．通常のプログラム言語は効率よく (線形時間で) 構文解析ができるような CFL の部分クラスに属している．一般的な CFL の構文解析法には計算量が $O(n^3)$ の CYK (Cocke-Younger-Kasami) アルゴリズムなどがあり，この計算量が現在知られている最小である．

文脈自由文法は (CFG) はプログラム言語の文法には適しているが，自然言語を表すためには不充分である．一方，CFG の上位のクラスである文脈依存文法 (CSG) は，規則が複雑であり，構文解析の計算量が大きすぎて自然言語の文法としては不自然である．自然言語の文法として，CFG を拡張した弱文脈依存文法 (mildly context-sensitive grammar) が有力な候補として研究されている．この文法は構文解析が多項式時間であり，その言語にはコピー言語や $\{a^n b^n c^n \mid n \geq 1\}$ などの基本的な非文脈自由言語を含む．

8.3 セル・オートマトン

セル・オートマトン (cellular automaton) とは，同一の有限状態の要素 (セル：cell) を規則的に配置・接続したシステムである[†9]．標準的なセル・オートマトンでは，1 次元または 2 次元の格子点上に配置された各セルが一定の近傍，たとえば左と右 (1 次元の場合) または上下左右 (2 次元の場合) のセルと接続されている．各セルはそれ自身の状態と近傍セルの状態によって決まる次の時点の状態に同期して決定的に推移する．Turing 機械に代表されるオートマトンが直列的な推移を基本としていたのに対して，セル・オートマトンは多数の素子からなる並列システムである．

最初にセル・オートマトンが使われたのは，1950 年代の フォン・ノイマンによる生物の自己増殖 (複製) の研究においてであった[†10]．それ以来，セル・オートマトンは生物システム，物理系，化学反応，交通流などのモデルとして使われるほか，並列計算の基本的モデルとして研究されている．

セル・オートマトンは，有限の状態集合，近傍セル (形式的な扱いを簡潔にするため，中心セルも近傍セルのひとつとする)，近傍セルの状態から次の状態を決める局所関数 (local function) によって定義される．ある時点におけるすべてのセルの状態の分布を状相 (configuration) と呼ぶ．1 次元のセル・オートマトンの状相は状態の系列によって表される．すべてのセルが局所関数によって決ま

[†9] 正確に言えば，セルはムーア型順序機械 (§8.1.1) である．

[†10] セル・オートマトンを考案し，自己増殖の基盤とするようにとすすめたのはフォン・ノイマンの同僚であった S. Ulam(ウラム) とされている．

Coffee Room 7 筆者とセル・オートマトン

筆者は大学院の学生のとき，自己増殖 (自己複製) 機械に興味をもち，関連する文献を探して読んだ．洋書は高価すぎたので，フォン・ノイマンの遺稿のノートをまとめた “*Theory of Self-Reproducing Automata*” [6] の海賊版をさる業者から購入した．その後，その業者が逮捕されてテレビのニュースに顔写真が映し出されたのには驚いた．以下はセル・オートマトンに関する筆者の研究テーマであるが，いずれも並列的な推移と計算にかかわっている．

非同期ポリオートマトンの計算能力 [15] 筆者の学位論文の研究．一般のセル・オートマトンではすべてのセルが同期して推移し，状相は決定的に推移する．一方，非同期セル・オートマトンでは，セルの状態の変化の時点が不確定であるため，状相の推移は非決定的である．この研究では，非同期のセル・オートマトンによっても同期モデルと同様に一定の結果が得られるような並列計算が可能であることを明らかにした．ポリオートマトンとはセル・オートマトンを一般化したモデルであるが，この表題にしたことで論文が見落とされ大分損をした．

並列言語認識能力 [21] フォン・ノイマンのセル・オートマトンは万能 Turing 機械を基にしているので直列的に動作するが，セル・オートマトンは基本的に並列システムなので，その並列計算能力が興味深い．並列言語認識は §8.3.4 で述べるように，セル・オートマトンの理論の中心的な研究課題であるが，未解決の問題がめじろおしである．その代表的な問題「1 次元 CA で実時間認識できない言語は何か？」について筆者は 30 年以上考え続けている．

非同期並列自己複製 [27] 長い間考察を重ねていた非同期で並列的な自己複製モデルの論文を「コンピュータの中に生命をつくることを目指す」という人工生命の国際会議で発表した．これはセル・オートマトンではなく，液体中の分子の相互作用のように動作するモデルである．

る次の時点の状態に同期して推移するので，ある時点の状相から次の時点の状相も決定される．したがって，与えられた最初の状相 (初期状相) から，これに続く状相の推移系列が決定される．

セル・オートマトンはセルの配置が有限の境界内に制限されたものと，このような境界をもたないものがある．この後で扱う自己複製セル・オートマトンやライフ・ゲームは境界をもたない 2 次元セル・オートマトンであり，また，並列言語認識のモデルは境界をもつ 1 次元セル・オートマトンである．境界のないセル・オートマトンは一般に静止状態と呼ばれる特別な状態をもち，各セルはそれ自身とその近傍セルがすべて静止状態であれば静止状態を続ける．このため，初期状相において静止状態以外のセルが有限個であれば，これから推移する状相においても静止状態以外のセルは有限個である．

8.3.1 ライフ・ゲーム♣

1970 年に英国の J. H. Conway (コンウェイ) によって考案されたライフ・ゲーム (Life Game) はシンプルでありながらセル・オートマトンの奥深さを感じさせてくれる．「ゲーム」と呼ばれているが，実際は 2 次元セル・オートマトンの状相の変化を楽しむひとり遊びゲームである．この 2 次元セル・オートマトンは 2 状態 ● (生) と ○ (死) をもつ．近傍セルは中心セルとその周囲にある上下左右と斜め方向の 4 セル，合わせて 9 個である．局所関数は次のように決められている．

1. 中心セルが生き (状態 ●) のとき，周囲の生きたセルの数が 2 または 3 ならば，次の時点でも生き，それ以外は死．
2. 中心セルが死 (状態 ○) のとき，周囲の生きたセルの数がちょうど 3 ならば，次の時点で生きに変わる．
3. それ以外の場合，死の状態を続ける．状態 ○ は静止状態である．

この局所関数は「できるだけ簡単な規則で複雑なふるまいをみせる」ように選ばれた．3 個の生きセルが並んだ部分的な状相 ●●● を考える．ここで，生きのセル以外の死んだセルは空白で表され，この 3 個以外の周辺のセルは死んだセルであることを仮定している．中央のセルは次の時点でも生きであるが両側のふたつのセルは死の状態に変わる．一方，この中央セルの上下のセルは死から生きの状態に変わるので，次の時点の状相は となる．これは次の時点でまた最初の状相に変わるので，これらふたつの状相を繰り返すことになる．この状態のパタンは信号灯と呼ばれる．

単独およびふたつだけ並んでいる生きのセルは次の時点では消滅する．4 個の生きの状態からなる部分状相 は次の時点でも変化しない．

グライダ (glider) は特に興味深い部分状相である．このパタンは次の図のように 4 ステップ後に同じ形に戻るが，全体が斜め右下に移動している．これを繰り返すのでグライダは斜め右下方向への移動を続ける．

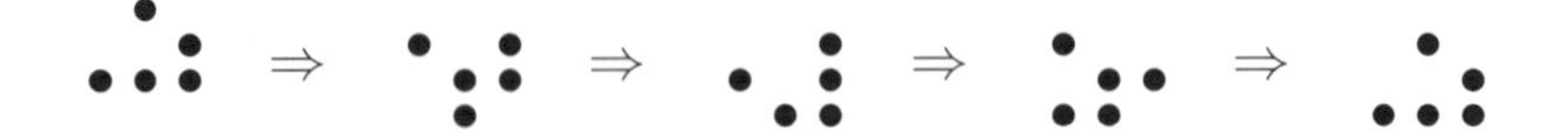

移動先が静止状態だけの領域であれば，グライダは移動を続けるが，もし生きの状態のセルにぶつかるとさまざまな変化が起こる．さらに，グライダを一定周期で生成する「グライダ砲」と名づけられた部分状相や，グライダを吸収する部分状相がある．コンウェイは最初，状相は消滅を含めてひとつの状相に落ち着くか，または一定周期のループに入るように推移すると考えたが，後にグライダ砲のようにこの予想に反して無限に拡大していく状相が発見された．

このほか，簡単なものから始まって複雑な変化を発生するさまざまな初期状相がある．インタネット上にはライフ・ゲームの状相の変化をすぐに実験できるさまざまなサイトがあり，いろいろ試してみることができる．きわめて簡潔な推移規則のシステムにおいてまるで万華鏡のような変化が表れることから，ライフ・ゲームは複雑系のモデルとなっている．ここで，複雑系 (complex system) とは「相互に関連する複数の要因によって全体としてなんらかの性質または振る舞いを見せるが，その全体としての挙動は個々の要因や部分からは明らかでないような系」(Wikipedia) である．また，決定的に推移するがその変化は複雑で予測が困難である現象を扱うカオス理論のモデルともなっている．

ライフ・ゲームの特性の研究において，このシステムが Turing 機械をシミュレートでき，Turing 機械と同等の計算能力 (Turing 万能性) をもつことが明らかになった．このシミュレーション (Turing 機械の埋め込み) は，グライダによって信号を伝達し，その衝突によって論理演算を行うような部分状相を組合せて膨大な数のセルからなる状相を構成することに達成される．

8.3.2 自己複製♣

フォン・ノイマンは晩年，生物の自己増殖の数学的なモデルを確率することに没頭していろいろ試行錯誤の末に 2 次元セル・オートマトンを使ったモデルを構成した．「自己増殖」という用語からは生物が子を生むことを指すように思われるが，実際は細胞がふたつに分裂するプロセスに近く (単細胞生物ではこのふたつは同じ)，現在では自己増殖 (self-reproduction) より自己複製 (self-replication) という用語が使われている．まるで工場のように複雑なシステムである細胞は，分裂して自分と同じ複製をつくり出す．

フォン・ノイマンは自己複製の理論のためにいくつかのモデルを検討し，最終的に次のような 2 次元セル・オートマトンを構成した．

- 各セルの次の時点の状態はそれ自身と上下左右の 5 近傍セルの状態によって決まる．
- あるまとまった部分状相が推移してふたつの部分状相に分かれ，それぞれが最初の部分状相と同じパタン (平行移動したもの) になっている．
- このパタン (部分状相) は静止状態によって切り離されて独立しており，拡張した万能 Turing 機械の働きを行えるので充分に複雑である．

フォン・ノイマンの自己複製モデルが公表されて以来，ほぼ同時期に J. D. Watson (ワトソン) らによって独立に発見された DNA のモデルとの深い関連性が注目された．すなわち，遺伝情報をになう DNA から細胞が構成される自己複製は，万能 Turing 機械を拡張したオートマトンがその中のテープに書き込まれたプログラムから再構成されるプロセスと重なっている．このセル・オートマトンは次のような状態 (静止状態を加えて 29 状態) をもつ．

- 信号線を表す状態，$\leftarrow, \uparrow, \rightarrow, \downarrow$．これらを配置することによって種々の回路

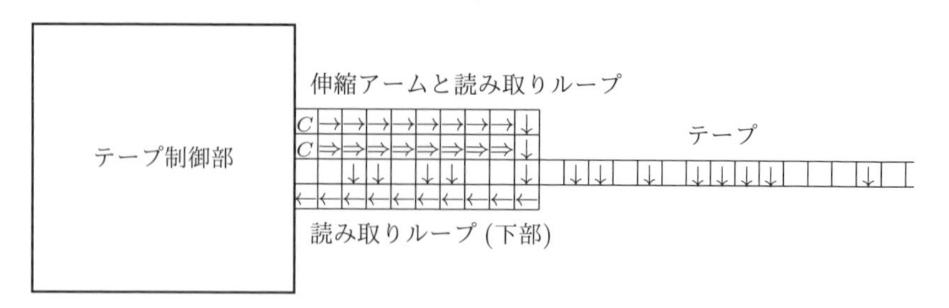

図 8.11 万能 Turing 機械の埋め込み (文献 [6] を参考に作成)

が構成される．これらそれぞれに信号が乗った状態がある (8 状態).

- 別の種類の信号線を表す状態，$\Leftarrow, \Uparrow, \Rightarrow, \Downarrow$. これらにもそれぞれに信号が乗った状態があり，新たに回路を構成したり変更したりするために使われる (8 状態).
- 信号の合流と論理演算のための状態，$C_{00}, C_{01}, C_{10}, C_{11}$ (4 状態).
- 静止状態から前述の信号線と論理演算を構成する状態に推移するための中間状態 (8 状態).

フォン・ノイマンはまず図 8.11 のように万能 Turing 機械を埋め込めるセル・オートマトンを構成し，これを万能組立機 (universal constructor，図 8.12) に拡張し，これがそれ自身を組立てられることを示した．セル空間上に埋め込まれた万能 Turing 機械は，テープに相当する部分に符号化したプログラムとデータを与えると，状相の推移によって万能 Turing 機械の働きを行う．テープでは静止状態と状態“↓”によって 2 値のテープ記号が表され，これが図 8.11 の「伸縮アームと読み取りループ」によって読み取られる．

万能組立機はテープ上のプログラムに従って，アームを伸ばし静止状態の領域に埋め込む機械の部分状相を書き込む．組立アームは 2 種類の信号状態を並べて構成される．信号は矢印方向に伝達するが，ふたつの信号線の信号の組合せによって先端部 (γ, δ) の状態を変化させて，アームの伸縮，先端部の向きの変更，状態の書き込みなどの操作を行う．自己複製 (増殖) は，テープまで含めて万能組立機と同一の部分状相を書き込み，組立てた機械を起動後にアームを縮めて分離することによって達成される．

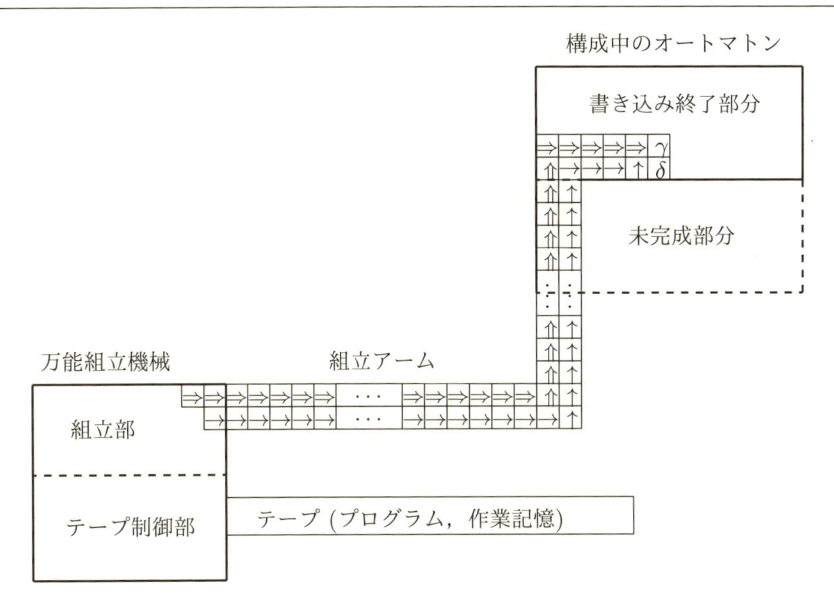

図 8.12 万能組立機 (文献 [6] を参考に作成)

後に E. F. Codd (コッド)[†11]は，フォン・ノイマンのものと同様な万能組立機にもとづいた自己複製が 5 近傍 8 状態のセル・オートマトンによって可能であることを示した [8]. このモデルではフォン・ノイマンのセル空間では向きのある状態の系列によって構成される信号線を 1 状態の並行線によって表し，この間をいくつかの信号の状態が伝達する.

1982 年に C. Langton (ラングトン) はコッドのセル・オートマトンにもとづいて 2 次元セル空間上に基本パタンが連続して増殖していくモデル「ラングトンのループ (Langton's Loops)」を示した. このモデルでは，状態 2 の平行線によって構成される基本ループ (図 8.13(a)) が状態 (0,1,4,7) の組合せによって表される増殖用の信号を連続して発生することによって腕を伸ばし，同じ形のループを作成した後にふたつのループを切り離す. これが繰り返されることによって基本ループが増殖して平面上に広がったコロニー (図 8.13(b)) が形成される (イ

[†11] コッドは関係データベース (relational database) の提唱者として有名である. データベースはセル・オートマトンとは離れているが，簡潔な数学モデルを基礎とすることが共通している.

(a) 基本ループ

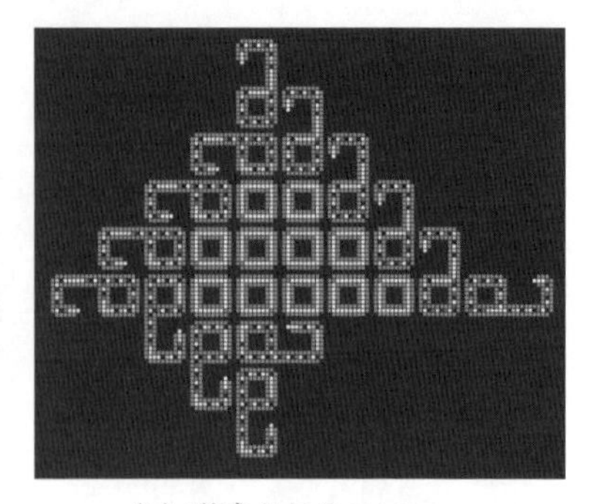

(b) 形成されるコロニー

図 8.13　ラングトンのループ (Wikimedia Commons)

ンタネットでこの増殖の動画を見ることができる)．これは自己組織化の代表的なモデルとなった．

8.3.3　一斉射撃問題

一斉射撃 (同期) 問題 (firing squad synchronization problem) は 1957 年頃 J. Myhill (ミハイル) によって提起された 1 次元境界付きセル・オートマトンに関する問題である．これはセル・オートマトンの基本的な問題のひとつであり，後 (§8.3.4) に扱う言語認識でもすべてのセルの同期を取るために用いられる．

セルの状態の集合を K とするとき，1 次元境界付きセル・オートマトンの状相は記号列 $\#w\#, w \in K^n$ で表される．ここで，$\# \notin K$ は境界の状態である．1 次元境界付きセル・オートマトンが一斉射撃可能であるとは，任意の $n \geq 1$ に対して次のふたつの条件を満足する状態 G (将軍)，M (兵士)，F (発火状態) および時点 t をもつことである．

1. 初期状相は $\#GM^{n-1}\#$，時点 t での状相は $\#F^n\#$.
2. t 以下のすべての時点における状相は発火状態 F を含まない．

この問題は，セル・オートマトンの用語を使わなくとも次のように述べることができる．

1. 塹壕に n 人の兵士が並んで配置されている．左端と右端の兵士は自分が両端にいることを知っている．
2. 各兵士は両隣の兵士と決まった時間間隔で決まった種類の情報 (たとえばあらかじめ用意されたカード) しか交換できない．
3. 左端の兵士 (将軍) が「準備ができたら一斉射撃！」という号令を発したとき，ある時間後にすべての兵士が同時に射撃する．もちろん，どの兵士もその前に射撃してはならない．

将軍の発する一斉射撃の命令が $n-1$ 人のほかのすべての兵士に伝わるには $n-1$ ステップだけの時間を要し，また右端まで伝達されたことが左端の将軍まで伝達するにはさらに $n-1$ ステップの時間を要する．したがって必要な最小の時間は $2n-2$ である．もし，交換する信号の種類に制限がなければ，将軍が「番号！」という命令を発して，右端の兵士が総数$=n$ であるという信号を送り返せば，各兵士は自分がどの時刻で射撃したらよいかを決定できる．問題はこれを有限種類の信号の交換で行わなければならないことである．最初，このような一斉射撃はセル・オートマトンでは実現不可能な問題の例として考えられたそうである．

■ **$3n$ 時間解**　一斉射撃問題に対する最初の解は M. L. ミンスキーと J. マッカーシーによって与えられた．解となるセル・オートマトンの働きはセル間を伝達する「信号」にもとづいている．ある整数 $k \geq 1$ に対して，速度 $1/k$ の信号はあるセルが初めの状態 s_1 から順に $s_2, s_3, \cdots, s_k$ までその状態を変えたとき，隣のセルの状態が s_1 に推移することを繰り返すような推移によって実現される．セルの状態を多層化することによって，いくつかの信号を伝達し，交差させ，また信号同士の演算によって新しい信号を発生することが可能である．信号の伝達の様子は空間時間推移図上の直線によって表される (図 8.14)．この図 (b) は筆者が作成した次のようなセル・オートマトンの $n=15$ の場合の推移を表している．

1. 将軍は速度 1 と 1/3(セル/時間) で伝わる 2 種類の信号 (図 (b) の “>” と “1, 2, 3”) を発生させる．速度 1 の信号は右端で反射して “+” で表され

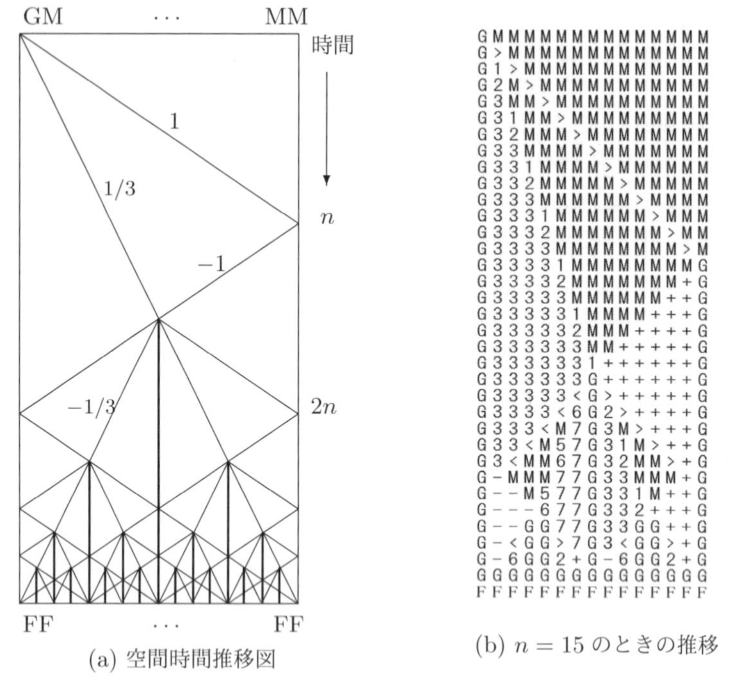

(a) 空間時間推移図　　(b) $n = 15$ のときの推移

図 8.14　一斉射撃 $3n$ 時間解

る信号となって同じ速度で左方向に戻る．

2. 中央のセル (n が奇数のときは 1 個，偶数のときは 2 個) は左から速度 1/3 の信号と右からの反射してきた信号を同時に検出することによって，自分が中央にあることを知ることができる．今度はこの状態 G の中央セルが将軍と同様に左右に 2 種類の信号を発射して，分割された左右両方の領域に同様な推移を起こさせる．
3. このようにして，$1/2, 1/4, 1/8, \cdots$ と分割が進むと，約 $3n$ ステップ後にはそれ以上分割できなくなる．この次のステップで射撃状態 (F) に変わればよい．実際には分割するたびに範囲が狭まるので，一斉射撃までの時間は $3n$ より短い．

■ **最小時間解**　$2(n-1)$ ステップの最小時間の解は後藤英一によって示された[†12]．前述の $3n$ 解において，もし両端および中央セルから，速度 $1/3, 1/7, 1/15, \cdots, 1/(2^k-1)$ の信号が発生できれば，図 8.15(a) に示されるような 2^k の分割ができる．しかし，通常の信号の速度は有限種類に限られる．後藤は，分割用信号を伝達する各セルが隣のセルに信号を伝達する時点で逆方向に制御信号を送ることによって，必要な数の速度 $1/(2^k-1)$ 信号を送ることが可能であることを発見してこの問題を解決した．後に R. Balzer(バルツァ) はこの方式による 8 状態の最小時間解を示した [7]．これは前述の筆者による $3n$ 時間解の 12 状態と比べると驚くほど少ない状態数である．バルツァはコンピュータによって推移規則を探索してこの解を得ているが，この規則の探索方式は筆者の文法推論 (§10.5) の基礎となった．

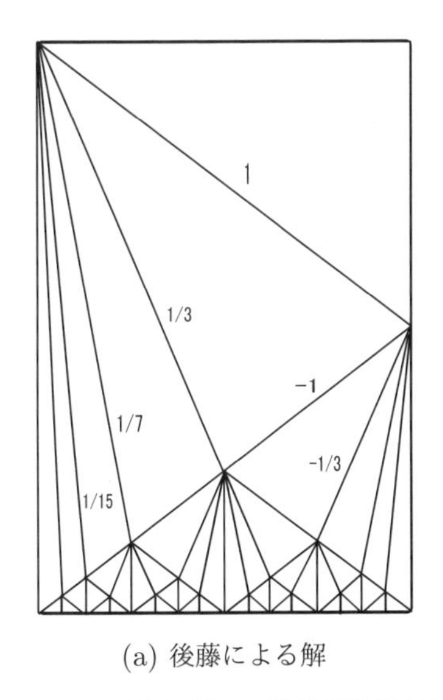

(a) 後藤による解

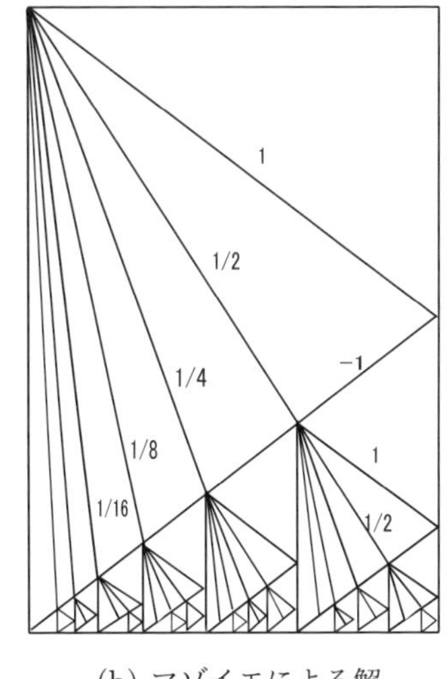

(b) マゾイエによる解

図 8.15　一斉射撃問題の最小 $(2n-2)$ 時間解の空間時間推移図

---

†12 後藤英一はパラメトロンの発明者としても知られている．パラメトロンは磁性体フェライトの非線形性を利用した論理素子であり，トランジスタが普及する以前にパラメトロンを主要素子とするコンピュータがつくられた．

最近になって J. Mazoyer (マゾイエ) は 6 状態の最小時間解を示したが，これは全体を半分ずつに分割するのではなく，速度 $1/2, 1/4, 1/8, \cdots, 1/(2^k)$ の信号によって 2 : 1 に分割することを繰り返すという新しい考え方にもとづいている (図 8.15(b))．マゾイエの方式では制御信号以外の信号は一方向のみでよいため，状態数を少なくすることができる．

8.3.4 並列言語認識能力*

これまで述べたように各種のオートマトンはその形式言語の認識能力で分類される．セル・オートマトンは基本的に並列システムなので，その並列言語認識能力が興味深い．一般の直列・決定性の構文解析では，長さ n の記号列に対して，$O(n^3)$ より早い文脈自由言語の構文解析法は知られていない (§8.2.8)．これに対して人間の脳では文脈自由言語よりおそらくずっと複雑な言語を実時間で認識している．脳を構成する神経細胞の動作が遅いことを考慮すると，これは脳が言語を並列的に認識しているためであると考えられる．

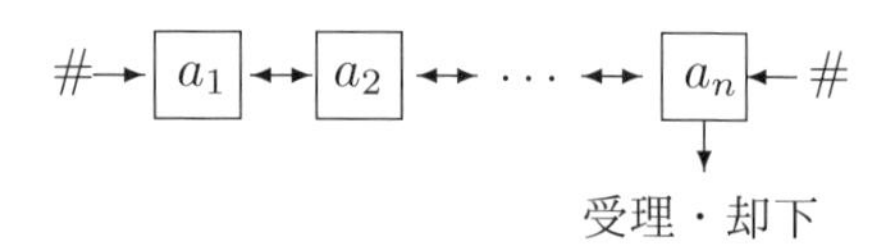

図 8.16 両方向セル・オートマトン (CA)

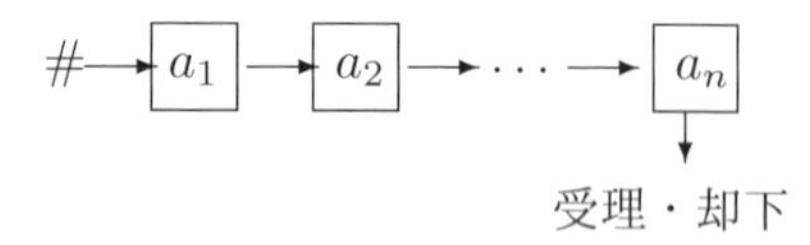

図 8.17 1 方向セル・オートマトン (OCA)

セル・オートマトンによる並列言語認識モデルとして代表的なものは，1 次元境界付きセル・オートマトンを用い，入力記号列を初期状相として与える方式である．これについて左右のセルを近傍とする両方向セル・オートマトン (CA，図 8.16) のほかに左側のセルだけを近傍とする 1 方向セル・オートマトン (OCA，one-way CA，図 8.17) の認識能力が調べられている．CA に加えて OCA の言語認識能力を扱うのは，CA の能力の限界がよく分からないため，より制限の強いモデルの限界を調べるためである．

CA または OCA がある言語 L を時間 t で受理するとは，すべての記号列 $w = a_1 a_2 \cdots a_n$ に対して，$\#w\#$ を初期状相とする推移において時間 t に $w \in L$

のときだけ右端のセルが受理状態になることである．受理が線形時間であるとは，w を時間 $c \cdot |w|$，ここで c は 1 以上の定数，で受理することである．特に $c = 1$ のとき，実時間受理と呼ぶ．一般の計算量の理論では，実時間と線形時間はオーダが変わらないために通常は区別しないが，セル・オートマトンにおいてはこの両者の言語認識能力は異なると考えられている．

■ 例：かっこ言語の認識　図 8.18 はかっこ言語 (§8.2.2) を実時間で認識する OCA1 方向セル・オートマトンの空間時間推移図である．セルは入力記号列を表す a と b のほかに，状態 4 と受理状態である 1 をもつ．なお，この OCA は筆者の文法推論の応用研究 (§10.5) において生成された．

```
a b a a a b b b      a a a b a b b b      a a b b a a b b
  1 4 a a 1 b b        a a 1 4 1 b b        a 1 b 4 a 1 b
    a 4 a a b b          a a a b b b          a b 4 4 a b
      a 4 a 1 b            a a 1 b b            1 4 4 4 1
        a 4 a b              a a b b              a 4 4 b
          a 4 1                a 1 b                a 4 b
            a b                  a b                  a b
              1                    1                    1
```

図 8.18　かっこ言語を認識する OCA の推移

■ 例：コピー言語の認識　コピー言語は ww なる形をもつ記号列の集合である．§8.2.6 で述べたようにこの言語は文脈自由ではない．図 8.19 はコピー言語を実時間で認識する CA の空間時間推移図である．図の ★ 点において対応する位置にあるふたつの a_i が同じと判定されたとき，信号 T をもつセルはこの信号を保持する．この信号と右端から速度 1/3 で進んできた制御信号 D と右端からの距離が $n/4$ の位置で衝突するとき，受理を表す信号 A が生成される．

CA および OCA の並列言語認識能力について，これまでに明らかになった主な結果には次のようなものがある．

1. 時間の制限がない CA の受理する言語のクラスは決定性文脈依存言語のクラスと一致する [10, 13]．これは CA が Turing 機械をシミュレートできることから示される．
2. 時間の制限がない OCA は文脈自由言語を受理できる [10]．OCA によっ

使われている信号と制御信号 (速度)

- $a_1, a_2, \cdots a_n$ $(1, -1)$： 右端で反射して左方向に進む．
- C (-1)： 共に進む a_n の反射信号と右方向に進む記号が一致するとき信号 T を発生する．
- D $(-1/3)$： 右端から進み，信号 T と出会うと A を発生する．
- T (0)： 右へ進む記号と左から反射してきた記号が一致したとき T を保持し続ける．
- A (1)： 受理の条件が成立したことを表す．

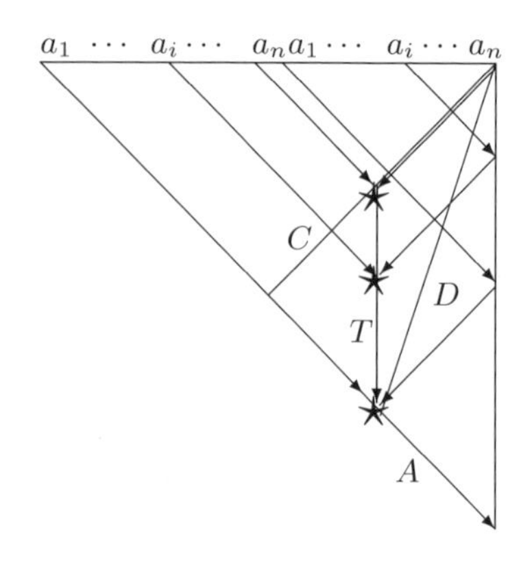

図 8.19 コピー言語を認識する CA の推移

て実時間では認識できない文脈自由言語が存在する [19].

3. $\{a^n b^n c^n \mid n \geq 1\}$，$\{1^n \mid n$ は素数$\}$ のような非文脈自由言語を実時間認識できる CA が存在する [14, 5].
4. CA によって実時間認識できる言語は OCA によって線形時間で認識できる．また，この逆も成立する．ただし，この OCA は右端ではなく左端のセルで受理・却下を表示する [16].

CA および OCA が実時間，線形時間で認識できる言語については未解決の問題が多い．これらの問題には，「CA が実時間および線形時間で認識できない言語は何か？」，「CA は文脈自由言語を実時間または線形時間で認識できるか？」などがある．

練習問題

1. ミーリィ型順序機械はどのようにこれと等価な (同じ記号列の変換を行う) ムーア型順序機械に変換できるか.
2. 順序機械の働きを行う Prolog(または C 言語) プログラムを作成して記号列の変換をさせてみよう.
3. 有限オートマトンまたは正則式にもとづいた Prolog(または C 言語) プログラムを作成して正則言語の認識や発生を確認してみよう.
4. 「黒い目の大きな女の子」はきわめてあいまいな文である. この文に対して何種類の導出木が描ける (何種類の解釈が可能) だろうか.
5. 一般の CFG の規則の右辺は非終端記号と終端記号からなる記号列である. この規則の形式を, $A \to a$ または $A \to BC$ (a は終端記号, A, B, C は非終端記号) なる形をもつチョムスキー標準形に制限することができる. この標準形の導出木は 2 分木になる. 任意の CFG をこれと等価なチョムスキー標準形の規則のみからなる CFG に変換するにはどうしたらよいか.
6. 文脈自由言語 (CFL) に対する構文解析法である DCG (§8.2.6), プッシュダウン・オートマトン (§8.2.5), CYK アルゴリズム (§8.2.8) をプログラムして CFL の認識と発生 (CYK アルゴリズムは認識のみ) をさせてみよう. この 3 種類の構文解析法は, どのような特長をもつか.
7. 算術式の文法 (§8.2.4) を構文解析した結果から, その値を直接計算するか, またはその値を計算する中間言語のコードを発生するプログラムを作成してみよう. この処理はインタプリタおよびコンパイラの基礎である. 算術式の DCG を用いれば, これから値を計算するプログラムを容易に作成できるが, 左再帰の問題を解決する必要がある. なお, 算術式の中間言語としては逆ポーランド記法が適しており, 実際のコンパイラにおいてもよく使用されている.
8. * コピー言語 (§8.2.6) の補集合 (ww の形をもたない $\{a,b\}$ 上の記号列の集合) の CFG をつくってみよう. これは優れたパズルの問題である.

9. コピー言語の文脈依存文法 (CSG) をつくってみよう．
10. 一斉射撃のためのセル・オートマトンとシミュレーション用プログラムを構成してみよう．図 8.14 などを参考にしてよい．

研究課題

1. 有限オートマトンと正則式の等価性 (定理 8.2，p.157) はどのように証明されるか．
2. 言語 $\{a^n b^n \mid n \geq 1\}$，$\{a, b\}$ 上の回文の集合および「同じ数の a と b を含む記号列の集合」は正則ではないことをどのように証明するか．
3. 文脈自由文法とプッシュダウン・オートマトン (PDA) の等価性 (§8.2.5) はどのように証明されるか．
4. 言語 $\{a^n b^n c^n \in \{a, b, c\}^* | n \geq 1\}$ およびコピー言語 $\{ww | w \in \{a, b\}^+\}$ の文脈自由文法は存在しないことをどのように証明するか．
5. * 自己言及文とは，「この文は 12 文字からなる」，「この文は『この文は』で始まり『終わる』で終わる」のようにその文自身を説明した文である．文自身の構成についてより正確に記述する自己言及文があるだろうか．この問題は次の自己複製プログラムと関連している．
6. ** 自分 (そのプログラム) 自身をプリントするプログラム (自己複製プログラム，クワイン：Quine とも呼ばれる) をつくってみよう．プログラム言語は好みのものでよい．これを拡張して，何かのプログラムに自己複製機能をもたせるにはどうしたらよいか．この問題はフォン・ノイマンの自己複製オートマトンの難しさとおもしろさを共有している．

9 人工知能

> コンピュータが考えることができるかどうかという問題は，潜水艦が泳げるかという問題以上のものではない．　— E. W. Dijkstra (ダイクストラ，オランダの情報科学研究者)

「コンピュータは何ができるか」についての直接的なアプローチが人工知能 (AI: artificial intelligence) 研究である．本書ではこれまで基本となる用語について最初に定義を与えてきたが，知能と AI については定義が難しい．世間には「AI 搭載」などという製品がたくさんある一方で，「すでにコンピュータで実現できた機能は AI ではなく，AI とは研究目標である」という意見もある．AI の条件はあいまいであるが，一般に次のような要件のいくつかを満たしたソフトウエアやシステムが AI とみなされている．

- 人間にできてもコンピュータにさせることが難しかった仕事ができる．以前には実現していなかった新しい機能をもつ．
- 人間にも難しい複雑な問題を解ける．または，そのような仕事を行える．
- 狭い範囲の特定の問題ではなく広範囲の問題に対して解を求めることができる．
- 多くのデータを解析して，またはシステム自身の経験から，一般的な知識や規則を獲得する学習能力をもつ．

これまで AI 研究でのテーマにあげられてきたチェスや囲碁などの盤ゲーム，パタン認識，エキスパート (専門家) システム，機械翻訳，文章や会話の理解・内容の分析，知能ロボットなどはいずれもこれらの条件のどれか (複数) に適合している．しかし，これらの研究テーマは相互の関連が弱く，将来，AI 研究は個別のテーマに分裂してしまうかもしれない．また，AI のテーマとされていた問題でもその解決法が明らかになって AI とはみなされなくなってしまうことがある．

上にあげた項目の中で機械学習は最近急速に発展しており，今や AI の代名詞になっている．この章では，まず人工知能とは何かについて論じ，AI のいくつかのテーマについて述べ，機械学習については次の第 10 章で扱う．

9.1 人工知能とは何か ♣

プリンストン大学で最初のオートマトンの研究集会 (§8.1) が開催されたのと同じ 1956 年にその当時ダートマス (Dartmouth) 大学に在籍していた J. マッカーシーが中心になり，M. L. ミンスキー, C. E. シャノンらが発起人となって研究集会を呼びかけた (この 3 名はオートマトンの研究会でも主要なメンバーであった)．このとき初めて AI (artificial intelligence) という用語が使われた．この研究会 (ダートマス会議) が人工知能研究の出発点となったとされている．J. マッカーシーによるこの会議の提案書には，知能や学習など機能を機械がシミュレートできるように正確に記述すること，ことばを使える機械，抽象化と概念の形成，現在人間にしか解けない問題を解く機械，自分自身を改善する機械をどのようにつくるか，などの研究目標があげられている．オートマトン理論と人工知能研究は共に「機械はどれだけ人間の頭脳に近づけるか」を明らかにするというルーツは共通であった．その後，オートマトン理論ではもっぱら数学的理論が議論され，人工知能の分野では学習や知能をプログラムで実現することが中心テーマになり，ふたつの分野は次第に離れていくことになった．

■ **J. マッカーシーによる「AI とは何か」** 生涯を AI 研究にささげた J. マッカーシーは最晩年の論文「AI とは何か (2007)[23]」で次のように彼の考えを述べている．

- AI とは知能をもつ機械，特に知的なプログラムをつくるための科学技術である．これはコンピュータを使って人間の知能を理解するアプローチと関連しているが，AI を生物に見られる方法だけに制限する必要はない．
- 知能とは，世界で目標を達成する能力の情報処理的部分である．人間，動物，ある種の機械において多くの種類のさまざまな程度の知能が見られる．
- 人間の知能への関連に頼らない知能の明確な定義はまだない．どんな計算手続きを知能と呼ぶか，われわれはまだ一般的な基準をもっていない．われわれはあるメカニズムを知能とみなすが，ほかのものはみなさない．

- 知能は「この機械は知能をもつか？」という質問にイエスかノーかで答えられるほど定まったものではない．AI の研究は，どのようにコンピュータに知能と関連する機能を行わせられるか，また行わせられないかを発見してきた．ある仕事が現在分かっている機能でできるならば，プログラマはこの仕事にりっぱな成果をあげることができる．このようなプログラムは「ある程度の知能をもつ」とみなすべきだ．
- AI は人間の知能のシミュレーションなのだろうか．ある場合には問題を解決する機械をつくるために人が行っている方法を観察することが役に立つ．しかし，多くの研究は人や動物を研究するより知能自身を研究する方法をとっている．AI 研究者は人には観察されない方法や人ができないような大量の計算を使う方法を自由に使ってよい．

9.1.1 人工知能に対する否定的意見

AI 研究について当初から，非専門家だけでなく，コンピュータの専門家や哲学者から強い否定的意見が発せられている．これは「コンピュータとは何か」という基本的な問題にかかわっている．次は代表的な否定的意見である．

意見 1 コンピュータは人間が命令した通りに動いているだけであり，思考や学習はできない．何かを思考したり，学習したりしているようにみえても，それはあらかじめプログラムされた通りに動いているにすぎない．

この考えはふたつの重要な点を見落としている．まず，プログラムは外界からの入力や刺激に応じてプログラム自身の変更や作成ができる．これはプログラム記憶方式 (§5.5) の特長である．第 2 に，プログラムは単に一人の思いつきだけで作成するものではなく，高度のプログラムは多くのソフトウエアの蓄積の上につくられている．

意見 2 コンピュータは感情や意思をもたないので知能をもつことができない．人間 (動物) は直感，類推，連想などにもとづいた高い学習能力をもっている．機械はこのような能力がないから知能はもてない．

このような意見の背景には，人間だけが何か特別な，神秘的な，知的能力をもつという思い込みがあるのではないだろうか．人間が何かを自律的に思考したり学習したりしているように思えても，実は人間もあらかじめ教えられた通りに，プログラムされた通りに，動いているだけかもしれない．

人間の精神的な働きを対象とする心理学は人文科学に属し，主観的な議論が中心であった．現在は伝統的な心理学にかわって客観的な方法論にもとづく認知科学 (cognitive science) が主流になっている．認知科学では人間の記憶，認識ばかりでなく，感情や意志などさまざまな精神的作用をコンピュータ・モデルで説明する．これは感情や意志もコンピュータで実現できる可能性と関係している．機械学習については，理論と実際的な応用の両面から研究が続けられ，第 10 章に述べるように最近はめざましい成果が得られている．

意見 3　中国語の部屋：記号的な処理による AI (強い AI) は「中国語を理解する」次のような部屋にたとえられる．すなわち，この部屋の窓に中国語で書かれた問題を差し込むと中国語で書かれた返答が返ってくる．部屋の中では中国語をまったく分からない人々が指令書に従って働いているだけであり，中で働いている人も，このような人の集合体である部屋全体も中国語を理解しているとはいえない．

「中国語の部屋」は J. R. Searle (サール) が 1980 年に提唱した「コンピュータ・プログラムでは知能や思考は実現できない」と主張するためのモデルである [17]．これは意見 1 に近いが，サールは操作する人を統合したシステム (部屋) も指令書に従った記号的操作である本質は変わらないと述べている．これに対して多くの議論がなされてきた．脳の構成要素である神経細胞の動作は簡単であるが，脳の能力は数多くの神経細胞が統合して並列的に動作して実現されている．筆者には，サールの説は進化論反対論者の「突然変異と自然選択だけでは複雑きわまるさまざまな生物が生まれるはずがない」という頑迷な主張を思い起こさせる．小さな変化でも何千万と積算すれば驚くような進化や能力が実現されるのである．

意見 4 人間の脳の働きが分からない限り，知能は実現できない．

記憶や学習に関する脳科学は，遺伝子工学も応用して現在たいへんな勢いで発展しており，記憶や意識のメカニズムの解明が進んでいる[†1]．脳科学の実験はマウスなどが対象であるが，研究の結果はヒトの脳の働きの解明にもつながっている．最近は神経回路網にもとづく機械学習の研究が急速に発展して，多くの成果が見られるようになった (§10.7)．しかし，J. マッカーシーも主張するように (§9.1)，脳の働きのシミュレーションは人工知能の重要な領域であるが，人間の脳の働きが分からないと知能が実現できないわけではない．これには，最初期の飛行機は鳥をまねたが，結局はプロペラなど鳥とは異なる方式で人は飛ぶことを実現したことが思い起こされる．

9.1.2 Turing テスト

A. Turing は 1951 年に書いた論文「計算機械と知能 [3]」のなかで後に Turing テストと呼ばれることになったゲームを提案している．このテストはそれ以来現在に至るまで「機械は知能をもつか」についての議論において大きな役割をはたしてきた．

「機械は考えられるか」という問題を考察するとき，「思考」や「知能」などの用語を定義するのが難しい．Turing はそのために「なりすましゲーム」と呼ぶテストを考案した．このゲームの第 1 の形では，コンピュータは出てこない．ふたつの部屋に男と女が入っていて，第 3 の部屋にいる判定者がふたりに質問を送ってどちらが男であるかを判定する．直接，声などから判定できないように，交信はコンピュータのチャットで行う (Turing の時代にはチャットはなかったので，交信手段はテレタイプとなっている)．男の役割は判定者が正しい判定ができるように自分が男であることを証拠立てることであり，女の役割は判定者をだまし，競争者の主張に反論して判定者に誤って自分を男と判定させることである．

Turing は次に，このゲームの男と女をそれぞれ人とコンピュータに置換えた

[†1] 理化学研究所脳科学総合研究センター編「つながる脳科学」(ブルーバックス) には，利根川進教授らが執筆した先端の研究が解説されている．

テストを提案した．判定者の役割はどちらがコンピュータかを当てることである．もし判定者が充分大きな確率で当てられないならば，コンピュータは人のシミュレーションができ，知能をもつといえることになる．Turing テストに合格するためには，コンピュータは自然言語の会話と常識を含む知識にもとづく推論に加えて，学習能力をもつ必要がある．Turing はコンピュータの進歩によって，それほど遠くない時期にこのテストに合格するプログラムが書かれると予想していた．彼は，コンピュータが知能をもつことができ，「人間に比べてここまでしかできない」などとその限界を規定することはできず，いくらでも人間に近づけると信じていた．

2014 年，ついに Turing テストに合格したプログラムが出現したというニュースが伝えられた．英国で開催されたコンテスト Turing Test 2014 に参加したロシアのグループが作成したプログラム，ユージン・グーツマン (Eugene Goostman) は 33% 以上の審査員に人間であると信じさせて，合格の条件をクリアした．ユージンをウクライナ出身の 13 歳の少年とした設定が，プログラムに起因する英語の不自然さや知識の不正確さを見えにくくして，テスト合格に役立ったそうである．ユージンに対する批判もあり，Turing テストはこれからもさまざまな話題を提供し続けるだろう．

9.2 盤ゲーム♣

チェス，将棋，囲碁などの盤ゲームは古い歴史をもち，サイコロなどの確率的な要素が入らないことなどの共通点をもっている．これらの盤ゲームには多くの愛好者がいるが，プロ・クラスの競技者になるのは特別の才能にめぐまれた人であり，たいへんな努力や訓練を要することはよく知られている．また，これらのゲームには分析や構想力などを含む知能を必要とすることも広く認められている．コンピュータが人間に勝ったり，互角の勝負ができたりすることを示すのは人工知能の実力を示すことになる．特に人間と比べたプログラムの強さが正確に評価できることもこの研究テーマの利点である．

人工知能研究の初めから，チェスなどの盤ゲームは主要なテーマであった．コンピュータの最初期の時代に，A. Turing と C. E. シャノンはコンピュータによるチェスの可能性を調べている．長い研究の結果，1997 年に IBM がサポートするチームがチェス専用コンピュータ Deep Blue (ディープ・ブルー) を使って世界チャンピオン Garry Kasparov (カスパロフ) を破るというできごとが起こった．強いチャンピオンとして知られたカスパロフが正式なチャンピオン決定戦の形式の対戦でコンピュータに完敗したことは大きなニュースになった．

チェスと同じルーツをもつ将棋は，捕獲した駒を使えるという独自のルールによってチェスより複雑なゲームである．2010 年頃にコンピュータと将棋のプロの対戦が行われ，その 3，4 年後にはコンピュータ将棋の実力は名人を超えたと推定された．2017 年に佐藤天彦名人と Ponanza との対局で Ponanza が圧倒的な強さで 2 勝し，人間対コンピュータの争いに決着がついた．一方，囲碁については，コンピュータの実力はプロの棋士レベルにはるかに及ばない時代が長く続いた．2005 年頃，モンテカルロ法と呼ばれる着手の有効性を評価する方式が導入されて大きな進歩が見られた．2016 年 3 月，英国の企業 Google DeepMind (グーグル・ディープマインド) が開発した囲碁プログラム AlphaGo が世界最強とされるプロ囲碁棋士イ・セドル九段 (韓国) を破ったという大きなニュースが伝えられた．AlphaGo はモンテカルロ法に加えて深層学習 (§10.6) を応用した局面の解析法を採用している．AlphaGo の勝利以来，プロの囲碁棋士のゲームの構想や具体的な着手に AlphaGo が強く影響している．

■ **ゲーム木**　チェス，将棋，囲碁などのふたりで対戦し確率的な要素を含まない盤ゲームには，オセロやチェッカー，連珠 (五目並べ) などが含まれる．このようなゲームについては図 9.1 のようなゲーム木によってゲームを解析することができる[†2]．これはゲームの「先読み」を表している．話を簡単にするため，すべてのゲームは先手が勝か負 (それぞれ後手は負か勝) で終了し，引分けはないと仮定する (引分けを含むように拡張できる)．木の終端は先手の勝か負が判明できるとすると，これからさかのぼって，すべての頂点について勝か負が判定できる．根の頂点が勝であれば先手必勝であり，負であれば後手必勝であるので，

[†2] 実際には異なる頂点が同じ盤面を表すことがある．このときは厳密には経路の合流のために木の定義には合わない．ゲーム木の解析では，ハッシュ記憶 (§6.2.1) に処理済みの頂点を登録して同じ局面の解析の繰り返しを避ける方式が使われている．

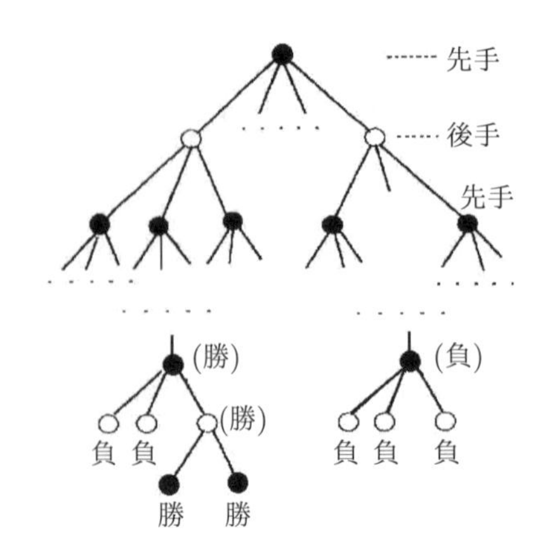

- 上から奇数段の頂点 (●) は先手の盤面，偶数段の頂点 (○) は後手の盤面を表す．
- 各辺は着手 (手) に対応する．
- 終端は勝・負が決定したゲーム終了を表している．
- 先手の頂点は子の頂点がすべて負のとき負．それ以外は勝．
- 後手の頂点は子の頂点がすべて勝のとき勝．それ以外は負．

図 9.1　ゲーム木

引分けのないチェス形ゲームでは先手必勝か後手必勝である．

勝を 1，負を 0 で表すと，子の頂点の状態 (勝・負) から親の頂点の状態は，その頂点が先手のときは子の状態の最小値 (または論理和)，後手のときは最大値 (論理積) によって求められる．ゲーム木を解析できれば，コンピュータはかならず勝ってしまうことになるが，問題は木のサイズ (頂点の個数) である．この値は有限であるので，必勝手を求めることは計算可能である．ただし，その計算量は膨大であり実際には計算できない．

木のサイズはほぼ，平均分割数 (着手の数)× 深さ (終局までの手数) から推定できる．チェスに対しては C. E. シャノンが推定した 10^{120} (シャノン数と呼ばれる) が知られている [4]．彼は先手と後手の着手の対について平均分割数は 10^3，終局までの手数を約 40 としてこのサイズを求めた．地球の歴史は 45 億年と推定されているが，この時間をコンピュータの計算速度の単位であるナノ秒で表すとほぼ 10^{26}ns である．これに比べるとシャノン数がいかに膨大であるかが分かる．将棋，囲碁は分岐数も終局までの手数も大きいので，木のサイズはさらに大きい．オセロのゲーム木のサイズは 10^{60} と見積もられているが，終端までの完全解析 (最後まで読み切ること) が可能になるのは，ゲームの手数が中盤以降まで進んでからである．

9.2.1 MIN-MAX 探索

チェスおよび将棋の通常の盤面において，着手決定のために先読みのできる手数は 10 数手までである．完全読み切りができるのは，手数や分割数が小さな詰め将棋，詰め碁などに限られる．このため，現在の多くの盤ゲーム・プログラムは次のような MIN-MAX 探索によって着手を決定している．

1. 現在の盤面を根とするゲーム木の一定の深さの頂点に盤面の評価点を付ける．
2. この終端の頂点から始めて上向きにすべての頂点に評価点を与える．先手(または後手) の頂点の評価はそのすべての子の頂点の評価点の最大値 (最小値) である．

評価の値を 1 (勝) と 0 (負) に制限すると MIN-MAX 探索は図 9.1 のゲーム木が表す AND-OR 探索となる．盤面を評価して点数を与える機能は評価関数と呼ばれる．チェスや将棋では，評価関数は持ち駒と駒の配置からより勝に近い盤面に高い点を与えるように作成される．この関数の良さがプログラム全体の強さに影響する．コンピュータ将棋では，プロ棋士の助言を得て評価関数を作成していたが，大量の棋譜 (ゲームの記録) から機械学習によって作成する方式を取り入れることによって急速に強さを高めた．

■ **モンテカルロ法**　コンピュータ囲碁はチェスや将棋に比べて人間と比べた棋力の発展が遅れていた．これは囲碁の盤面が $19 \times 19 = 361$ と広いため探索の分岐数も大きいだけでなく，効果的な評価関数をつくるのが難しいためであると考えられてきた．囲碁盤面の評価には石のグループの死活が関係し，先読みなしに少ない計算量で盤面の良さを推定することが難しい．

この状況を変えたのは，2006 年に登場したフランスの Rémi Coulom (クーロン) によるモンテカルロ (Monte Carlo) 法を組込んだ Crazy Stone である．このプログラムはその後のコンピュータ囲碁大会で何回も優勝し，モンテカルロ法はコンピュータ囲碁のための画期的な方法として注目を浴び，多くの囲碁プログラムに採用されている．

モンテカルロ法は，乱数を用いて数値計算の近似値を求めるほか，複雑な現象の乱数を用いたシミュレーションに使われる手法である．モンテカルロ囲碁の基本は，ある初期盤面から終局までランダムに着手を続けるプレイ・アウト (play out) である．ランダムな着手のほとんどは無意味で通常のゲームでは見られないものである．しかし，プレイ・アウトを何回も繰り返して求めた勝率の平均値は最初の着手の良さを表しており，木の探索の評価関数として用いることができる．モンテカルロ法は囲碁だけでなく，ほかのチェス形ゲームに加えてランダムな要素を含む麻雀やブリッジなどのゲームにも応用することができる．将棋への応用も試みられているが，一手の誤りが致命的である将棋には囲碁ほどは向いて

Coffee Room 8 筆者のコンピュータ囲碁研究

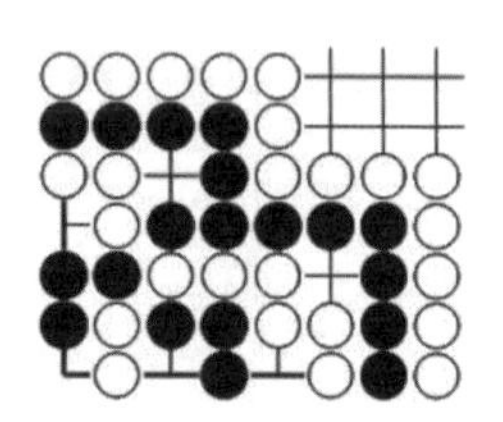

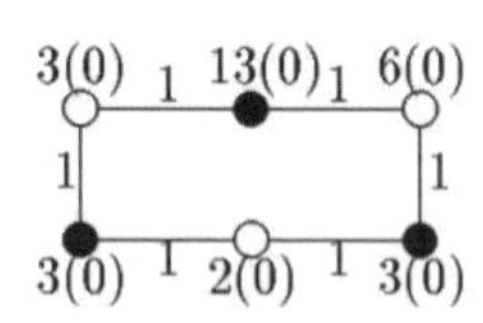

筆者は平面グラフのためのオイラーの公式 (付録 § A.4) など数理的な方法によって局面の静的 (先読みによらない) 評価を行う方式についていくつかの国際会議で発表し，さらに静的な評価法についての 26 ページにわたる長い論文 [22] を理論コンピュータ科学の専門誌 [22] に公表した．図は複雑なセキの局面とこれを解析するためのグラフを示している．この研究成果の反響を期待したが，ちょうどその頃，モンテカルロ囲碁が現れ，コンピュータ囲碁の強さを飛躍的に高めた．モンテカルロ囲碁では，難しい静的評価の代わりにランダム・シミュレーションが使われており，筆者のせっかくの成果はあまり注目されなくなってしまった．

いないとも考えられている．

9.3 知識と推論♣

AIのテーマとして古くから「一般的な問題の解決」,「知識の表現と応用」があげられている．多くのプログラムは何らかの問題解決のためにつくられており，特定の範囲の入力に対しては高度な計算を行うことができるが，その応用範囲は狭い．コンピュータ上に人間のように一般的な問題を解決できる能力を実現するには，一般的な知識をもち，この知識を広範囲の問題解決に応用するプロセスが必要である．

まず,「知識 (knowledge)」とは何か．辞典にはさまざまに定義されている．

> **【知識】** (明鏡国語辞典) ある物事について認識し，理解していること．また，その内容．
>
> **【Knowledge】** (Oxford Dictionaries) 知識とは物事について理論的または実際的に理解していることである．これには実際的な技能や経験のような暗黙的 (implicit) な知識と，理論的な理解のような明示的 (explicit) な知識とがある．いずれも程度の差はあるが形式的であり系統づけられている．(原文は英語)

オクスフォード辞書の定義で，暗黙的な知識と明示的な知識を区別していることは重要である．明示的知識はことばによって明確に記述できる知識であり，宣言的知識とも呼ばれる．機械学習によって得られる知識もこのふたつに分類できる．より具体的な記述をめざして，われわれは知識とこれに関連する概念である推論 (inference, reasoning) を J. マッカーシーの定義 (§9.1) にもとづいて次のように定義する．

知識 システムがもつ目標を達成するために必要な，または役立つ，問題領域や外界についての一般化された情報．ここで，一般化された情報とはそれから演繹推論によって具体的なことがらについての情報を導けるものを意味している．

推論 あることがらからほかのことがらを導く (推定する) プロセス．演繹と帰納に大別される．

演繹 (deduction) 知識を具体的な問題に適用する推論.

帰納 (induction) 演繹とは逆に実際のできごとや現象から知識を抽出，または合成する推論.

演繹にはある限られた範囲のデータに対する計算のような通常の情報処理も含まれるが，AI における演繹はより一般的な知識にもとづく問題解決を指している．通常，質問応答には広範囲の知識をもち，これにもとづいた演繹推論を行うことが必要である．帰納によって合成された知識は，それが正しいかまたは有効か調べるために演繹が必要なので，帰納は演繹を含むより計算量の大きな高度なプロセスである．機械学習やデータ・マイニングはこのような演繹に含まれる.

■ **パタン認識** パタン認識 (pattern recognition) は文字認識や音声認識などに必要なプロセスであり，古くから研究されてきた．パタン (pattern) とは，一般的には思考や行動などを含むさまざまなことがらのなかに見られる型や様式を意味する．パタン認識は，観測データ (これをパタンと呼ぶ場合がある) から対象物がどのクラス，またはカテゴリ (category) に属するかを決定することである．観測データは一般に大量の画像や音声，文章などの情報であり，認識結果であるパタン・クラスの数は非常に小さい．たとえば，文字を読みとることも，眼の前にあるものが椅子であるか，犬であるかを判定することもパタン認識である．これらは各パタン・クラスを判定する基準が知識である代表的な演繹である．一般的なパタン認識では，観測データからパタンの特徴 (feature) を取り出して，それをもとにパタン・クラスの判別を行う．特徴には量 (数値) 的なものと質的なもの (真偽，色など) がある.

■ **エキスパート・システム** 1980 年代にはエキスパート・システム (専門家システム：expert system) の研究がさかんになった．エキスパート・システムは，医師，薬学，鉱山などの分野の専門家の知識を蓄えて人間の専門家と同等の判断能力をもっており，非専門家がそれを引き出して利用できるとされていた．これは大きな需要があると期待されて，知識の表現法や，専門家から知識を抽出する方法などを研究する知識工学 (knowledge engineering) が注目された．その後，実用化された成功例はあまりないと評価され，研究は下火になった．しかし，今

後は深層学習 (§10.7.2) を応用した実際に役立つエキスパート・システムがつくられて広く使われるようになる可能性がある．

9.3.1 知識表現の方式

もっとも一般的な知識表現は，第 7 章で述べた述語論理にもとづく方法である．1 階述語論理は広範囲の知識を記述する意味記述言語であり，またその理論的な限界も明確にされている．さまざまな演繹による問題解決を定理証明問題として定式化できることが明らかになり，また自動定理証明に適した推論規則である融合 (§7.4) も発見されて，一時は述語論理が知識と推論のための主要な方法としてさかんに研究された．しかし，実際の問題解決に 1 階述語論理をそのまま使うことは，推論のために多くの計算量を要し，また次に述べるフレーム問題のために難しいことが明らかになった．この第一の解決法は述語論理をホーン節に制限する方式である．§7.4 で述べたようにホーン節では一般の 1 階述語論理に比べて知識表現の範囲は制限されるが，推論ははるかに高速化できる．この高速化によって，プログラムをホーン節によって表現することが可能になり，プログラム言語 Prolog が生まれた．

認知科学では，知識は手続き的知識 (procedural knowledge) と宣言的知識 (declarative knowledge) に大別される．手続き的知識は多くの場合，たとえば自転車の乗り方のような行動に関する暗黙的知識であり，宣言的知識は明示的知識である．AI における手続き的知識はプログラムによって表現した知識であり，宣言的知識はプログラム以外の記述で表される．このふたつはかならずしも明確に区別できない．たとえば，Prolog で用いられるホーン節は論理式であり，宣言的表現ともみなされるが，「ホーン節の手続き的解釈」(§7.1.1) によってプログラムとしても働くので手続き的表現でもある．知識表現のために次に述べる方式が使われている．

■ **意味ネットワーク (semantic network)**　意味ネットワークは，頂点に概念が，辺にふたつの間の関係のラベルが付いた有向グラフである．これはコンピュータ以前の時代から概念間の関係を表すために使われた知識表現の基本的な方法であ

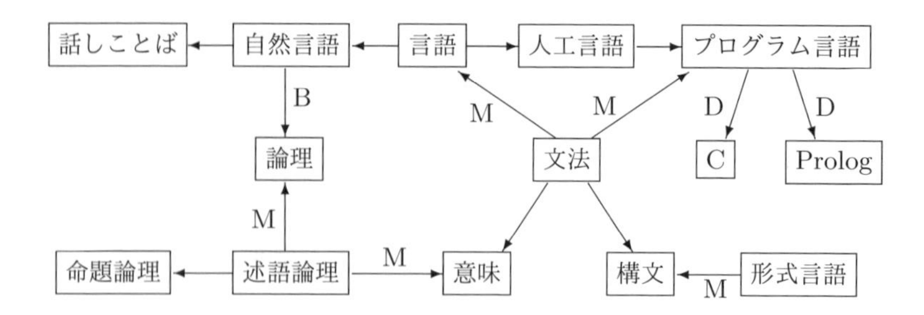

⟶ : (要素として，または部分集合として) 含む．
$\xrightarrow{M}$: モデル (形式化) を与える． $\xrightarrow{B}$: 基礎となる． $\xrightarrow{D}$: 定義する．

図 9.2 意味ネットワークの例：言語，文法，論理の関係

る．図 9.2 は本書で扱っている言語と論理などの諸概念の関係を示した意味ネットワークである．ここでは，「含む」，「モデル (形式化) を与える」などの関係が使われている．プログラム言語の文法はその言語を完全に定義するので，その関係は一般の言語とその文法との関係 (ひとつのモデルを与える) より強い関係である．これらのなかで「定義する」以外の関係は推移律 (付録 § A.2) を満足する．なお，「含む」の逆の関係，「—に含まれる」または「—の要素である」，は意味ネットワークでよく使われる関係である．

■ **プロダクション・システム (production system)** 知識を if-then 形式の規則 (プロダクション) の集まりとして表現する方式である．エキスパート・システムにおいて専門家の知識を表現するために多く使われた．各規則は知識ベース (知識のデータベース) に対する操作を表すものとも解釈されるので，論理プログラミングと同様に宣言的であると共に手続き的知識表現でもある．ホーン節も if-then 型の規則なので，プロダクション・システムは論理プログラムと類似しているが，プロダクション・システムでは主に if-then 規則をそのまま適用する前向き推論を用いる点が後ろ向き推論を基本とする論理プログラムと異なっている．

■ **フレーム (frame)** フレームは 1974 年に M. L. ミンスキーによって提案された意味ネットワークを拡張した知識表現のためのデータ構造である．ある事物

のフレームは対象物の属性名とその値の対 (スロット：slot) のリストからなる．スロットの属性の値はほかのフレームへのリンクやこの対象物に対する手続きなども含んでいる．たとえば，ある個人のフレームは名前，性別，年齢，身長，体重などの属性の値のほかに家族のフレームや所属する会社やクラブのフレームへのリンクを含む．フレームはオブジェクト指向 (object-oriented) 言語のオブジェクト・クラスと類似している．オブジェクト・クラスではスロットは属性 (attribute) に，手続きへのリンクをもつスロットはメソッド (method) に対応する．

■ フレーム問題 フレーム問題 (frame problem) は 1969 年に J. マッカーシーと P. J. Hayes (ヘイズ) によって提起された問題であり，ロボットが現実的な問題に対処することが計算量の側面から難しいことを指摘している[†3]．ロボットがある目標の行動を行うには，シミュレーションによって行動の動作系列をつくる必要がある．ロボットの動作，たとえば「ライトを点灯」または「物体を持ち上げる」などによって内部表現の世界は別の状態に変わる．これらの動作によって現実の世界がどのように変化するかはきわめて複雑であり，考慮すべき状態の組合せは膨大になる．無数のできごとが起こる可能性があるが，そのほとんどは目標の達成とは関係ない．ロボットは目標に関連することの枠組 (フレーム) を決めてその中で行動計画をつくる必要がある．しかし，現実の問題ではこの枠組みを抽出する計算量はきわめて大きくて実現が難しい．人間はこのような問題を解決するために「常識」を使っているが，フレーム問題は常識をコンピュータで扱うことが難しいことと関連している．

9.3.2 Watson：クイズ王への挑戦

知識にもとづく推論の発展をよく表す例として，2012 年に IBM が開発した質問応答システム Watson (ワトソン)[†4]が米国の人気クイズ番組ジョパディ！

[†3] 前述の知識表現のためのフレームと同じ名前が使われているが，この両者は無関係である．
[†4] IBM 社の初代社長の名前にちなんでいるが，同社の発売している深層学習を応用した汎用の質問応答・意思決定支援システムの名称ともなっている．

(Jeopardy!) に挑戦して優勝したニュースを紹介する．この番組は長い歴史をもち，歴代の優勝者は有名人になっている．歴史，科学，スポーツなど幅広い分野からの質問に対して，3 人の解答者が早押し形式で獲得賞金を競う．

問題には，「米国が外交関係をもたない 4 か国の中でこの国はもっとも北にある」(正解は北朝鮮)，「第 1 空港が第 2 次世界大戦のヒーローにちなんだ名前をもち，第 2 空港は第 2 次世界大戦の戦いにちなむもの」(正解はシカゴ) などのような専門知識を必要とするもののほかに，「壁にかかっていて，壊れていても 1 日 2 回は正しいもの」のようななぞなぞ問題も含まれている．図 9.3 は Watson が過去のチャンピオンふたりと対戦して優勝し 100 万ドル (当時のレートで約 0.85 億円) を獲得した瞬間の写真である．システムは外部のネットワークには接続されていない．

Watson に刺激されて日本の国立情報学研究所は「人工頭脳プロジェクト」を立ち上げた．目標は東京大学の入学試験を突破する能力をもつシステムを開発することであり，副題は「ロボットは東大に入れるか？」である．興味深いことのひとつは，国語，数学，理科，社会などのどの科目の解答が難しいかである．このプロジェクトが成功して東大に入れるシステムができたら，だれもコンピュータは知能をもたないなどといえなくなるだろう．プロジェクトでつくられたシステム「東ロボくん」は大学入試の模擬試験では有名大学に合格できるレベルの成績をあげたが，記述式の解答能力が不充分で東大合格の目標は達成できないまま 2016 年に 5 年間のプロジェクトは終了した．

図 9.3　Watson が 100 万ドルを獲得した瞬間 (CBSNEWS.COM)

10 機械学習

しばしばAIへの新しいステップは，だれもがこれが真の知能だと認めるものをつくり出すというより，何が真の知能ではないかを明らかにするだけのようにみえる．「ゲーデル，エッシャー，バッハ」　— D. R. Hofstadter (ホフスタッダー)

われわれが炭素と珪素 (シリコン) のどちらを基礎としているかは基本的な違いではない．われわれはどちらも適切な敬意をもって扱わねばならない．「2010年宇宙の旅」　— Arthur C. Clarke (クラーク)

(ロボット3原則) 1．ロボットは人を傷つけたり，ヒトの危険を傍観してはならない．2．第1原則に抵触しないかぎり，ロボットは人の命令に従わなければならない．3．第1，第2原則に抵触しないかぎり，ロボットは自身を守らなければならない．「私はロボット」　— Isaac Asimov (アイザック・アシモフ)

機械学習 (machine learning) とこれに類似の概念であるデータ・マイニング (data mining) はAI研究の大きく重要なテーマであり，AI全体の基礎となっている．まず，学習について辞典の定義を見てみよう．

【学習】 (広辞苑，第6版)　① 学び習うこと，② 経験によって新しい知識，技能，態度，行動傾向，認知様式などを習得すること，およびそのための活動．

【Learning】 (Wikipedia 英語版)　学習とは新しい知識，行動方法，技能，価値，能力を獲得するか，またはすでにあるこれらを改良し増強する活動である．これにともない異なる型の情報を合成することもある．(原文は英語)

一般に学習される対象には，知識以外に技能や行動様式など広範囲のものを含んでおり，また人や哺乳類以外の魚類や昆虫などの生物も学習能力をもつことが知られている．自らの経験を重ねて必要なデータを収集する自律型知能ロボットやエージェント (agent) と呼ばれる自律システム，知識以外の広範囲の学習を行わせる問題も機械学習のテーマである．しかし，ここでは，入力データにもとづいて知識の演繹推論を行う通常の機械学習を扱うので，このような狭義の学習とデータ・マイニングを次のように定義しよう．

学習 (learning) 経験や与えられたデータにもとづいてそれまでにもっていた知識を改良し，また新しい知識を抽出・合成する帰納推論.

データ・マイニング (data mining) 大量のデータから有益な情報を抽出すること.

機械学習研究の目的は学習能力をもつシステムを実現し，発展させることである．データ・マイニングの定義において，「有益な情報」は知識と類似しているので，これは機械学習と重なる概念である．しいて相違点をあげれば，「大量のデータからの抽出である」ことだろう．このために，主成分分析やクラスタリングなどの統計的な処理が関係することが多い．以下にあげる機械学習の方式は機械学習とデータ・マイニングに共通して使われる.

10.1 学習モデル

機械学習にはさまざまな種類があるが，次のような観点から分類できよう.

■ **学習される知識** 前章で述べたように知識は明示的な知識と暗黙的な知識に区別される．たとえば，次節で述べる帰納論理プログラミングでは論理式の形の明示的な知識が合成されるが，深層学習で得られる結果は一般に暗黙的な知識である．一方，遺伝的アルゴリズムの結果はどちらの知識か分かりにくい場合が多いであろう．決定木の学習は人がもつ暗黙的知識を明示的な知識に変える働きを行っている.

■ **学習環境** 与えられるデータの種類と，システムと外部とのやりとりの方法が異なる各種の学習方式がある.

正例と負例からの学習 パタンの学習では一般に，あるクラスに属するパタンの例 (正例 : positive sampl) と属さないパタンの例 (負例 : negative sample) から識別するための知識を合成する．また，文法推論ではある言語に属する記号列 (正例) と属さない記号列 (負例) から文法の規則を合成する．文法推論では，正例だけから生成できる文法の条件などについて調べられている.

教師あり学習 (supervised learning) 入力データに対する正しい応答を与えられ

て，これを満足させる知識を合成する．前述の正例と負例からの学習は教師あり学習であるが，それまでに獲得した知識では判定できない場合の応答を外部 (教師) に質問できる，より一般的な教師あり学習がある．

教師なし学習 (unsupervised learning)　学習したい知識について明確な応答結果が与えられずに，入力データから，またはみずから外部環境のデータを集めて，なんらかの基準によって有効な知識を合成する学習．数値データに対してデータの分布の構造を明らかにするクラスタリング (clustering：クラスタ分析) や主成分分析などの統計的な処理は代表的な教師なし学習の手法である．クラスタリングは主にパタン学習において，多くの観測データから特徴量を座標とする特徴空間中で何か特定の分布をしているクラスタ (cluster) を発見するプロセスである．クラスタリングは後述する神経回路網によるパタンの深層学習においても重要な手段となっている．

強化学習 (reinforcement learning)　これは次のようなシステムと外部環境からなる学習モデルであり，教師なし学習に近いが教師なし学習ではないとする説もある．

- システムは外部環境を観測して何かの行動を行い，外部環境はそれに反応してその状態を変え，システムに報酬を与える．
- システムはこれを繰り返して最大の報酬を得られるように行動の規則を獲得することを目標とする．

環境の状態推移も報酬も確率的に決められ，マルコフ決定過程として定式化される．強化学習は広範囲の最適制御問題への応用のほか，脳の内部で強化学習が行われているという仮説がある．

漸次学習 (incremental learning)　一般に学習には多くの探索を必要としており，獲得する必要のある知識の量が大きいときには計算量が学習能力の限界を決めることが多い．この問題を解決するひとつのアプローチは，知識をその一部から始めて順次学習の範囲を拡大していく漸次学習である．人間の学習でも，知識の一部を獲得してからそれをもとに知識を増していくこの方式がとられている．知識の範囲が拡大すると，それまでの枠組みを組み替える必要もあるので，すべての知識の学習に漸次学習が有効であるとは限らない．後

に §10.5 で述べる筆者の文法推論方式は漸次学習を基本としている．

10.2 帰納論理プログラミング*

帰納 (的) 論理プログラミング (ILP: inductive logic programming) は論理プログラミングを基本とした帰納推論および学習方式である．論理プログラミングではホーン節で表されたプログラムから融合と呼ばれる推論規則を使った演繹によって，質問として与えられた条件を満足する解が生成され，解はプログラムから融合によって演繹される論理的帰結に含まれる (§7.2.3)．これに対して，与えられた正例と負例の論理式から，正例の論理式 (通常は原子論理式) を論理的帰結とし，負例 (負リテラル — 否定の付いた原子論理式) を論理的帰結としない論理プログラムを生成することが帰納論理プログラミングの基本的な目標である．

■ **最小汎化 (LGG: least general generalization)** 一般化は帰納推論の基本である．たとえば，「このカラスは黒い」，「あのカラスは黒い」を一般化すると，「(すべての) カラスは黒い」という命題がつくられる．この帰納推論は単位節

```
black(このカラス)    crow(このカラス)
black(あのカラス)    crow(あのカラス)
```

から次の論理式を生成することに相当する．

$$\forall X, black(X) \leftarrow crow(X).$$

少数の例だけからの一般化による失敗の例は多いが，例が多くても一般化による仮説は誤りの危険性をはらんでいる．1 000 羽のカラスで確認すれば，この規則はかなり確からしいと主張できるが，1 001 羽から白いカラスが連続して現れるかもしれない (実際にまっ白なカラスがいるそうであるが，これは希少な突然変異である)．カラスはカラス科の鳥なので，上の規則をさらに一般化して

$$\forall X, black(X) \leftarrow corvidae(X) \qquad \text{(カラス科ならば黒い)}$$

とすると，カラス科にはカケスやオナガなど黒くない鳥がいるので，誤りになる．

G. D. Plotkin (プロットキン) は最小汎化 (LGG) のひとつとして最汎単一化

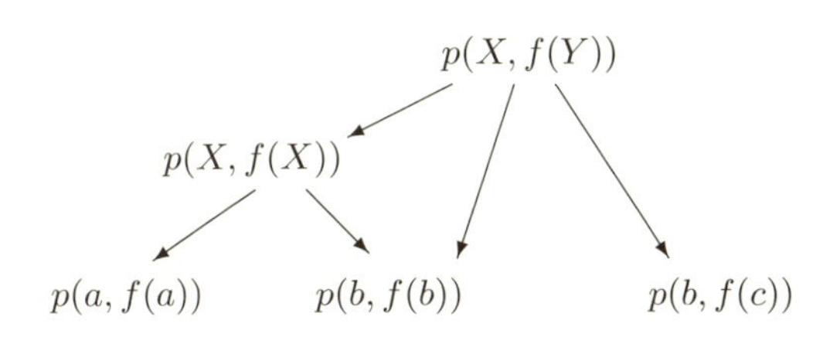

図 10.1 最小汎化 (LGG)

(MGU: most general unification, §7.2.2) の逆演算を提案している．MGU がふたつの項 S と T を同一にする変数の代入を求めるのに対して，LGG は部分項を変数に置換えてこれらを代入例とする最小の一般化を求める．

例：項 $p(a, f(a)), p(b, f(b)), p(b, f(c))$ に対して，図 10.1 のようにふたつの LGG，$p(X, f(Y))$ と $p(X, f(X))$ ができる．矢印の関係 $P \to Q$ は，「Q は P の代入例である (P は Q より一般的である)」という関係を示している．

■ **仮説推論**　S. Muggleton (マグルトン，英国)[18] は新しい仮説推論の方式を採用した汎用の帰納推論システム Progol を作成して一般に提供している．仮説推論は，与えられた背景知識 (background knowledge) B と正例 E^+ および負例 E^- から仮説 (hypothesis) H を生成する．ここで，背景知識 B と仮説 H はホーン節の規則であり，正例 E^+ は単位節の連言，負例 E^- は否定付きの単位節の連言である (一般に，正例および負例は変数を含まない基底リテラルである)．

仮説 H の生成のために次の関係にもとづく帰納的推論規則である逆伴意 (inverse entailment) が用いられる．ここで，$\models$ は論理的帰結 (§7.4，伴意 entailment とも呼ばれる) を表す．

$$B \land H \models E \iff H \models B \to E.$$

仮説を生成するため，まず与えられた背景知識 (B) と正例 (E^+) から最弱仮説 (MSH: most specific hypothesis) を作成する．これはリテラルの連言からなる規則 $B \to E^+$ である．仮説は，この規則の一般化のなかで，負例 E^- と矛盾せず，もっとも簡潔な規則を探索することによって得られる．

■ **例 — 動物の分類規則の合成** Progol システムに，イヌ，イルカ，カモノハシ，マス，ニシン，サメ，ウナギ，トカゲ，ワニ，テラノザウルス，カメ，ヘビ，ワシ，ダチョウ，ペンギンなどの動物について，次の種類の入力を与える[†1].

正例 各動物が哺乳類，魚類，爬虫類，鳥類のいずれであるかを表す.

`class(dog,mammal). class(trout,fish). ···`

負例 どの動物もひとつの類にしか属さない（“:-” で始まる節は否定を表している）. `:- class(X,mammal), class(X,fish). ···`

背景知識 それぞれの動物がもつ属性の記述.

- 外皮の種類： `has_covering(dog,hair).`
  `has_covering(snake,scales). ···`
- 脚の数：`has_legs(dog,4). has_legs(dolphin,0). ···`
- 乳を与える：`has_milk(dog). has_milk(dolphin). ···`
- 鰓(えら)をもつ：`has_gills(trout). has_gills(herring). ···`
- このほか，恒温性，棲息環境（陸上，水中，空中），卵生などの属性も与えているが，これらは出力の規則には使われていない.

Progol の出力として次のような動物分類の規則が得られる.

```
class(snake,reptile).                    % ヘビは爬虫類.
class(A,mammal) :- has_milk(A).          % 乳を与えれば哺乳類.
class(A,fish) :- has_gills(A).           % 鰓をもてば魚類.
class(A,bird) :- has_covering(A,feathers). % 羽で覆われていれば鳥類.
class(A,reptile) :- has_covering(A,scales), has_legs(A,4).
                         % 鱗(うろこ)でおおわれ，4 本脚をもてば爬虫類.
```

10.3 決定木 (decision tree)

パタン認識や病気の診断などのように，ある事例についてその特徴から何らかの判別をすることは代表的な知識処理である．決定木はこのための簡明な知識表

[†1] Progol の公式サイト `https://www.doc.ic.ac.uk/~shm/progol.html`.

現であり，一般的で簡潔な決定木を生成することは有効な帰納推論である．この機械学習方式はオーストラリアの Ross Quinlan (クインラン) によって 1979 年に発表された ID3 システムによって最初に実現され，多くの応用例で有効性が示されている．決定木とは次のようなラベル付きの 2 分木である．

- 各非終端の頂点に真偽が決まるような特徴が付加され，各頂点から yes または no のラベルが付いたふたつの枝が出ている．
- 終端には判別結果が付加されている．

ある事例について根から始めて頂点の特徴についての判定を行って yes または no の枝をたどると判定結果が付加された終端に到達する．

決定木学習は，多くの事例についての特徴の値の集合とその判別結果の観測データから統計的な解析によって最小もしくは最小に近い決定木を生成する．選択された定性的な (真偽が決まる) 特徴はそのまま分岐の条件となる．数値的な特徴については適切な閾(しきい)値が決定されて分岐の条件がつくられる．

■ RoboCup プレイヤの改良　筆者の研究室では RoboCup 2D シミュレーション・リーグ (Coffee Room 9，p.214) におけるプレイヤの行動の分析と改良に決定木を用いた．2D シミュレーション・リーグではロボットの実機によらず，プレイヤのソフトウエア (エージェント) 同士がシミュレーションによって試合を進める．プレイヤはシミュレーションを進めるサッカー・サーバから与えられる周囲の選手やボールについての視覚情報から自分の行動 (ボールをける，走るなど) を決定してサーバに応答する．このリーグは 2D (2 次元) のためヘッディングはないが，オフサイドなどの複雑なルールやコーチによるプレイヤの交代なども あって人間のサッカーにかなり近い．

図 10.2 は，2D シミュレーション・リーグにおいてドリブルの成功と失敗を分ける要因を分析した結果を表した決定木である．この研究ではまず，ゲームの状況を記録したログ・ファイルから抽出したデータにもとづいたシュートやパスの成功・失敗についての決定木を作成して，プレイヤの行動規則を改良した．次に，コーチから与えられる試合中のデータにもとづく行動規則の改良を試みた．これによって対戦相手の特性に応じて行動を変化させることが可能になり，ドリ

Coffee Room 9 ロボット・サッカー RoboCup

RoboCup は，協調動作するロボットの発展を目指したロボットのサッカー大会である．筆者の研究室では学生主体で 20 年近く前からソフトウエアだけつくればよい 2D シミュレーション・リーグに参加してきた．このリーグは毎年進歩してきて実際のサッカーに近くなっており，試合の分析から選手の動きを改良するために機械学習が使われている．研究室のチーム ThinkingAnts は多数の大学が出場している国内大会 Japan Open で 3 位になったことがある．

その後，やはりソフトウエアだけでよいペット・ロボット AIBO による 4 足リーグにも参加した．このために AIBO を 4 機購入したが，SONY の製造中止により 4 足リーグは 3 年ほどで終了してしまい，代わりにフランス製の二足歩行ロボット Nao (写真) による標準プラットホーム・リーグが始まった．このロボットは 1 機百数十万円もしたが，アカデミック・ディスカウントに応募して 4 機を購入できた．4 足リーグのチーム DEN-INU と標準プラットホーム・リーグのチーム DEN-JIN ではロボットのヴィジョンから歩行やキックまでのすべてのプログラムを作成する必要がある．

2005 年の大会では研究室で開発した AIBO の新しい歩行とゴールキーパーの動作に日本ロボット学会賞が贈られた．2007 年 7 月には米国のアトランタで開催される国際大会に出場できることになった．運が悪いことに，渡米を予定していた大学院生のなかに熱が出てその頃流行していた麻疹（はしか）が疑われる学生がいることが分かり，前日になって取りやめになってしまった．学生諸君にはたいへんな負担をかけてしまう結果になった．

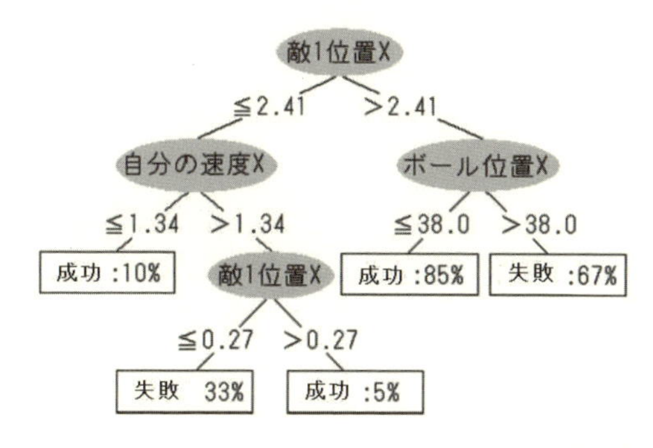

鈴木達也：東京電機大学理工学部修士論文，2007

図 10.2 ドリブルについての分析結果 (敵 1 位置 X：もっとも近い敵選手の X 座標)

ブルの成功率も回数も向上した．

10.4 遺伝的アルゴリズム

遺伝的アルゴリズム (GA: genetic algorithm) は J. H. Holland (ホランド) によって 1975 年に提案された，生物の進化の模擬 (シミュレーション) によって与えられた条件を満足する解を求める方法である．広範囲の問題に適用できるが，特に最適化問題に対する解の探索に適している．

生物の進化 (evolution) とは，一般に生物種の形態，性質が世代を経るにつれて変化することである．現代の遺伝子についての知識にもとづくと進化は次のように要約できよう．

- 生物がもつ遺伝情報 (ゲノム，genome) が各個体の形態を決める．
- 親から子に遺伝情報はほぼ正確にコピーされるが，微小なコピーの誤り—突然変異—がランダムに起こる．
- 環境により適合したゲノムをもつ個体がより多く増殖する (より多くの子孫を残す)．何千，何万世代にもわたる突然変異と環境による選択の繰り返しが進化の基本である．
- 各生物種は性によって混合されるゲノムのグループ (遺伝子プール) をもっている．進化によって，種はより環境へ適応し，種の分化が起こり，新しい種が発生する．

GA を用いるには次のふたつを用意すればよい．

個体の表現法 一定長のビット列によって個体 (解) を表すことのできる符号化方法．個々のビット列は遺伝情報に対応している．問題によって異なるが，数値的なパラメータだけでなく，適当な方法によって形状や各種の規則などを符号化できる．

適応度関数 各個体 (ビット列) に対して評価値を与える方法．評価値は各個体が環境の条件を満足する度合いを表す．この値が大きいほど世代を超えて生き延び，小さい評価値の個体は滅んで消滅する．

GA の最初のステップは，一定数の個体を乱数によって発生することである．進化のシミュレーションは次のプロセスを繰り返して進められる．

適応度による選択 各個体について適応度を求め，この値が高い個体を残す．

突然変異 個体のビット列に一定の低い確率で 0 と 1 を入れ替える．

交差 ふたつの個体をランダムに選び，ランダムに選んだ位置で切断して互いに入れ替える．これは性による遺伝子の混合に相当する．

■ **GA の例：歩行ロボット** 歩行ロボットには，多数の関節を一定のリズムに従って動作させるために高度の制御技術を必要とする．GA によるアプローチは複雑な解析なしに歩行ロボットを実現させる．これには次のような方法が使われる．

個体の表現 各関節の動作のタイミングと回転角度の系列を符号化したもの．

適応度関数 3 次元の物理的なシミュレーションによって得られるロボットの移動距離．多数の個体についての物理的な運動のシミュレーションはかなりの計算時間を要する．

最初はランダムに手足を動かすだけであったロボットが，進化のプロセスを繰り返して，しだいに歩行機能を獲得する過程を記録した動画をインタネットで見ることができる[†2].

■ **GA の例：セル・オートマトンの合成**　筆者の研究室では文法推論の応用として，形式言語を実時間受理する 1 次元 1 方向セル・オートマトン (OCA，§8.3.4) を言語の正負の例から合成する帰納推論方式を研究した (§10.5). このために，漸次学習による方法に加えて GA による方法を試みた．GA によってある言語を受理する OCA を合成するために，個体の表現として局所関数を表す配列を符号化したものを用いた．適応度関数は個体の OCA が正例を受理する割合から決定し，負例を受理した場合は最低の評価値とした．

```
aaaaabbbbbccccc
 aaaaacccc55555
  aaaab5555bbbb
   aaaabbbbcccc
    aaaaccc5555
     aaab555bbb
      aaabbbccc
       aaacc555
        aab55bb
         aabbcc
          aac55
           ab5b
            abc
             a5
              1
```

宮原俊明，情報処理学会全国大会 2012.

図 10.3　$a^5b^5c^5$ を並列認識する OCA

この方式によって $\{a^nb^nc^n | n \geq 1\}$，かっこ言語 (§8.2.3) などの形式言語を実時間受理する OCA が合成できた．図 10.3 はこの OCA が $a^5b^5c^5$ を受理するときの空間時間推移図である．この言語の OCA は世代数 5×10^5，標準的なパソコンで約 200 秒で合成された．これらと同様の OCA は漸次学習方式 (§10.5) でも合成されたが，合成に必要な計算時間はほぼ同様であった．

GA の特長と問題点をまとめておこう．

- 個体の表現法と適応度関数を決めるだけで広範囲の問題解決に応用できる．
- 問題解決に現在のコンピュータの高い計算能力を応用できる．
- 最適化問題に対して，山登り法による探索のように局所的に最適な解を求めるのではなく，大域的に最適な解を探索できる．
- 個別の問題に対する成功例や経験則が報告されるだけで，一般的な GA の限界を明らかにすることなどの理論的な解析は進んでいない．
- すべての個体に対して適応度を決定する必要がある．ある程度解に近い個体については適応度を評価できても，最初にランダムに与えた個体について意

[†2] たとえば，https://www.youtube.com/user/99munimuni.

味のある適応度を与えるのは一般に難しい．

10.5　文法推論*

人間の幼児は生まれてから 3 歳頃までに周囲のことばを聞いて母国語を学習し，正しい文とそうでない文を区別できるようになる．このような言語の学習過程は幼児の言語獲得と呼ばれる認知心理学の研究分野である．言語獲得にはチョムスキーの「ヒトは生得的な普遍文法をもっている」(§1.2) という考えが基本となっている．

文法推論 (grammatical inference) では，主として形式文法の学習が扱われている．具体的な研究テーマとしては，与えられた正負の文字列の例から文法規則を合成することに加えて，与えられたふたつの言語の対訳の例から翻訳の規則を合成することがある[†3]．正負の記号列や変換の例からこれを満足する文法規則または変換規則の集合を生成するには，一般に大きな計算量を必要とする．このため，多くの研究では多項式時間で学習できるような学習モデルおよび文法のクラスが議論されている．

筆者は研究室の大学院生と共同して文脈自由文法の学習システム Synapse を開発して，学習できる文法の拡張，コンパイラの自動作成やセル・オートマトンの自動作成への応用について研究してきた．計算量を減らして意味のある文法を合成するため，Synapse では次の方式を組合せて用いている．

■ **漸次学習**　短い記号列を導出させる規則集合は短時間で合成でき，多くの場合，この規則は長い記号列の導出にも用いられる．規則集合をその一部分から合成し，それに足りない規則を求めて追加する漸次学習は文法推論に向いた帰納推論方式であり，幼児の言語獲得もこの方式にもとづいていると考えられる．

■ **ブリッジ法**　漸次学習において，それまでに作成した規則集合を用いた上向き構文解析によってある正例の記号列の導出ができない場合，不足している規則

[†3] 正則言語の入力記号列から出力記号列へ変換する順序機械の推移規則は，初歩的な翻訳規則の例である．

を発見して規則集合に追加する．このため，上向き構文解析の結果の不完全な導出木に対して，規則集合を用いて根から下向きに導出木の構成を試みながら欠けている個所を探索し，これをつなぐ (ブリッジする) 規則を生成する．生成された規則を含む規則集合が負例の記号列を導出したときにはこの規則は使わない．

表 10.1 は Synapse によって合成された CFG のいくつかを示している．計算時間は標準的なパソコンを使用して (a) と (b) は 1 秒以下，(c) が数秒，(d) と (e) が数 10 分である．CFG の合成を容易にするため，規則は次の形式に制限されている (これを変形チョムスキー標準形と呼ぶ)．言語 (d) では $A \to a$ 型の規則も用いている．

$$A \to \alpha\beta, \quad \text{ここで } A \text{ は非終端記号，} \alpha, \beta \text{ は非終端または終端記号．}$$

この制限によっても，長さ 2 以上の記号列のすべての CFL を導出でき，一般性を失わない．Synapse は小さな文法集合から順に探索するため，合成された文法はこの標準形による最小の文法である．

一般に非あいまいな文法は同じ言語のあいまいな文法より規則数が大きい．文

表 10.1 Synapse システムによって合成された CFG (A はあいまい，U は非あいまい．w^R は w の逆転，$\#_x(w)$: w 中の記号 x の個数)

言語		規則集合
(a) かっこ言語	A	$S \to CD \mid SS,\ C \to a \mid CS,\ D \to b$
	U	$S \to SE \mid CD,\ C \to a \mid CS,\ D \to b,\ E \to CD$
(b) 回文 $\{w \mid w = w^R\}$	U	$S \to a \mid b \mid aa \mid bb \mid aP \mid bQ,\ P \to Sa,\ Q \to Sb$
(c) a の数が b の数の倍 $\{w \mid \#_a(w) = 2\#_b(w)\}$	A	$S \to aP \mid Pa \mid bQ \mid SS,$ $P \to ba \mid aR \mid PS,\ Q \to aa \mid SQ,\ R \to Sb$
	U	$S \to CP \mid DQ \mid PC \mid QT,\ C \to a \mid RD,\ D \to b,$ $P \to CD \mid TC, Q \to CC,\ R \to CQ, T \to DS$
(d) ww の形をもたない $\overline{\{ww \mid w \in \{a,b\}^+\}}$	A	$S \to CD \mid DC \mid FE \mid GE,\ C \to a \mid FE,$ $D \to b \mid GE,\ E \to a \mid b,\ F \to EC,\ G \to ED$
(e) $\{a^ib^jc^k \mid i = j \text{ or } j = k\}$	A	$S \to aP \mid aQ,\ P \to bc \mid Pc \mid Uc,$ $Q \to aQ \mid aR \mid bT,\ R \to bc \mid bT,$ $T \to Rc,\ U \to Vb,\ V \to ab \mid aU$

法のあいまい性は構文解析において同じ非終端記号を根とする複数の部分木が検出されるかどうかで判定している．言語 (b) 回文の集合はこの最小の文法が非あいまい文法になっている．言語 (d) と (e) はあいまいな CFG のみが合成された[†4]．言語 (d) はコピー言語 (§8.2.6) の補集合である．

文法推論の分野において筆者の研究室では Synapse とその拡張に加えて次のようなテーマの研究を行った．

- 文脈自由を超える拡張 DCG (§8.2.6) の漸次学習，およびこれにもとづく．ソース・プログラム (拡張算術式) とそれに対応する中間コードからのコンパイラの自動生成 [25]．これは翻訳規則の学習のひとつである．
- Synapse の学習方式を応用した形式言語を並列認識する 1 次元セル・オートマトンの推移規則の漸次学習 [28]．
- 命題論理の充足可能性判定 (SAT, §6.1) を応用した CFG と言語を並列認識する 1 次元セル・オートマトンの学習 [26]．これは例からの規則生成の問題を命題論理の充足可能性判定問題に翻訳して計算する方法である．一般的な充足可能性判定は計算量の大きな問題であるが，多くの問題について，問題の性質を解析して高速に解くための計算法が発展している．これによって上記の一般的漸次学習とほぼ同等の合成結果が得られた．
- インデクス付き線形文法 (indexed linear grammar) の漸次学習 [29]．この文法はプッシュダウン・オートマトンを拡張したものであり，文脈自由を超えた弱文脈依存文法 (§8.2.8) のひとつである．

10.6　神経回路と深層学習

ヒトを含む動物の脳は，大脳だけで 100 億以上の神経細胞 (ニューロン：neuron) を結合して構成された神経回路 (網) (neural network) である．神経細胞は，ほかの神経細胞からの刺激の総量がある限界を超えると一定期間だけ興奮

[†4] 言語 (e) は「本質的にあいまいである (非あいまいな文法は存在しない)」ことが証明されている．言語 (d) についても本質的にあいまいであると思われるが，筆者はまだその証明を見たことがない．

状態となる．興奮状態か静止状態かは2値的であり，パルスを派生するディジタル素子のように思えるが，パルスの頻度で大きさや量を表現しているのでむしろアナログ的な動作ともみなせる．神経細胞の応答速度はミリ秒程度であり，コンピュータの素子に比べるとはるかに遅いが，ひとつの神経細胞は数万個のシナプス結合によってほかの神経細胞と信号をやり取りしているので，推論のステップは少ないが驚くべき高度の並列演算を行っている．

ひとつひとつの神経細胞の働きは単純であっても，膨大な数が相互接続されたネットワークの動作を解明するのは難しい．脳の働きの解析と，学習や認識などの機能を実現するというふたつの目的のために，コンピュータによる神経回路のシミュレーションが進められてきた．特に神経回路による学習機能の実現については，初期の学習モデルであるパーセプトロン (§10.7.1) 以来，長く研究されてきた．

近年，神経回路をモデルとする深層学習 (deep learning) の発展はめざましく，さまざまな機械学習に応用されている．2016年には，深層学習を採用した囲碁プログラム AlphaGo が世界最強のプロ囲碁棋士を破るという大きなニュースが伝えられた (§9.2)．AlphaGo の開発者はみな囲碁の初心者であり，プログラム自身が囲碁の勝ち方を大量の棋譜から学習したことは機械学習の歴史上画期的なできごとであった．深層学習はそれまで，ネコの写真からその種類を判定するなど人間には容易な認識への応用が中心であったので，囲碁のような人間にも難しい仕事にも使えることを示したことは重要である．最近になって，深層学習のさまざまな分野への応用が急速に進んでおり，いくつかの大手企業からこのためのシステムが発売されている．

10.7 神経細胞のモデル

現在まで続く神経回路の研究は1943年に W. S. McCulloch (マッカロ，マカローク) と W. Pitts (ピッツ) によって提案された次のような働きの神経細胞の数理 (形式) モデルに起源をもっている (図 10.4)．

- 神経細胞は静止 (0) または発火 (1) のふたつの状態をとり，これを出力する．

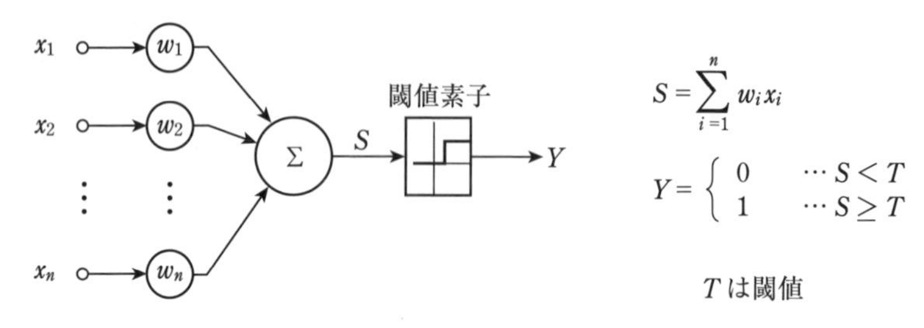

図 10.4　神経細胞の形式モデル (McCulloch Pitts model)

- 各神経細胞はこれに結合されたほかの神経細胞の状態 $x_1, \cdots, x_n$ を入力する．この入力の様子は結合係数 (重み) $w_1, \cdots, w_n$ で表される．正の重みは興奮性刺激，負の重みは抑制性刺激を表している．この刺激の総和 $S = \sum_{i=1}^{n} w_i x_i$ が一定の閾値 (threshold) T を超えると出力 Y が静止状態から発火状態に変わる．

ひとつの神経細胞に結合された神経細胞の数 (n) は数百〜数万と非常に大きいことが知られている．結合された神経細胞からの刺激は神経細胞のシナプス (synapse) と呼ばれる部分を通して伝達される．このモデルによる神経細胞は次のような論理素子の働きを行うことができる．

多数決素子　同一の正の結合係数をもつ神経細胞は，その出力が 1 の入力の個数で決まる多数決素子の働きをもつ．

論理素子　入力に対して正負の結合係数をもつ神経細胞を論理素子とすることによって任意の組合せ回路 (§4.2.2) が構成できる．

順序機械の要素　刺激を受けてから発火状態に推移するまでに時間的な遅延がある神経細胞によって順序回路 (§4.3) を構成できる．S. C. クレイニ (Kleene) の正則式に関する歴史的論文 (§8.1) においては有限オートマトンがこのような神経細胞の形式モデルの回路で構成されている．

脳における記憶のメカニズムについてはまだ完全には解明されていないが，神経細胞間の結合の変化，より具体的にはシナプスの可塑性によるという説が有力である．1949 年にカナダの心理学者 D. Hebb (ヘブ) は「神経細胞 A の発火が

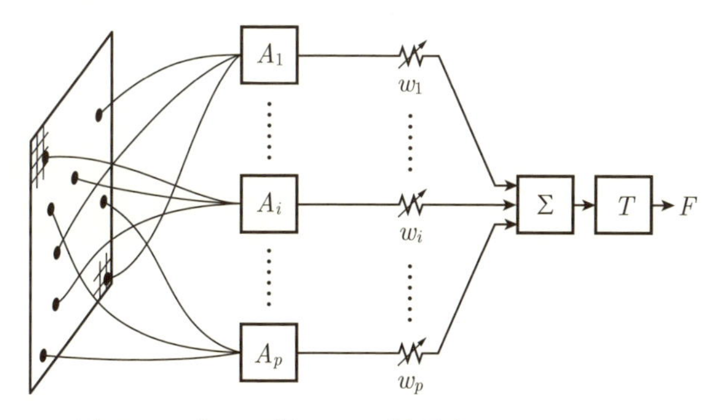

図 10.5　パーセプトロンの概念図 (*Perceptrons*[11])

神経細胞 B を発火させるとこれらふたつの神経細胞の結合が強まる」という仮説を提唱した．この仮説はヘブ則 (Hebb's rule) と呼ばれ，神経回路の理論とパーセプトロンや深層学習などのための人工神経回路の構成の基礎となっている．

10.7.1　パーセプトロン

1957 年頃 F. Rosenblatt (ローゼンブラット) によって開発されたパーセプトロン (Perceptron) は，神経回路のモデルにもとづくパタン学習システムである．人工的な神経回路のモデルの構成単位は神経細胞，ニューロン，ノードなどと呼ばれているが，以下，これらの構成単位を短くセルと呼ぶことにする．図 10.5 は 3 層の基本的なパーセプトロン (単純パーセプトロン) を表している．システムの最初の層は外界の入力セルである．この図では，これがディジタル画像を構成する 0，1 の信号を出力することを想定している．第 2 層はセル $A_1, A_2, \cdots, A_p$ からなる．第 1 層と第 2 層の間の結合と結合係数はランダムに決められる．最後の第 3 層はひとつのセルからなり，第 2 層のセルの出力にそれぞれ結合係数 (重み) $w_1, w_2, \cdots, w_p$ を掛けた総和 (Σ) がある閾値以上であるかを閾値素子 (T) によって判定して 0 または 1 の結果 (F) を出力する．結合係数 $w_1, w_2, \cdots, w_p$ を変化させることによって学習が実現される．

この学習の対象はある特定のパタン (正しくはパタン・クラス : pattern class)，たとえば "*A*" を表す手書きの文字である．パタンの学習は，多くの正負のサンプルを繰り返し与えて次のように結合係数を調整することによって行われる．ただし，正のサンプルとは“A”の手書き文字の画像，負のサンプルはそれ以外の文字の画像である．

1. 正のサンプルを与えたとき，出力が 0 ならば，第 2 層のセル $A_1, A_2, \cdots, A_p$ のなかで 1 を出力するものの結合係数を一定値だけ増加する．出力が 1 であれば，結合係数の調整を行わない．
2. 負のサンプルを与えたとき，出力が 1 ならば，$A_1, A_2, \cdots, A_p$ のなかで 1 を出力するセルの結合係数を一定値だけ減少する．

充分な数の第 2 層のセルがあれば，この学習プロセスを繰り返すことによって正負のサンプルを判別できることが示されている．

問題は，このプロセスによってパーセプトロンは手書き文字“A”の識別法を学習したと言えるかである．これが主張できるためには，サンプル以外の文字の位置や大きさが違う画像を与えたときにも正しい判定ができなければならない．M. L. ミンスキーと S. Papert (パパート) は 1969 年に出版した“*Perceptrons*” [11] のなかで，この 3 層パーセプトロンで識別できる図形パタンについて詳しく解析した結果を述べている．それには，このパーセプトロンは位置や大きさに依存しないようなパタンの認識はできないこと，また連結図形 (すべての黒点が連結している) のような基本的なパタンも判定できないことなどが含まれている．この本は神経回路によるパタン認識と学習の研究に大きな影響を与えた．

3 層パーセプトロンが正しいパタンの認識をするためには，第 2 層のセルが認識に必要なパタンの特徴を出力していなければならない．この条件が満足されていても，第 3 層の 1 個のセルが判定できるのは線形判別可能と呼ばれる条件を満たしているときだけである．たとえば，ふたつの 2 値的特徴量の排他的論理和 (EOR，§4.1) はこの条件を満たさないので出力できない．

3 層以上に多層化したパーセプトロンによれば，上に述べた線形判別の限界を解消してより強力なパタン認識能力と学習能力を実現できると考えられる．しかし多層化するとその間の結合係数の個数は指数的に増大するので，重みの値をどのように調整して学習を行うかが問題である．4 層，5 層に多層化した神経回

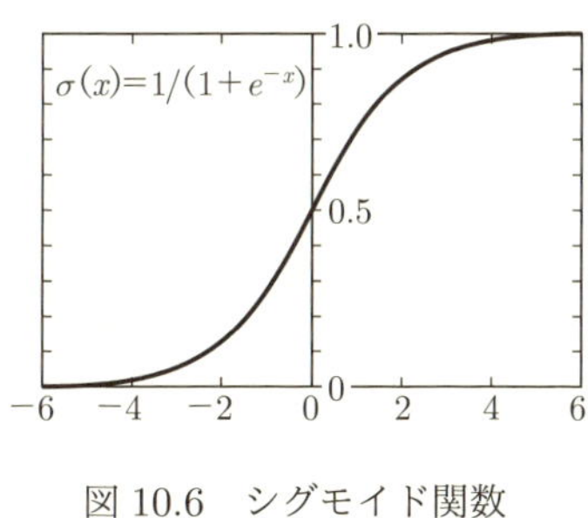

図 10.6　シグモイド関数

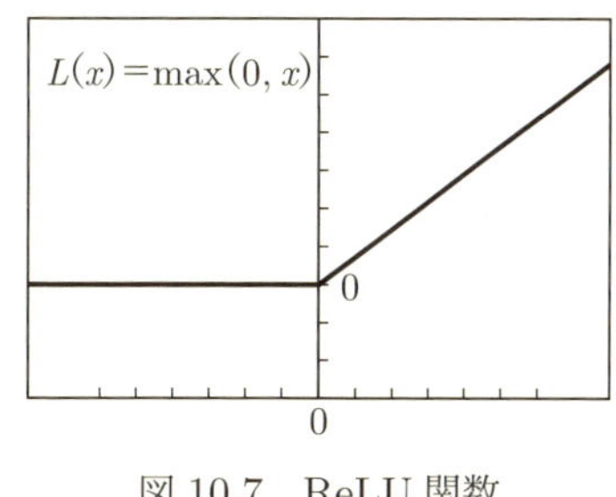

図 10.7　ReLU 関数

路の学習に用いられた方式が，各細胞の出力値と目標値との差を前層の値にさかのぼって重みの値を変化させる誤差逆伝搬 (back propagation) である．この方式では，連続的に重みを調整するため不連続的な閾値関数ではなく連続的に変化するシグモイド (sigmoid) 関数 $S(x) = 1/(1 + e^{-px})$ および ReLU (Rectified Linear Unit：整流線形関数)[†5]が使われる．図 10.6 はシグモイド関数の $p = 1$ の場合のグラフを示している．p の値を大きくすると閾値関数に近づく．図 10.7 は ReLU 関数のグラフを示している．

10.7.2　多層神経回路と深層学習

近年になってさらに多層の神経回路を用いた深層学習によってより高度なパタン認識を実現する方式が急速に発展している．次に述べる学習方式を使う深層学習によって，自動的に (教師なしで) 新しい特徴とその組合せを発見することができる．特徴の発見のために，教師なし学習の主要な手段であるクラスタリング (§10.1) が，最近になって神経回路の深層学習に組込まれて成果をあげている．

■ 畳み込みとプーリング　畳み込み (convolution) は入力層を多数の領域に分割して，それぞれの領域の特徴を取り出すプロセスである．それぞれの領域の特徴を結合して新たな特徴をつくるプロセスがプーリング (pooling) である．この 2 段階のプロセスはさらに多段にわたって使われる．画像の解析では，畳み込みによって形状の特徴を抽出し，プーリングによってそれらの特徴を統合する．

[†5] ランプ関数 (ramp function) とも呼ばれる．

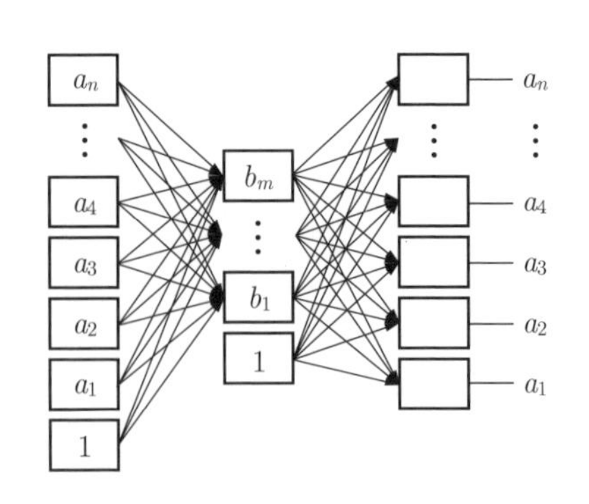

図 10.8 自己符号化

■ **自己符号化 (autoencoding)** 自己符号化は図形などのディジタル画像からそれを識別するための特徴量を取り出すために考案された学習方式である．図 10.8 の 3 層の神経回路はこの方式を説明している．この回路は入力層，より少ないセルからなる中間層，入力層と同数のセルからなる出力層をもち，初めすべての重みはランダムに与えられる．この図の“1”出力は閾値のバイアスの調整用である．パタン・クラスの学習は，各入力パタン $a_1, a_2, a_3, \cdots, a_n$ を与えたとき，出力層の出力がこの入力パタンと等しくなるように重みを調整することを繰り返すことで行われる．入力層より少ない中間層のセルの出力 $b_1, b_2, \cdots, b_m$ から各入力パタンが再現できれば，$b_1, b_2, \cdots, b_m$ はパタン・クラスの線形判別の特徴量の組合せを表していることになる．出力層は特徴を学習するためだけに使われ，パタン認識には中間層の出力が使われる．

10.7.3 ホップフィールド・ネットワークとボルツマン機械**

ホップフィールド・ネットワークは米国の J. J. Hopfield によって提唱された神経回路である．このシステムはセル・オートマトンと同じように一様で規則的な構造をもつが，近傍のセルとだけ接続をもつセル・オートマトンと異なり，各セルはほかのすべてのセルと相互接続されている．このネットワークは次のように画像などを含む配列パタンに対する連想記憶 (associative memory) の働きをもつ．

一様構造 ふたつのセル i, j の間の結合係数を w_{ij} と表すとき，すべての結合係数は対称的であり，$w_{ij} = w_{ji}$．各セルは 1 または -1 の値をとる．

パタンの記憶 ネットワークに各セルの値の配列パタンを記憶させるには，すべ

てのセル x_i, x_j についてその間の結合係数を $w_{ij} = x_i \cdot x_j$ にセットする (この値は $x_i = x_j$ のとき 1，それ以外は -1 となる)．これは前述 (§10.7) のヘブ則にもとづいている．複数の配列パタンを記憶するには，それぞれのパタンの結合係数を足し合わせる．

想起 記憶したパタンをこれに類似のパタンやその一部のパタンを入力して読み出すことができる．このためには，各セル x_i に対して，次のように値を更新する：このセルへのほかのセルからの入力を積算した値 $\Sigma_{i \neq j} w_{ij}, x_i x_j$ がある閾値 θ_i を超えたときは 1，それ以外は -1．各セルの値はひとつずつ非同期的に更新される．

セルの値の更新はランダムに行われても一定の想起結果に落ち着く．この過程はセルの値のベクトル $\boldsymbol{v} = (x_1, x_2, \cdots, x_N)$，ここで N はセルの総数，によって決まる次のネットワーク・エネルギーによって表される．

$$E(\boldsymbol{v}) = -\frac{1}{2} \sum_{i \neq j} w_{ij} x_i x_j + \sum_i \theta_i x_i.$$

セルの値が更新されるたびにエネルギー値は減少して一定の極小値に近づく．この極小値は記憶された配列パタンに対応している．これをネットワーク・エネルギーと呼ぶのは，このような特性と物理的なシステムとの類似性に由来する．

■ **ボルツマン機械** ボルツマン機械はホップフィールド・ ネットワークにおけるセルの値の更新において，閾値による判別を確率的に行うように変えたシステムである．セル i の発火確率は次式で与えられる．

$$p_i = \sigma\Big(\frac{1}{T}(\sum_{j \neq i} w_{ij} x_j - \theta_i)\Big).$$

ここで，σ はシグモイド関数 (図 10.6) である．この確率は，セル i への入力の重み付き総和が大きいほど高くなり，閾値 θ_i と等しいときにちょうど 1/2 となる．パラメータ T を大きくすることによって閾値による判定に乱雑さを増すことができ，反対に T を小さくすることで確定的な動作に近づけることができ，$T \to 0$ の極限でホップフィールド・ネットワークのセルの更新則に一致する．

ホップフィールド・ネットワークではネットワーク・エネルギーを下げるようにセルの値の更新を繰り返すことによって，初期入力パタンにもっとも近いエネルギー極小値を与えるようなセルの値のベクトル $\boldsymbol{v}$ (記憶したパタンのひとつ) へ収束する．ボルツマン機械ではセルの値は基本的にはエネルギーを下げるように更新されるが，ある確率でエネルギーを上げる方向にも更新される．このような確率的な更新を繰り返すと，ネットワークのセルの値の組 $\boldsymbol{v}$ はホップフィールド・ネットワークのように固定したひとつのパタンに行き着くことはなく，さまざまなパタンが一定の確率で現れるような定常状態が実現される．ボルツマン機械の定常状態での各パタンの出現確率 $p(\boldsymbol{v})$ はそのパタンが与えるネットワーク・エネルギーの値 $E(\boldsymbol{v})$ のみで決まり，それはボルツマン分布と呼ばれる次の確率分布関数で表される．

$$p(\boldsymbol{v}) = \frac{\mathrm{e}^{-E(\boldsymbol{v})/T}}{\sum_{\boldsymbol{v}} \mathrm{e}^{-E(\boldsymbol{v})/T}}.$$

確率分布がボルツマン分布となるのは，遷移確率が指数関数のシグモイド関数で与えられているためである．ボルツマン分布は本来，気体分子のような統計力学的な物理系を記述するためのものであり，パラメータ T は温度に対応する (気体の温度が高いとき，気体分子が大きな速度をもつ確率が高くなる)．この確率分布では低いネットワーク・エネルギーを与えるセルの値の組ほど指数関数的に出現しやすく，その度合が T で決まる．

■ **制限付きボルツマン機械** RBM (restricted Boltzmann machine) は次のように接続を制限した 2 層のボルツマン機械である．

- セルは入力 (可視) セルと隠れセルに分割され，入力のセルはすべての隠れセルと結合し，すべての隠れセルはすべての入力セルと結合している (図 10.9)．双方のセルとも 0 または 1 の値をとるが，値は発火確率によって推移する．
- 入力パタンとしてサンプル (訓練データ) を与える教師なし学習によって，各隠れセルの値のベクトルが入力パタンの判別のための特徴の組合せを表すように重みと閾値 (バイアス) のパラメータを調整する．

RBM をパタン認識のために用いるときには，入力パタンに加えてパタン・クラスの判定結果を符号化したビット列を可視セルへの入力とする．パタンの学習では，この形式の入力ベクトル (訓練データ) $\boldsymbol{v}$ の集合に対して，$p(\boldsymbol{v})$ が訓練データにもっとも当てはまるボルツマン分布となるように結合係数・ふたつの層のセルのバイアスのパラメータを更新する．

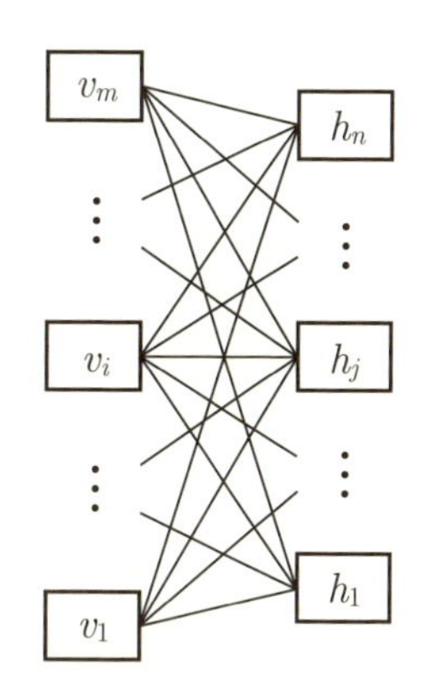

図 10.9 制限付きボルツマン機械

最良のパラメータの組合せを求めるための計算量はセル数の指数関数となり，大きな RBM では実際には計算できない．このため，近似的な方法として，ネットワークの状態のパタンをボルツマン分布からサンプリングして学習を行う．接続を制限した RBM では，訓練データを用いて効率よく状態パタンのサンプリングを行う CD (contrastive divergence) 法によって大規模なネットワークでの学習が可能である。CD 法では，入力層に各サンプルを与えたとき，確率的な推移によって得られる隠れセルの値のパタンから逆に入力セルの値のパタンを求め，これらからパラメータの修正値を決定する．

この 2 層 RBM を多段に組合せることによって多層神経回路が構成される．このネットワークでは，各段ごとにより高次の特徴のパタンが抽出されて次の段階へ入力されることによって高度のパタン認識が達成できる．また，各段ごとに 2 層の RBM の学習を行うことができるため効率よい深層学習が可能である．

研究課題

1. Deep Blue がチェスの世界チャンピオンを破って 20 年が経過した．囲碁も世界のトップ棋士が，また将棋も名人がコンピュータに敗れている．これらのゲームは長い歴史をもち，多くのプロ棋士が切磋琢磨してきた．トップ棋士がコンピュータに敗れたことは，これらのゲームの世界にどのような影響を与えるだろうか，また与えただろうか．これは人間だけが行えたことが AI にとって代わるときに起こるほかの問題とも関連している．
2. 人間には可能な仕事のなかで，機械 (ロボット) に行わせるのがもっとも難しいものは何か．この問題にはフレーム問題 (§9.3.1) が関連する．
3. 決定木 (§10.3) は，具体例から問題を解析して，診断などの判定を行うさまざまな問題に応用できる．身近な問題に応用してみよう．すべてのプログラムを作成しなくとも決定木作成用の既成のプログラムを使用してよい．
4. 遺伝的アルゴリズム (GA，§10.4) は，個体 (解) の表現法と適応度関数 (評価法) を与えるだけでさまざまな問題に応用できる．身近な問題に適用して解を求めてみよう．上記の決定木と同様に，すべてのプログラムを作成しなくともプロセスの主要部は既成のプログラムを使用してよい．

あとがき

本書をまとめて，あらためて確認したことは，言語と生物システムのふたつと情報科学との深い関連である．言語は人間がディジタル情報を扱う機械をつくる起源となっただけでなく，コンピュータ科学の基盤となる論理の起源でもある．オートマトンの理論では，どのような言語を認識できるかによってディジタル・システムの能力が測られることもこのことと関連している．フォン・ノイマンは生命の起源である細胞の自己複製についてのモデルを示したが，これはセル・オートマトン理論の起源となった．

「コンピュータとは何か」，「コンピュータは何ができ，何ができないか」：この問題は「情報科学は何を扱うべきか」だけでなく「生物とはなにか」，「知性とは何か」から「人間とは何か」という究極の問題までに結びついている．コンピュータの出現に功績のある人々は，その可能性だけでなく，生物や人間と比較した機械の限界についても考察している．

現在のコンピュータ文化は何人かの天才の業績の上に築かれている．本書で扱った傑出した5人を寸評とキーワードと共に再掲する．

James Clerk Maxwell （マクスウェル，1831〜1879）　電気・電子工学の基本となる電磁気学の創始者．無線通信を可能にした電波の予言．情報と熱力学のエントロピーを関連づけるマクスウェルの悪魔．われわれは現在の電気の文明の基礎を拓いたこの物理学者に感謝するべきである．

Alan Turing （テューリング，1912〜1954）　万能コンピュータの発明者．計算可能性．人工知能の予言．Turing テスト．コンピュータ・チェスの解析．

John von Neumann （フォン・ノイマン，1903〜1957）　近代コンピュータの父．自己増殖オートマトン．ゲームの理論．

Claude Shannon (シャノン，1916〜2001) 情報理論の始祖．論理回路の理論．コンピュータ・チェスの解析 (シャノン数).

Noam Chomsky (チョムスキー，1928 〜) 形式言語学の始祖．言語生得説と普遍文法の提唱．認知心理学の確立．言語学でつちかった数理学的解析法を政治と社会の解析に応用した評論によってするどい批判や提言を行ってきた．

この 5 名の偉人には数学を得意とし，数学を駆使して独自の理論をつくりあげたことが共通している．Turing，フォン・ノイマン，シャノンはコンピュータを実現させた業績だけでなく人間の脳との比較や人工知能について最初に考察した．

「コンピュータとは何か，何ができるか？」，「人間の知能にどこまで近づけるか？」これが筆者の講義と研究の中心テーマであった．鉄腕アトムは実現できるか，コンピュータが音楽や美術の創造ができるか？ — これらの質問に対して，少し前までは「コンピュータは人間のような意思や感性はもたないので，新しい理論や芸術作品の創造などはできない」という意見が強かった．最近はこの状況が一転し，深層学習の目覚ましい発展を反映して「コンピュータのハードウエアが指数的に進歩している (ムーアの公式，§5.6.1)」のと同様にソフトウエア技術と AI も加速度的に進歩しており，人間を超える特異点 (singularity) も近いと唱える専門家も増えてきている．

筆者は，いつかは鉄腕アトムの出現もコンピュータによる芸術の創造も充分可能性があると思う．しかし，真の創造とは既存の枠を破ることであり，明確な定義が難しい．コンピュータが人間を超えたと判断することも難しい．そもそも定義が怪しい「特異点」は近い将来には起こらないだろう．それよりも重要なことは「新しい発見や理論の創造にコンピュータをいかに役立てるか」である．機械の能力について確かなのは，たぶん Alan Turing も信じていた次の命題のみである :「コンピュータ (機械) は限りなく人間の知性に近づくことができ，それについての限界はない．少なくとも限界は見つけられない」.

A 集合と関係，関数，グラフ

この付録では，情報科学の広範囲のシステムを記述し，解析する道具として使われている集合とこれに関連する関係，関数，グラフなどについて概説する．

A.1 集合

集合 (set) は数学の基本となるので，その定義は明確かつ厳密でなければならない．しかし，最初に複雑な定義を置くのは分かりにくいので，通常は「集合はもの (要素) の集まり」であるとする簡単な定義から出発する．集合という用語を用いて，たとえば「人」，「家」，「正三角形」などの代わりに「人の集合」，「家の集合」，「正三角形の集合」と呼べばより具体的な記述になる．集合を定義するには「あるものが集合の要素であるかどうかが明確である」という条件が必要である．たとえば，「老人の集合」は要素が明確ではないので，通常の集合とはみなされない．より厳密な集合の定義についてはこの節の最後に述べる．集合を表すには次のふたつの方法がある．

- 外延的 (extensive) 表現：要素を書き並べる．例：$\{a, i, u, e, o\}$.
- 内包的 (intensive) 表現：ある条件 $p(X)$ を満足する X の集合を $\{X \mid p(X)\}$ の形式で表す．$p(X)$ は X によって真偽が決まる命題 (ある条件を表す述語) である．
  例：$\{(x, y) \mid (x, y)$ は実数の対 (2 次元座標)，$x^2 + y^2 < 1\}$ は半径 1 の円内部の点の集合．

特別な集合として空集合 (empty set) $\emptyset$ がある．これは要素をもたないので厳密には「ものの集まり」とはいえないが，これも集合に加える．ある集合 S の要素の個数は基数 (cardinal number) または濃度 (density) と呼ばれ $|S|$ によって表す．$|\emptyset| = 0$．無限の要素をもつ無限集合の濃度は後述するように特別に定義

される．

■ **集合に関する基本的な関係と演算**　次は集合についての基本的な関係・記法とその定義である．

- $a \in S$: a は集合 S の要素 (または元 : member, element) である．この否定は $a \notin S$.
- $A \subseteq B \Leftrightarrow \forall X,\ X \in A$ ならば $X \in B$: A は B の部分集合 (subset) である．この定義から，$|A| \leq |B|$，かつ任意の集合 S に対して，$S \subseteq S$.
- $A = B \Leftrightarrow A \subseteq B$ かつ $B \subseteq A$.
- $A \subsetneq B \Leftrightarrow A \subseteq B$ かつ $A \neq B$: A は B の真部分集合 (proper subset).

次は集合に関する主な演算である．

- $A \cup B = \{x \mid x \in A$ または $x \in B\}$: 和集合 (union).
- $A \cap B = \{x \mid x \in A$ かつ $x \in B\}$: 共通集合 (intersection)[†1]．$A \cap B = \emptyset$ のとき，A と B は互いに素である (disjoint) という．
- $A - B = \{x \mid x \in A$ かつ $x \notin B\}$: 差集合 (set difference).
- $A \times B = \{(a, b) \mid a \in A, b \in B\}$: 直積 (direct product, Cartesian product). $|A \times B| = |A| \times |B|$ から，この演算を積と呼ぶのがふさわしい．
- $2^S = \{X \mid X \subseteq S\}$: べき集合 (power set)．これは S のすべての部分集合の集合であり，この記法は $|2^S| = 2^{|S|}$ にもとづいている．有限集合 S に対して，S の各部分集合は $|S|$ 桁の 2 進数と対応づけられる．たとえば，$S = \{a, b, c\}$ のとき，$\emptyset \leftrightarrow 000, \{a\} \leftrightarrow 100, \{b\} \leftrightarrow 010, \cdots, \{a, b\} \leftrightarrow 110, \cdots, \{a, b, c\} \leftrightarrow 111$. この関係はコンピュータ内で部分集合をビット列で表すために応用される．

補集合 (complement) を定義するには，議論の対象領域を定める必要がある．ある対象領域のすべての要素からなる集合 (普遍集合，universal set) を Ω とするとき，ある集合 A の補集合は $\overline{A} = \Omega - A$ である．

---

†1 この演算結果を積集合と呼ぶ人がいるが，集合の積は直積とした方が自然なので共通集合と呼ぶべきである．

集合演算と論理数学 (§4.1)，命題論理は次のように対応する．分配側，ド・モルガンの法則などの公式や双対性も共通に成立する．

集合演算	論理数学	命題論理
空集合 $\emptyset$	0	偽 (false)
普遍集合 Ω	1	真 (true)
和集合 $A \cup B$	論理和 $A + B$	選言 (OR) $A \vee B$
共通集合 $A \cap B$	論理積 $A \cdot B$	連言 (AND) $A \wedge B$
補集合 $\overline{A}$	否定 $\overline{A}$	否定 $\neg A$

■ **帰納的集合と帰納的可算集合**　集合をより厳密に定義するには要素の条件を明確にする必要がある．すべての x に対して $x \in S$ が決定可能である ($x \in S$ の真偽を決定するアルゴリズムがある §6.1) ような集合 S は帰納的集合 (recursive set) と呼ばれる．これに対して，$x \in S$ が半決定可能である，すなわち，$x \in S$ が真であることを判定するアルゴリズムだけがある集合 S は帰納的可算集合 (recursively enumerable set) と呼ばれる．この集合は，$x \notin S$ を判定できないことがあるので，帰納的可算集合の補集合は帰納的可算でないという特異な性質をもっている．帰納的可算集合の例として，停止するプログラムの集合，0 型言語などがある．

このほかに，拡張された集合として「あいまい集合 (fuzzy set)」がある．これは「集合」に属する条件を真偽 (0 と 1) ではなく，0〜1 の間の値で表すように拡張した集合であり，知識表現などに使われる．たとえば，「老人」のあいまい集合は，この集合に属するかどうかが年齢に対して 0〜1 の値をとる membership 関数によって決定される．あいまい集合を基礎としたあいまい論理は，人間の知識を使って機械などを制御しようとするファジー制御に応用されている．

A.2 関係と関数

直積の部分集合 $R \subseteq A \times B$ を関係 (relation) と呼ぶ．たとえば，P を人の集合，$E = \{$ 朝日，毎日，読売，東京，$\cdots \}$ を新聞の集合としたとき，「x さんは y 新聞を購読している」という関係を満足する対 (x, y) の集合は $P \times E$ の部分集合である．また，N をすべての自然数の集合とするとき，大小関係や「ある数が別の数で割り切れる」という関係は $N \times N$ の部分集合である．関係 $R \subseteq A \times B$ に対して，$(a, b) \in R$ であることを，$a\,R\,b$ とも書く．この記法は，等号 $(=)$ や数の大小関係 $(<, \leq, >, \geq)$ などの関係を表す数学の表現であるほか，英語の "x is the father of y" などの関係の表現と適合する．

ある集合 S 上の順序 (order) とは，すべての $x \in S$ に対して $x\,R\,x$ (反射律)，すべての $x, y, z \in S$ に対して $x\,R\,y$ かつ $y\,R\,x$ ならば $x = y$ (反対称律)，$x\,R\,y$ かつ $y\,R\,z$ ならば $x\,R\,z$ (推移律) が成立する関係 $R \subseteq S \times S$ である．数の関係 $\leq$ や整数上の「割り切れる」などの関係は順序関係である．ただし，$\leq$ はすべてのふたつの数に対して定義される全順序であるが，「割り切れる」関係は割り切れないふたつの数には定義されない半順序である．

■ **関数 (写像)**　X から Y への関数 (写像：function, mapping) $f : X \to Y$ は次の条件を満足する特別な関係 $R_f \subseteq X \times Y$ である：すべての $x \in X$ に対して，R_f はただひとつの対 (x, y) を含む．$(x, y) \in R_f$ なるとき，$y = f(x)$ を x の像 (image)，X を定義域 (domain)，Y を値域 (range) と呼ぶ．

単射 (injection)　すべての $x, y \in X$ に対して，$x \neq y$ ならば $f(x) \neq f(y)$．

全射 (surjection, onto-mapping)　$Y = \{f(x) \mid x \in X\}$，すなわち，すべての $y \in Y$ に対して，$f(x) = y$ なる $x \in X$ が存在する．

全単射 (bijection)，または 1 対 1 対応 (one-to-one correspondence)　単射であってかつ全射．全単射 $f : X \to Y$ には，逆写像 $f^{-1} : Y \to X$ が存在する．

A.3　無限集合と濃度

無限集合には有限集合にない特別な性質がある．たとえば，すべての自然数の集合 $N = \{0, 1, 2, 3, \cdots\}$ は整数の集合の真部分集合であるが，要素の個数はどちらも無限大であって比較できない．整数の集合は自然数の集合より何らかの意味で大きいのであろうか．この問題に答えるために，無限集合の濃度を，「ふたつの集合の間に全単射 (1 対 1 対応) があるときこのふたつの集合の濃度は等しい」と定義する．この定義によれば，自然数の集合と整数の集合だけでなく，有理数や素数の集合などの無限集合の濃度はみな等しい．この濃度を可付番無限(または可算：countable) と呼ぶ．

それでは，無限集合はみな可付番無限だろうか．19 世紀末に Georg Cantor (カントール) によって実数の集合や整数のべき集合は可付番無限ではないことが示された．ここでは，計算可能性の議論 (§6.1) で使われている整数関数全体の集合が可付番無限でないことを対角線法と呼ばれる方法で証明する．

定理 A.1 自然数の集合から $\{0, 1\}$ への関数全体の集合は可付番無限でない．

(証明) F を自然数の集合から $\{0, 1\}$ への関数全体の集合とし，F が可付番無限であると仮定する．すると，F の要素を $f_1, f_2, f_3, \cdots$ のように順番に数え上げることができる．各関数 f_i は独自の無限系列 $f_i(1), f_i(2), f_i(3), \cdots$ によって表される．このとき，次のような無限系列で表される自然数の集合から $\{0, 1\}$ への関数 $g(x)$ が存在する．ただし，$\overline{f_i(i)}$ は $f_i(i)$ の 0 と 1 を反転した値である．

$$g(1) = \overline{f_1(1)}, g(2) = \overline{f_2(2)}, g(3) = \overline{f_3(3)}, \cdots, g(i) = \overline{f_i(i)}, \cdots.$$

この関数 $g(x)$ は F のどの関数とも異なる．すなわち，各 $j, 1 \leq j$ に対して，$g(j) = \overline{f_j(j)} \neq f_j(j)$．これは F を可付番無限とした仮定と矛盾する．したがって，F は可付番無限ではない． (証明終わり)

実数の集合が可付番無限ではないことはこの定理と同様に証明できる．すなわち，R を $0 < x < 1$ なる実数 x の集合とするとき，R の実数の 2 進表現の小数点以下の 0 と 1 の系列の集合は上の証明中の関数の値の系列の集合に 1 対 1 対応する．

A.4 グラフ (graph)

グラフは，頂点 (vertex，または節点：node) の集合 V と辺 (edge) の集合 $E \subseteq V \times V$ の組 (V, E) である．これは $V \times V$ 上の関係であるが，点を矢印または線分でつないだ図形として扱う場合が多い．グラフの数学的な性質を扱うグラフ理論は電気回路理論や情報科学に応用されている．また，頂点または辺にラベルを付加したラベル付きグラフ (labeled graph) も広く使われている．

グラフは辺に向きがある有向グラフ (directed graph) と，辺に向きがない無向グラフ (undirected graph) に分類される．木 (tree) とは，有向グラフのなかで，根 (root) と呼ばれる頂点からほかのどの頂点にも辺をたどって移動でき，辺をたどる経路にはループや合流がないという条件を満たすものである．木の辺は枝 (branch) とも呼ばれる．ゲーム木 (§9.2) や導出木 (§8.2.3) は単に木と呼ばれることが多いが，正確には各頂点の子供の頂点の間に順序がある順序木 (ordered tree) である．

グラフ理論では主に無向グラフが扱われ，単にグラフと言えば無向グラフである．次のような特別なグラフが計算量などの分野で扱われる．

オイラー・グラフ (Eulerian graph)　すべての辺を一度ずつ通る閉じた経路 (ループ) がある (一筆書きできる) グラフ．

ハミルトン・グラフ (Hamiltonian graph)　すべての頂点を一度ずつ通る閉じた経路があるグラフ．

平面グラフ (planer graph)　平面上に辺を交差させずに描くことができる連結しているグラフ．辺の数を k，頂点の数を n とするとき，辺で囲まれた領域の数は $R = k - n + 1$ で与えられる (オイラーの公式)．

オイラー・グラフの判定の計算量は小さいが，ハミルトン・グラフの判定の計算量は大きく NP 完全である．また，平面グラフについてのオイラーの公式は筆者の囲碁局面の解析 (Coffee Room 8, p.200) やディジタル画像の解析に応用されている．

文献

注： 以下にあげる文献のほとんどはインタネットで (多くは無料で) アクセス可能.

[1] A. Turing, On Computable Numbers with an Application to the Entsceidungs Problem, *Proc. of London Mathematical Society* **42**, 1937.

[2] C. E. Shannon, A Symbolic Analysis of Relay and Switching Circuits, *AIEE Transactions* **57**, 1938.

[3] A. Turing, Computing Machinery and Intelligence, *Mind* **LIX**, 1950.

[4] Claude E. Shannon, Programming a Computer for Playing Chess, *Philosophical Magazine* **41**, 1950.

[5] P.C. Fisher, Generation of Primes by a One-Dimensional Real-Time Iterative Array, *Jour. of ACM* **12**, pp. 388-394, 1965.

[6] J. von Neumann (edited by A.W. Burks), *Theory of Self-Reproducing Automata*, Univ. of Illinois Press, 1966.

[7] R. Balzer, An 8-state minimal time solution to the firing squad synchronization problem, *Information and Control* **10**, 1967.

[8] E. F. Codd, *Cellular Automata*, Academic Press, 1968.

[9] D. E. Knuth, *The Art of Computer Programming Vol. 1–4*, Addison Wesley, 1968 – 2011. 有澤，和田監修， 日本語版，アスキー.

[10] 嵩, 藤井, 一次元繰返論理回路系の能力について; 電子通信学会論文誌 **51-C** pp. 275-282, 1968.

[11] M. Minsky, S. Papert, *Perceptrons: an introduction to computational geometry*, MIT Press, 1969.

[12] H. H. Goldstein, *The Computer, from Pascal to von Neumann*, 1972. 末広訳, 「計算機の歴史」, 共立出版. フォン・ノイマン と共同で EDVAC を開発した著者によるコンピュータの詳しい歴史.

[13] A. R. Smith III, Real-time language recognition by one-dimensional cellular automata, *JCSS* **6**, 1972. CA の実時間言語認識を最初に扱った論文.

[14] C. Dyer, One-Way Bounded Cellular Automata, *Inform. and Control* **44**, 1980. OCA の実時間言語認識を最初に扱った論文.

[15] K. Nakamura, Synchronous to Asynchronous Transformation of Polyautomata, *Journal of Computer and System Sciences* **23**, 1981.

[16] H. Umeo, K. Morita and K. Sugata, Deterministic One-Way Simulation of Two-Way Real-Time Cellular Automata and its Related Problems, *Information Process. Lett.* **14**, 1982.

[17] J. R. Searle, Is the Brain's Mind a Computer Program ?, *Scientific American*, 1990. 「論争 — 機械はものを考えるか」, 別冊日経サイエンス, AI：人工知能の軌跡と未来, 2016.

[18] S. Muggleton, Inverse entailment and Progol, *New Generation Computing* **13**, 1995.

[19] V. Terrier, On real time one-way cellular array, *Theoret. Comput. Sci.* **141**, 1995.

[20] Richard Dawkins, *The Ancestor's Tale*, 2004. 垂水訳 「祖先の物語, 上」, 小学館. 生物進化をヒトから生命誕生まで逆にたどる大作. 最初の章においてヒトの言語獲得について考察されている.

[21] K. Nakamura, Real-Time Recognition of Cyclic Strings by One-Way and Two-Way Cellular Automata, *IEICE Trans.* **E88-D**, 2005.

[22] K. Nakamura, Static analysis based on formal models and incremental computation in Go programming, *Theoretical Computer Science* **349**, 2005.

[23] John McCarthy, What is artificial intelligence, `http://www-formal.stanford.edu/jmc/whatisai/`, 2007.

[24] C. Petzoid, *The Annotated Turing: A Guided Tour Through Alan Turing's Historic Paper on Computability and the Turing Machine*, 2008. 井田ら訳「チューリングを読む」, 日経 BP 社.

[25] K. Imada, K. Nakamura. Towards Machine Learning of Grammars and Compilers of Programming Languages, *ECML-PKDD*, Antwerp, 2008.

[26] K Imada, K Nakamura, Learning Context Free Grammars by Using SAT Solvers, *ICMLA'09*, 2009.

[27] K. Nakamura, Asynchronous Parallel Self-Replication Based on Logic Molecular Model, *Artificial Life XII* Odense, MIT PRESS, 2010.

[28] K. Nakamura, K. Imada. Incremental Learning of Cellular Automata for Parallel Recognition of Formal Languages, *Discovery Science*, Canberra, 2010.

[29] K Nakamura, K Imada, Towards incremental learning of mildly context-sensitive grammars, *ICMLA*, 2011.

索引

10 進法 (decimal)　23
16 進法 (hexa-decimal)　25
1 階述語論理 (first-order predicate logic)　140, 203
1 進法 (unary)　**25**, 171
1 方向セル・オートマトン (OCA)　186
2 階述語論理 (second-order predicate logic)　140
2 進化 10 進法 (BCD)　26
2 進法 (binary)　23, 25–27, 29, 68
2 の補数 (2's complement)　**27**, 29, 58
2 分探索 (binary search)　106
　—木 (tree)　**106**, 131
7 セグメント表示　56
8 クイーン (8 queen)　**109**, 110, 133
8 進法 (octal)　25

AD (analog–digital) 変換　15, 29, 30, **31**
AI (artificial intelligence)　191, 192
Algol　92, 166
AlphaGo　197, 221
ALU (arithmetic logic unit)　77
`append/3`　126, 128
ASCII 符号　36

BCD (binary-coded decimal)　26
bit　3, **38**
BNF (Backus-Naur Form)　92, **164**
byte　**23**, 37

C 言語　92, 99, 106
C MOS (complementary MOS)　50, 51
CA (cellular automaton)　186
CALL 命令　81
CASL II　79, **81**, 82, 90
CD (compact disc)　30
CD-ROM　31
CFG (context-free grammar)　161, 163
Cobol　92

Coffee Room　iii
　— 1　アマチュア無線　15
　— 2　熱力学のエントロピーとマクスウェル　40
　— 3　Alan Turing の功績　69
　— 4　コンピュータとの出会い　87
　— 5　Prolog の ISO 標準化　121
　— 6　オートマトン理論との出会い　149
　— 7　筆者とセル・オートマトン　176
　— 8　筆者のコンピュータ囲碁研究　200
　— 9　ロボット・サッカー RoboCup　214
CPU (central processing unit)　18, **73**, 75, 77, 78, 81, 83, 84, 88, 90
CSG (context-sensitive grammar)　172–174
CYK アルゴリズム　174, 189

DA (digital–analog) 変換　30, 31
DCG (definite clause grammar)　168–170, 189
DFA (deterministic finite automaton)　**152**, 153–155 , 157

EDVAC　73, 74
ENIAC　64, 68
EOR (exclusive OR)　47

FA (full adder)　57
FET (field-effect transistor)　20
Fortran　91
`functor/3`　129

GA (genetic algorithm)　215–217

IBM (International Business Machines)　**66**, 86, 91, 197, 205
IC (integrated circuit)　18, 49, 78
IEEE　28

ILP (inductive logic programming) 210
IoT (Internet of Things) 98
ISO 標準化 37, 93, 113, **121**

Java 95

LAN (Local Area Network) 97
`length/2` 171
`length/3` 158, 159
Linux 89
Lisp 87, **92**, 125
LP レコード 12, 30
LSI (large-scale IC) 86

Mark I 66
`member/2` 116, 126
MGU (most general unifier) **122**, 144
MIL 49
MOS FET **20**, 21, 49, 50

N MOS 49–51
NAND 48
NFA (nondeterministic finite automaton) **153**, 154, 155, 157, 163
NOR 48
NP 完全 (NP-complete) 111
NP 困難 (NP-hard) 111
N 型半導体 (N-type semiconductor) 19

OCA (one-way CA) **186**, 217
OS (operating system) 89

P MOS 49, 51
Pascal 92, 100
PC (program counter) 76, 79
PCM (pulse code modulation) 15
`permutation/2` 132, 133
$P \neq NP$ 問題 111
Prolog 93, **113**, 117, 119, 203
PSG (phrase-structure grammar) 160
P 型半導体 (P-type semiconductor) 19

RAM (random access memory) 75
RBM (restricted Boltzmann machine) 228
RoboCup 96, 213, **214**

SR フリップ・フロップ (set-reset flip-flop) 59, 61, 151

S-式 (S-expression) 92, **125**

Turing (Alan Turing) 69, 70, 196
　—機械 **70**, 72, 73, 100, 173, 174, 178
　—テスト 195, 196

Unix 89, 93

VLSI (very large-scale IC) 86

Watson 205
Windows 89
WWW (World Wide Web) 97

あいまい (ambiguous) 163, 164
あいまい集合 (fuzzy set) 235
アセンブラ (assembler) 90
アセンブラ言語 (assembly language) 81, 90
アタナソフ (J. V. Atanasoff) 68
圧縮 (compression) 32, 33, 42
後戻り (backtracking) **111**, 116, 119, 124, 130
アドレス (address) **76**, 78, 97
　—修飾 (modification) 78
アナログ (analog) 3
　—回路 45
　—コンピュータ 64, 67
　—情報 3, 11
　—信号 9, 12, 13, 29, 31, 32, 67
　—通信 97
アマチュア無線 15
誤り訂正 (error correcting) 33, **34**, 36, 43
　—符号 35, 43, 148
アルゴリズム (algorithm) 56, 71, **99**, 100–104, 107, 108
一斉射撃 (firing squad) 182
遺伝情報 (genetic information) 6
遺伝的アルゴリズム (genetic algorithm) 208, 215
意味ネットワーク (semantic network) 203
引数 (argument) 115, 120, 129
インタネット (Internet) 97
インタプリタ (interpreter) 64, 73, 75, 81, 90, **94**
インデクス・レジスタ (index register) 78
エキスパート・システム (expert system) 202, 204
エディソン (T.A. Edison) 12, 17

演繹 (deduction)　202, 203
演算装置 (operational unit)　77
演算レジスタ (operational register)　77, 79
エントロピー (entropy)　3, **38**, 40
オーダ (order)　**104**, 105, 107, 111, 187
オートマトン (automaton)　147, 148
オブジェクト・プログラム (object program)　94
音声 (sound)　12
音素 (phoneme)　3

海底ケーブル (submarine cable)　11, 14, 21
回文 (palindrome)　**155**, 162, 168, 173
確定節文法 (DCG)　168
かっこ言語　**162**, 163, 168, 171, 187
カット (cut)　129
可付番無限 (countable)　101, 102, **237**
加法標準形　51
カルノー図 (Karnaugh map)　**54**, 55–57, 62
含意 (implication)　**48**, 53, 62, 117, 141
関数 (function)　92, 93, 115, 120, 236
簡単化 (simplification)　51, **53**, 54, 56, 104
機械学習 (machine learning)　207, 208
機械語 (machine language)　**64**, 73–82, 90, 94, 95
記号アドレス (symbolic address)　**81**, 90
基数 (radix)　23
帰納 (induction)　202
帰納的可算集合 (recursively enumerable set)　174, **235**
帰納的集合 (recursive set)　235
帰納論理プログラミング (ILP)　210
強化学習 (reinforcement learning)　209
教師あり学習 (supervised learning)　208
教師なし学習 (unsupervised learning)　209
クイックソート (quicksort)　108, 132
句構造文法 (PSG)　160, 161
組合せ回路 (combinational circuit)　**46**, 51, 57
組合せ禁止 (don't care)　56
組込みシステム (embedded system)　96
組込み述語 (built-in predicate)　115, 116, 118, **128**
位取り記法 (positional notation)　24
クラスタリング (clustering)　208, **209**, 225
クレイニ (S. C. Kleene)　148, 157
クロック周波数 (clock frequency)　88
クロック・パルス (clock pulse)　61
計算可能 (computable)　100, **101**, 198
計算尺 (slide rule)　64
計算量 (complexity)　**103**, 104–108, 111, 132
形式言語 (formal language)　6, 147, 148, **159**, 160
ゲーム木 (game tree)　102, **197**, 198
決定可能 (decidable)　**100**, 235
決定性有限オートマトン (DFA)　152, 154
言語処理系 (language processor)　**94**, 95, 114
構文 (syntax)　**8**, 92, 94, 119, 147
構文解析 (parsing)　**94**, 160, 168, 174
ゴール (goal)　116, 118, **120**, 123
ことば　**3**, 4–6, 12, 23, 40, 192
コピー言語 (copy language)　**171**, 187–190, 220
コンパイラ (compiler)　91, **94**, 101, 174
コンパイラ言語 (compiler language)　91
コンピュータ (computer)　18, **63**, 64, 67, 73, 75

再帰プログラム (recursive program)　**91**, 108
再帰呼び出し (recursive call)　81
最汎単一化子 (MGU)　122
索表 (table search)　**105**, 106, 131
雑音 (noise)　32
差分リスト (differential list)　**128**, 132, 169
算術式 (arithmetic expression)　91, 115, **165**, 166
サンプリング (sampling)　31
字句解析 (lexical analysis)　94
シグモイド関数 (sigmoid function)　225, 228
資源 (resource)　89, 100
自己複製 (self-replication)　**179**, 190
自己符号化 (autoencoding)　226
実行サイクル (execution cycle)　76
質問 (query)　114, 115, 118, **120**, 123, 124, 140
シャノン (C. E. Shannon)　**37**, 192, 196, 232
　— 数　198
　—の第 1 定理　39
　—の第 2 定理　43
充足可能性 (satisfiability)　**103**, 104, 111, **142**, 220

主記憶 (main memory)　73, 75
主項 (prime implicant)　**53**, 55
出現検査 (occur check)　123
述語 (predicate)　114, 115, 120
述語論理 (predicate logic)　7, 113, 119, **139**, 141
巡回セールスマン (travelling salesman)　**102**, 112
順序回路 (sequential circuit)　**46**, 59, 60, 149
順序機械 (sequential machine)　46, 149, **150**, 151
状態推移図 (state transition diagram)　**150**, 151, 152, 154
冗長性 (redundancy)　33, **40**, 43
情報 (information)　1, **2**, 3, 201
乗法標準形　52
情報量 (entropy)　3, **37**, 138
情報理論 (information theory)　37
真空管 (vacuum tube)　13, **16**, 17, 18, 45, 66–69, 74, 86
神経回路 (neural network)　220, 221, 223–226
深層学習 (deep learning)　208, 209, 221, **225**, 229
推論 (inference)　201, 203, 205
スーパコンピュータ (supercomputer)　74, 86, 88
スタック (stack)　81, 167
スマートフォン (smartphone)　86
制御装置 (control unit)　73, 75, 76
制御命令 (control instruction)　75, 77–79, **80**, 84
制限付きボルツマン機械 (RBM)　228
整数 (integer)　**26**, 27, 29, 115, 236
生成検査法 (generate and test)　**132**, 133
正則言語 (regular language)　**155**, 157, 160, 163, 174
正則式 (regular expression)　148, 149, **156**, 157, 159
正則文法 (regular grammar)　**162**, 167, 173
整列化 (sorting)　**107**, 108, 130, 131
セル・オートマトン (cellular automaton)　**175**, 218
全加算器 (full adder)　57, 58, 60
線形判別 (linear discrimination)　224, 226
選言 (disjunction)　**141**, 143, 235
宣言的知識 (declarative knowledge)　201, 203
漸次学習 (incremental learning)　**209**, 218
双対性 (duality)　48, 52, **235**
ソース・プログラム (source program)　94
ソフトウエア (software)　**85**, 89, 94, 96, 191

ダートマス (Dartmouth) 会議　192
ダイオード (diode)　20, 49
タイガー計算機　65
タイムチャート (time chart)　60
多重化 (multiplexing)　34, 148
単一化 (unification)　120, **122**, 123, 140
蓄音機 (gramophone)　12
知識 (knowledge)　**201**, 202, 204, 205
知能ロボット (intelligent robot)　**96**, 191, 206, 207, 214
中国語の部屋 (Chinese room)　194
直列加算回路 (serial adder circuit)　60, 61
チョムスキー (N. Chomsky)　5, 147, **159**, 174, 218, 232
　—の階層 (hierarchy)　160, 172
　—標準形 (normal form)　189, 219
チンパンジー (chimpanzee)　5
通信路容量 (channel capacity)　43
ディジタル (digital)　1
　—回路　45, 46, 149
　—画像 (image)　223, 226, 238
　—コンピュータ　67
　—システム　147–149
　—情報　1, 3, 4, 6, 11, 23
　—信号　45
停止問題 (halting problem)　**100**, 111
データ (data)　2
データ構造 (data structure)　**100**, 106, 125
データ通信 (deta communication)　97
データ・マイニング (data mining)　207
手続き的解釈 (procedural interpretation)　118
手続き的知識 (procedural knowledge)　203, 204
デバッグ (debug)　95, 113, 128, 130
テューリング (A. Turing)　70
電界効果型トランジスタ (FET)　20
電子計算機　23, **67**, 68
電磁波 (electromagnetic wave)　13, 22
電信 (telegraphy)　10, 13
電波 (radio wave)　14–16
電離層 (ionosphere)　14, 16

電話 (telephone)　13, 17
導出木 (derivation tree)　**163**, 164, 166, 169, 170, 174
特徴 (feature)　**202**, 209, 212, 224–226, 228, 229
ド・モルガン (de Morgan) の法則　**49**, 53
トランジスタ (transistor)　18, **20**, 45, 49, 66, 74, 86, 87
トランスレータ (translator)　94

ナップサック問題 (knapsack problem) **103**, 112, 146
ニモニック (mnemonic)　79, **81**, 90
入出力装置 (input/output device)　77
濃度 (density)　101, 233, **236**

パーセプトロン (Perceptron)　223, 224
ハードウエア (hardware)　63, 64, 75, **85**
排他的論理和 (EOR)　35, **47**, 48, 51, 52, 58, 62, 77, 224
バイポーラ・トランジスタ (bi-polar transistor)　20
配列 (array)　79, **82**, 100, 104–107
パケット (packet)　97
パタン認識 (pattern recognition)　**202**, 212, 224, 226, 229
バックトラック (backtrack)　110
ハッシュ記憶 (hash memory)　**106**, 197
ハフマン木 (Huffman tree)　**41**, 42, 138
ハフマン符号 (Huffman code)　41, 138
バベジ (C. Babbage)　65
ハミング (Humming) 符号　**35**, 43
パリティ検査 (parity check)　34, 35
決定可能 (semi-decidable)　235
半決定可能 (semi-decidable)　**142**, 174
番地 (address)　**75**, 77, 78
半導体 (semiconductor)　18, 20
万能 Turing 機械 (universal Turing machine)　**72**, 74, 179
反駁 (refutation)　140, 143
反復深化 (iterative deepening)　110, **137**
光通信 (optical communication)　**21**, 96
光ファイバ (optical fiber)　21, 22
非決定性 (nondeterministic)　109
　—Turing 機械　109
　—アルゴリズム　109–111, 133
　—分岐　109, 110
　—有限オートマトン　153
ビジー・ビバー (busy beaver)　72
左再帰 (left recursion)　**170**, 189
否定 (negation)　**46**, 48, 130, 141
標本化　31
ファイル (file)　**78**, 89, 118
ブール (G. Boole)　7
　—代数 (Boolean algebra)　7, 45
フェッチ・サイクル (fetch cycle)　76
フォン・ノイマン (J. von Neumann)　**68**, 74, 231
　—アーキテクチャ (architecture)　74
深さ優先探索 (depth-first search)　**110**, 124, 137
プッシュダウン・オートマトン (PDA)　**167**, 171, 173
浮動小数点 (floating point)　28, 29
普遍文法 (universal grammar)　218
普遍文法 universal grammar)　**5**
フラッシュ・メモリ (flash memory)　31, **78**
フリップ・フロップ (flip-flop)　59, 60
フレーム (frame)　204
フレーム問題 (frame problem)　203, **205**, 230
プログラム (program)　**63**, 64, 66, 68, 70–73, 77, 80, 81, 85
プログラム記憶 (stored program)　**64**, 68, 73–75, 193
プログラム記憶 (stored program)　73
プログラム言語 (programming language) 64, 75, **90**, 93, 100
プログラム内蔵 (stored program)　64
プロセッサ (processor)　**73**, 84, 85, 88
プロダクション・システム (production system)　204
文法推論 (grammatical inference)　164, **218**, 220
文脈依存言語 (CSL)　160, **172**, 174
文脈依存文法 (CSG)　172
文脈自由言語 (CFL)　**161**, 168, 174, 186, 187
文脈自由文法 (CFG)　**161**, 162, 163, 172
平均情報量 (entropy)　38
並列加算回路 (parallel adder circuit)　58
並列言語認識 (parallel language recognition)　176, 177, **186**, 187
ヘブ則 (Hebb's rule)　**223**, 227
変数 (variable)　82, **91**, 114–140
変調 (modulation)　15
ホーン節 (Horn clause)　118–120, 130, 140, **143**, 144, 168, 203, 211

補助記憶 (backup memory) **77**, 78, 88, 98
ホップフィールド・ネットワーク (Hopfield network) 226, 227

マクスウェル (J. C. Maxwell) **13**, 40, 231
—の悪魔 40
マッカーシー (J. McCarthy) 87, 148, 149, 183, 192
ミーリィ (Mealy) 型順序機械 150
ミキ (D. Michie) 69
ミンスキー (M. L. Minsky) 148, 149, 183, 192, 204, 224
ムーア (Moore) 型順序機械 **151**, 152, 175
ムーア (Moore) の公式 **87**, 232
無限ループ **100**, 101, 110, 112, 123, 171
無線電信 (wireless telegraphy) 14, 15
命題論理 (prpositional logic) 7, 45, 103, **141**, 235
命令 (instruction) 70, **75**, 74–81, 90
命令符号 (operation code) 78, 81
命令レジスタ (instruction register) 76
モールス符号 (Morse code) **10**, 14, 15
文字情報 (character information) 36
モンテカルロ (Monte Carlo) 法 197, **200**

融合 (resolution) 119, 123, 140, **143**, 203, 210
ユニコード (Unicode) 37

ライフ・ゲーム (Life Game) 177
リード・ソロモン (Reed-Solomon) 符号 36, 43
量子化 (quantization) 31, 32
リレー (relay) **11**, 45, 46, 66, 67
連結リスト (linked list) **105**, 131
連言 (conjunction) 129, **141**, 143, **235**
論理 (logic) ii, 7
論理回路 (logic circuit) **45**, 48–52, 58
論理数学 **46**, 48, 114, 141, 235
論理積 (logical AND) 47, 48
論理素子 (logic element) **49**, 51, 185, 222
論理的帰結 (logical consequence) **124**, 124, 126, 142
論理プログラミング (logic programming) **113**, 118, 120, 140, 169, 204
論理和 (logical OR) 47, 48

【著者紹介】

中村克彦（なかむら・かつひこ） 1943年埼玉県生まれ　工学博士

学　歴　東京電機大学大学院工学研究科博士課程単位修得退学
職　歴　エディンバラ大学機械知能研究所客員研究員
　　　　東京電機大学理工学部教授
現　在　東京電機大学名誉教授，同大学理工学部非常勤講師

著　書　『Prologと論理プログラミング』（単著，オーム社）
　　　　『教養のコンピュータサイエンス　情報科学入門』（共著，丸善）
訳　書　『Prologプログラミング』（Clocksin & Mellish 著，マイクロソフトウエア）
　　　　『100万人の人工知能入門』（Ford 著，オーム社）

コンピュータとは何か？

2018年 5月20日　第1版1刷発行　　ISBN 978-4-501-55640-2 C3004

著　者　中村克彦

発行所　学校法人 東京電機大学　〒120-8551　東京都足立区千住旭町5番
　　　　東京電機大学出版局　〒101-0047　東京都千代田区内神田 1-14-8
Tel. 03-5280-3433（営業） 03-5280-3422（編集）
Fax. 03-5280-3563　振替口座 00160-5-71715
https://www.tdupress.jp/

組版：著者　印刷：（株）加藤文明社印刷所　製本：渡辺製本（株）
装丁：齋藤由美子　カバーイラスト：草地 元
落丁・乱丁本はお取り替えいたします。　Printed in Japan